Teubner-Reihe Wirtschaftsinformatik

J. Desel/K. Pohl/A. Schürr (Hrsg.)

Modellierung '99

Teubner-Reihe Wirtschaftsinformatik

Herausgegeben von

Prof. Dr. Dieter Ehrenberg, Leipzig
Prof. Dr. Dietrich Seibt, Köln
Prof. Dr. Wolffried Stucky, Karlsruhe

Die „Teubner-Reihe Wirtschaftsinformatik" widmet sich den Kernbereichen und den aktuellen Gebieten der Wirtschaftsinformatik.

In der Reihe werden einerseits Lehrbücher für Studierende der Wirtschaftsinformatik und der Betriebswirtschaftslehre mit dem Schwerpunktfach Wirtschaftsinformatik in Grund- und Hauptstudium veröffentlicht. Andererseits werden Forschungs- und Konferenzberichte, herausragende Dissertationen und Habilitationen sowie Erfahrungsberichte und Handlungsempfehlungen für die Unternehmens- und Verwaltungspraxis publiziert.

Modellierung '99

Workshop der Gesellschaft
für Informatik e.V. (GI),
März 1999 in Karlsruhe

Herausgegeben von

Prof. Dr. Jörg Desel
Katholische Universität
Eichstätt

Dr. Klaus Pohl
Rheinisch-Westfälische Technische Hochschule
Aachen

Prof. Dr. Andy Schürr
Universität der Bundeswehr
München

 Springer Fachmedien Wiesbaden GmbH 1999

Prof. Dr. Jörg Desel

Geboren 1959 in Frankfurt/Main. Von 1978 bis 1982 Ausbildung zum math.-techn. Assistent und Tätigkeit als Systementwickler bei der Bayer AG in Leverkusen. Studium der Informatik 1982 bis 1988 in Bonn. Von 1988 bis 1993 wiss. Ang. an der Fakultät für Informatik der Technischen Universität München, Promotion im Februar 1992. Von 1993 bis 1995 wiss. Ass. am Institut für Informatik der Humboldt-Universität zu Berlin, Habilitation im April 1997. Von 1995 bis 1998 am Institut für Angewandte Informatik und Formale Beschreibungsverfahren der Universität Karlsruhe (TH). Seit Dezember 1998 Professor für Informatik an der Katholischen Universität Eichstätt.

Arbeitsschwerpunkte: Formale Grundlagen verteilter Systeme, Petrinetze, Verifikation verteilter Algorithmen, Modellierung und Analyse von Geschäftsprozessen und Workflows.

Dr. Klaus Pohl

Geboren 1960 in Karlsruhe. Von 1977 bis 1982 Ausbildung und berufliche Tätigkeit als Industriekaufmann. Von 1984 bis 1988 Studium der Informatik an der Fachhochschule Karlsruhe. Von 1988 bis 1989 Studium der Informationswissenschaft an der Universität Konstanz. Wissenschaftlicher Mitarbeiter an den Universitäten Konstanz und Passau (1990) sowie an der RWTH Aachen (1991–1994). Februar 1995 Promotion in der Fakultät für Mathematik und Naturwissenschaften der RWTH Aachen mit einer Arbeit über Prozeßunterstützung im Requirements Engineering. Vertretung der Professur für Software Engineering an der Universität Namur, Belgien (1996). Seit 1995 Akademischer Rat am Lehrstuhl für Informatik V, RWTH Aachen.

Prof. Dr. Andy Schürr

Geboren 1961 in Rosenheim. Von 1980 bis 1986 Studium der Informatik mit Nebenfach Mathematik an der TU München. Wissenschaftlicher Mitarbeiter an der Universität Osnabrück (1986) und an der RWTH Aachen (1987–1992), finanziert aus Drittmitteln der Volkswagenstiftung und dem ESPRIT-Projekt European Software Factory. November 1991 Promotion an der RWTH Aachen über visuelle Programmierung mit Graphersetzungssystemen. Danach wissenschaftlicher Assistent an der RWTH Aachen (1993–1998) mit den Forschungsschwerpunkten: Graphtransformationen, visuelle Programmierung und objektorientierte Softwaretechnik. Seit Juni 1998 Professur für Datenbanken und Informationssysteme am Institut für Softwaretechnologie der Universität der Bundeswehr München.

Gedruckt auf chlorfrei gebleichtem Papier.

Die Deutsche Bibliothek – CIP-Einheitsaufnahme

Modellierung '99:
Workshop der Gesellschaft für Informatik e.V. (GI),
März 1999 in Karlsruhe / hrsg. von Jörg Desel . . .
(Teubner-Reihe Wirtschaftsinformatik)
ISBN 978-3-519-00274-1   ISBN 978-3-322-93104-7 (eBook)
DOI 10.1007/978-3-322-93104-7

Ursprünglich erschienen bei B. G. Teubner Stuttgart · Leipzig 1999

Umschlaggestaltung: E. Kretschmer, Leipzig

Vorwort

Modelle gewinnen in vielen Bereichen der Informatik an Bedeutung. Bei der Entwicklung von Software- und Informationssystemen werden, je nach fachlicher Ausrichtung, teilweise unterschiedliche, teilweise aber auch stark überlappende Aspekte der Struktur und des Verhaltens modelliert. Dies betrifft einerseits die Modellierung des Ist-Zustandes bei der Weiterentwicklung eines Systems und andererseits die Spezifikation, also Aspekte des Soll-Zustandes eines zu entwickelnden Systems. Modellierungssprachen unterscheiden sich in bezug auf die betrachteten Aspekte eines Systems (z.B. Datenmodellierung oder Ablaufmodellierung), in bezug auf unterschiedliche Systemsichten und in bezug auf verschiedene Abstraktionsebenen. Modelle werden zum systematischen Entwurf, zur Validierung, zu Analyse und Verifikation, zur quantitativen Bewertung und zur Optimierung eingesetzt. Modelle können modular aufgebaut sein, kompositional aus Modellen von Teilsystemen definiert sein, Verfeinerungs- oder Expansionsmechanismen besitzen und über verschiedenartige Schnittstellen zu ihrer Umgebung verfügen. Konzeptuelle Modelle sind intuitiv verständlich, verfügen meist über graphische Konstruktoren, lassen aber eine genaue Semantik vermissen. Mathematische Modelle dagegen verfügen über eine präzise Definition und Semantik innerhalb des mathematischen Begriffsgebäudes, ihre Anwendung ist aber meist gewöhnungsbedürftig. Formale Modelle mit festgelegter Syntax und Semantik können auch im Sinne einer Programmiersprache interpretiert, simuliert oder transformiert werden. Schließlich lassen sich Modellierungssprachen nach ihren Einsatzbereichen klassifizieren, so stellt zum Beispiel die Modellierung von Geschäftsprozessen andere Anforderungen als die Modellierung von Telekommunikationsprotokollen.

Diese sicherlich nicht vollständige Aufzählung verschiedener Dimensionen der Modellierung macht deutlich, warum das Thema Modellierung in unterschiedlichen Forschungsrichtungen innerhalb der Informatik betrachtet und untersucht wurde und wird. Diese Forschungsaktivitäten sind in hohem Maße unabhängig voneinander, ein übergreifender Austausch oder Kooperationen finden bislang wenig statt.

Modellierung ist nicht nur der Umgang mit Modellen auf verschiedenen Ebenen, sondern auch ein Prozeß, der meist von der Anforderungsanalyse über Entwurf und Implementierung eines Systems bis zur Dokumentation und Wartung reicht. Die verschiedenen Modelle innerhalb dieses Prozesses können nicht losgelöst voneinander betrachtet werden, sondern Beziehungen zwischen den verwendeten Modellierungssprachen, Übergänge, Gemeinsamkeiten usw. müssen bei einer

6

systematischen Vorgehensweise berücksichtigt werden. Daher ist die übergreifende Kooperation zwischen verschiedenen Forschungsrichtungen nicht nur gegenseitig gewinnbringend, sondern eine notwendige Voraussetzung für das umfassende Engineering von Informatik-Systemen.

Vor diesem Hintergrund fand im März 1998 der Workshop Modellierung erstmals statt. Veranstalter waren nicht weniger als sieben Fachgruppen der Gesellschaft für Informatik, in denen Modellierung jeweils eine wichtige Rolle spielt. Es stellte sich heraus, daß die übergreifende Betrachtung dieses Themas von vielen Seiten als sehr wichtig angesehen wird; es gab weitaus mehr Anmeldungen zur Modellierung´98, als angenommen werden konnten.

Der Workshop Modellierung´99 basiert auf der im vorigen Jahr begonnenen Tradition. Veranstalter sind dieselben GI-Fachgruppen. Statt, wie im vorigen Jahr, Übersichtsvorträge von Vertretern dieser Fachgruppen einzuladen, besteht der Kern der Modellierung´99 aus Plenarvorträgen und Arbeitsgruppen zu speziellen Themenbereichen der Modellierung:

- Möglichkeiten und Grenzen einer wissenschaftlich fundierten Modellierungslehre,

- Modellierung im Informatikstudium,

- Standardisierung in der Modellierung.

Der Workshop Modellierung´99 findet vom 10. bis zum 12. März 1999 in Karlsruhe statt. Tagungsort ist das idyllische Fasanenschlößchen, dies ist das Gebäude der Staatlichen Forstschule Karlsruhe, direkt auf dem Campus der Universität Karlsruhe gelegen. Wir danken allen Autoren, die Arbeiten oder Thesenpapiere eingereicht haben, dem Teubner-Verlag (insbesondere Herrn Jürgen Weiß) für die sehr kooperative Zusammenarbeit bei der Herstellung dieses Tagungsbandes, allen Mitgliedern des Programmkomitees für die Begutachtung und Auswahl der eingereichten Arbeiten, der Forstschule Karlsruhe für die Unterstützung am Tagungsort und den Helfern der lokalen Organisation für die vielen wichtigen Kleinigkeiten.

Allen Teilnehmern wünschen wir spannende und gewinnbringende Vorträge und Diskussionen!

Karlsruhe / Eichstätt, Aachen, München,   Jörg Desel
im Januar 1999   Klaus Pohl
                                                  Andy Schürr

Veranstaltende Fachgruppen der Gesellschaft für Informatik

0.0.1   Petrinetze und verwandte Systemmodelle
1.5.1   Knowledge Engineering
2.1.6   Requirements Engineering
2.1.9   Objekt-Orientierte Software-Entwicklung
2.5.2   Entwicklungsmethoden für Informationssysteme und deren Anwendungen (EMISA)
5.1.1   Vorgehensmodelle für die betriebliche Anwendungsentwicklung
5.2.1   Modellierung betrieblicher Informationssysteme (MOBIS)

Programmkomitee

W. Brauer, TU München
G. Chroust, Uni Linz
G. Engels, Uni Paderborn
M. Glinz, Uni Zürich
R. Kaschek, Uni Klagenfurt
H. Lichter, RWTH Aachen
H. C. Mayr, Uni Klagenfurt
A. Oberweis, Uni Frankfurt
B. Paech, TU München
U. Reimer, Rentenanstalt Zürich
A. Schürr, Uni BW München (Ltg.)
W. Stucky, Uni Karlsruhe
R. Valk, Uni Hamburg
H. Züllighoven, Uni Hamburg

M. Broy, TU München
J. Desel, Uni Karlsruhe
U. Frank, Uni Koblenz
M. Jarke, RWTH Aachen
K. Lautenbach, Uni Koblenz
F. Maurer, Uni Calgary
G. Müller-Luschnat, FAST e.V. München
E. Ortner, Uni Darmstadt
K. Pohl, RWTH Aachen (Ltg.)
W. Retschitzegger, Uni Linz
E. J. Sinz, Uni Bamberg
R. Studer, Uni Karlsruhe
G. Vossen, Uni Münster

Lokale Organisation

J. Desel (Ltg.), T. Erwin, T. Freytag, M. Klein, Uni Karlsruhe

Staatliche Forstschule Karlsruhe

Inhaltsverzeichnis

Angenommene Arbeiten

10

Diskussionsbeiträge

Interaktive Prozeßmodellierung in einer Virtual Reality-gestützten Unternehmungsvisualisierung

S. Leinenbach, C. Seel, A.-W. Scheer

1 Mitarbeiterorientierung als Erfolgsfaktor der Prozeßmodellierung

Die Erkenntnis notwendiger Organisationsveränderungen hat sich, nicht zuletzt unter dem Eindruck einer erhöhten internationalen Konkurrenz, spätestens seit Beginn dieses Jahrzehnts in den meisten deutschen Unternehmungen durchgesetzt [Bul95]. Bei aller Vielfalt der dabei entworfenen Leitbilder wie „Lean Management" oder „Total Quality Management" haben sich die Geschäftsprozesse als Betrachtungsgegenstand der organisatorischen Tätigkeit herausgebildet [Nip96].

Die betriebliche Wertschöpfung erfolgt in den Geschäftsprozessen, deren Organisation durch Informationstechnik unterstützt wird. Um diese Unterstützung planen und realisieren zu können, ist es notwendig, die Abläufe im Betrieb in Modellen abzubilden. Die Methode, mit der ein Modell erstellt wird, entscheidet über den Abstraktionsgrad und die Wiedergabeform des Diskursbereichs. Sie ist folglich abhängig vom Ziel zu wählen, das mit der Modellerstellung erreicht werden soll. Betriebswirtschaftliche Ziele der Prozeßmodellierung sind unter anderem Prozeßentwurf, Schulung von betrieblichen Abläufen, Prozeßcontrolling, Simulation, Definition von Workflows sowie Spezifikation von Standardsoftware.

Während ein informales Prozeßmodell (z.B. Video- oder Tonbandaufzeichnung) noch einen starken Bezug zur Wahrnehmungswelt des Menschen hat und dadurch Interpretationsmöglichkeiten offen läßt, zeichnet sich ein formales Prozeßmodell (z.B. der Programmcode eines Anwendungsprogramms) durch seine, im Sinne des Diskursbereichs, vollständige und eindeutige Beschreibung aus. Da einerseits informale Prozeßmodelle einen hohen Nachbereitungsaufwand mit sich bringen und nur mit intellektuellem Einsatz verwaltet werden können, formale Prozeßmodelle andererseits, aufgrund ihres komplizierteren Regelwerks, von den Mitarbeitern als Träger des Prozeßwissens nicht direkt erstellt und nachvollzogen werden können, werden im Zuge von Prozeßgestaltungsmaßnahmen häufig semi-formale Methoden zur Prozeßbeschreibung eingesetzt. Beispiele hierfür sind Flußdiagramme, Netzpläne [Alt96], Vorgangskettendiagramme [Ber91], Ereignisgesteuerte Prozeßketten [Kel92] sowie verschiedene Ansätze zur Prozeßmodellierung im Rahmen objektorientierter Modellierungsmethoden [Fer95] [Sch97].

Zwar sind die Vorteile und die weite Verbreitung semi-formaler Modellierungsmethoden zum Zweck der Wissenserhebung unbestritten. Allerdings ist die direkte Methodenanwendung durch die Mitarbeiter als Träger des Prozeßwissens nur bedingt möglich [Rem95]. Häufig sind die Sprachkonstrukte der Methoden noch zu abstrakt und nicht direkt auf die betriebliche Erfahrungswelt der Mitarbeiter übertragbar. Als Folge entsteht eine Modellwelt, die den Diskursbereich nicht in allen Punkten gemäß der Modellierungsziele abbildet. Dieses Problem kann durch - oft teure - Methodenschulungen lediglich gemindert werden. Die Modellierung durch unternehmensexterne oder -interne Methodenexperten verschiebt das Problem hingegen in eine andere Richtung. In diesen Fällen wird in der Regel das Wissen der Mitarbeiter in Interviews erfragt (Wissenserhebung), und anschließend in ein grafisch orientiertes Prozeßmodell überführt. Hierbei kann es sowohl zu Informationsverlusten kommen, die aus Kommunikationsproblemen zwischen Mitarbeiter (Wissensträger) und Methodenexperte (Modellierer) herrühren, als auch zu Modellierungsfehlern bei der Formalisierung der Erhebungsergebnisse durch die Methodenexperten.

Aus diesem Grund steht die Entwicklung einer intuitiven, Mitarbeiter-orientierten Modellierungsmethode im Mittelpunkt des von der Deutschen Forschungsgemeinschaft (DFG) geförderten Projektes „Interactive Modeling of Business Processes in Virtual Environments" (IMPROVE)[1]. Die Beschreibung der neuen Methode und ihrer Werkzeugunterstützung ist Gegenstand dieser Arbeit.

Das Hauptaugenmerk bei der Entwicklung der neuen Methode liegt auf dem Einsatz der Technologie Virtual Reality (VR). Eine mögliche Definition beschreibt Virtual Reality als Forschungs- und Anwendungsgebiet, das die computerbasierte Visualisierung und Manipulation komplexer Informationen umfaßt [Auk92]. In allen Anwendungsfällen sollen dem Benutzer die darzustellenden Sachverhalte leichter zugänglich und verständlich gemacht werden. Neben der Visualisierung der Informationen soll deren Manipulation, d.h. die Interaktion mit den dargestellten Sachverhalten vereinfacht werden [Dur95].

Der Bereich des Geschäftsprozeßmanagements stellt ein relativ neues Anwendungsgebiet der Technologie VR dar. Im Verlauf von Projekten zur Geschäftsprozeßoptimierung kann eine intuitive VR-gestützte Visualisierung bereits erhobener und modellierter Prozesse eine verstärkte Beteiligung der fachlich verantwortlichen Mitarbeiter ohne Modellierungs-Know how in den Phasen Ist-Analyse und Soll-Konzeption fördern und damit die Qualität der Ergebnisse dieser Phasen nachhaltig verbessern [Lei98] [Gau97].

---

[1] Das Forschungsprojekt IMPROVE wird bei der DFG unter dem Förderkennzeichen Sche 185/19-1 geführt.

Die konsequente Weiterentwicklung dieser VR-Anwendungen, die nun auch die jeweils vorgelagerten Teilphasen zur Erhebung und Modellierung der Ist-Abläufe bzw. zur Entwicklung und Modellierung der Soll-Abläufe einbezieht, ist Gegenstand dieser Arbeit. Die neue Methode sieht vor, daß die an der Erhebung beteiligten Mitarbeiter gemeinsam ihren Prozeß in einer VR-gestützten Unternehmungsvisualisierung nachspielen. Die Transformation der Erhebungsergebnisse in formale oder semi-formale Prozeßmodelle wird durch ein entsprechendes Softwarewerkzeug automatisiert.

Zur Beschreibung der Methode der „Interaktiven Prozeßmodellierung in einer VR-gestützten Unternehmungsvisualisierung" werden im zweiten Kapitel das methodische Rahmenkonzept sowie die einzusetzenden Beschreibungssprachen vorgestellt. Das dritte Kapitel erläutert die neue Vorgehensweise der interaktiven Prozeßmodellierung. Im vierten Kapitel wird schließlich die entwickelte WerkzeZuguntersützung, der Softwareprototyp IMPROVE, vorgestellt.

2 Beschreibungssprachen der interaktiven Prozeß-modellierung

2.1 Rahmenkonzept

Die im folgenden vorgestellte Methode der interaktiven Prozeßmodellierung basiert auf unterschiedlichen Beschreibungssprachen, die in unterschiedlichen Phasen der Modellierung zum Einsatz kommen. Diese Phasen werden detailliert in Kapitel 3 beschriebenen. Um die unterschiedlichen Beschreibungssprachen einordnen zu können, werden die für die neue Modellierungsmethode wesentlichen Phasen schon an dieser Stelle kurz vorgestellt (vgl. Abb. 2.1).

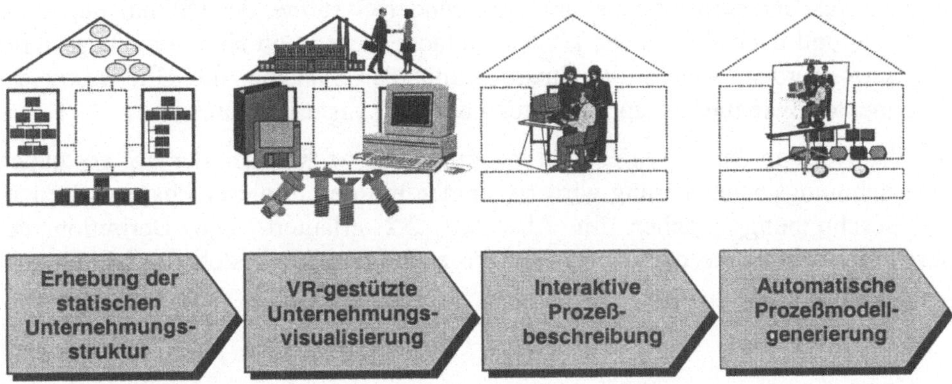

Abb. 2.1: Grobes Vorgehensmodell und Überblick über die Beschreibungssprachen

14

Die zentralen Phasen der interaktiven Prozeßmodellierung sind die *Interaktive Prozeßbeschreibung* durch die verantwortlichen Mitarbeiter und die *Automatische Prozeßmodellgenerierung* durch das in Kapitel 4 vorgestellte Softwarewerkzeug IMPROVE. Voraussetzung für die interaktive Prozeßbeschreibung, d.h. für das Nachspielen der betrieblichen Abläufe durch die beteiligten Mitarbeiter, ist eine realitätsnahe und in Echtzeit begehbare Unternehmungsvisualisierung. Die Generierung dieser verteilten, virtuellen Umgebung mit Hilfe von VR-Technologien steht im Mittelpunkt der Phase zur *VR-gestützten Unternehmungsvisualisierung*. Diese Phase wiederum benötigt Informationen über die Gebäude- und Innenarchitektur der betrachteten Unternehmung sowie über die statische, d.h. von konkreten (dynamischen) Abläufen unabhängige, Unternehmungsstruktur. Die Erhebung dieser Informationen ist Gegenstand der Phase *Erhebung der statischen Unternehmungsstruktur*.

In jeder dieser vier genannten Phasen kommt eine andere Klasse von Beschreibungssprachen zum Einsatz: Im Rahmen der *Erhebung der statischen Unternehmungsstruktur* können beispielsweise vorhandene CAD-Daten, Fotos oder Zeichnungen die benötigte Beschreibung der Gebäude- und Innenarchitektur der betrachteten Unternehmung liefern. Die darüber hinaus benötigten Informationen betreffen, den Sichten der ARIS-Architektur [Sch98] folgend, die Aufbauorganisation der betrachteten Unternehmung (Organisationssicht), die eingesetzten Systeme zur Material- und Informationstransformation (Funktionssicht), die verwendeten Dokumente sowohl in elektronischer als auch papierbasierter Form (Datensicht) sowie die durch die Unternehmung genutzten und erzeugten Sach- und Dienstleistungen (Leistungssicht). Die Erhebung dieser Informationen kann unter Verwendung bestimmter semi-formaler, aber leicht verständlicher Beschreibungssprachen erfolgen: Beispielsweise kann die Aufbauorganisation mit Hilfe eines Organigramms dokumentiert werden. Das zu erstellende Organigramm sollte insbesondere für diejenigen Mitarbeiter eine Stellenzuordnung berücksichtigen, die in die spätere Prozeßbeschreibung involviert sind. Zur Dokumentation der material- und informationstransformierenden Systeme, der Dokumente sowie der Sach- und Dienstleistungen können einfache Listen und Hierarchiediagramme eingesetzt werden, welche die Funktionalität der Systeme, die Gliederung der Dokumente sowie die Zusammensetzung der Leistungen beschreiben.

Die Verwendung der beschriebenen Informationen im Rahmen der VR-gestützten Unternehmungsvisualisierung wird zusammen mit den in dieser Phase verwendeten Beschreibungssprachen im Abschnitt 2.2 erläutert. Die Definition der Beschreibungssprache der interaktiven Prozeßbeschreibung steht im Mittelpunkt des Abschnitts 2.3.

2.2 Beschreibungssprache der VR-gestützten Unternehmungs-visualisierung

Ausgangspunkt für die VR-gestützte Unternehmungsvisualisierung sind die im vorangegangenen Abschnitt beschriebenen Informationen über die statische Unternehmungsstruktur einschließlich der Beschreibung der Gebäude- und Innenarchitektur. Die Visualisierung folgt ebenso wie die vorangegangene Informationserhebung den ARIS-Sichten Organisation, Funktionen, Daten und Leistungen.

2.2.1 Organisationssicht

Den Rahmen der gesamten Visualisierung bildet die dreidimensionale Darstellung des Unternehmungsumfeldes, in dem die zu erfassenden Prozesse durch die Mitarbeiter interaktiv nachgespielt werden können. Die VR-gestützte Unternehmungsdarstellung wird unter Zuhilfenahme der erwähnten CAD-Daten, Fotos oder Zeichnungen zur Beschreibung der Gebäude- und Innenarchitektur generiert. Abb. 4.2 zeigt einen Ausschnitt einer möglichen virtuellen Arbeitsumgebung.

Neben einer möglichst realitätsnahen Visualisierung des Arbeitsumfeldes als Rahmen für die interaktive Prozeßbeschreibung ist auch eine geeignete visuelle Repräsentation (durch sog. Avatare) der am Arbeitsablauf beteiligten Mitarbeiter von besonderer Bedeutung. Abb. 2.2 zeigt zwei Avatare sowie ein Dialogfenster mit Informationen über den durch den rechten Avatar repräsentierten Mitarbeiter. Der Inhalt dieses Dialogfensters kann dem in der Phase der *Erhebung der statischen Unternehmungsstruktur* erstellten Organigramm zur Beschreibung der Aufbauorganisation (vgl. Abschnitt 2.1) entnommen und anschließend automatisch generiert werden.

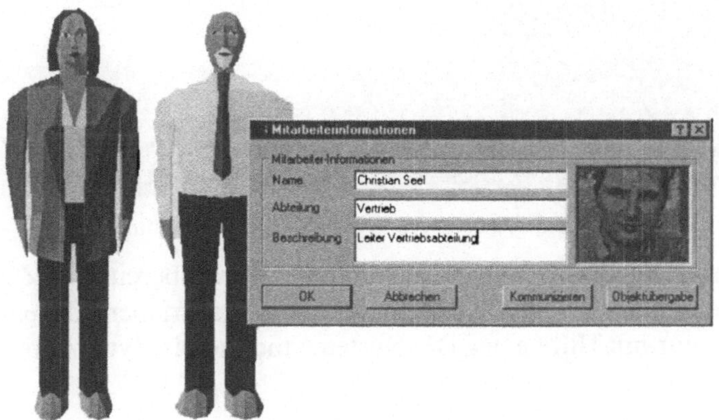

Abb. 2.2: Visualisierung der beteiligten Mitarbeiter

2.2.2 Funktionssicht

Bei der Visualisierung der Funktionssicht werden nur solche Funktionen explizit berücksichtigt, die mit Systemunterstützung durchgeführt werden. Dies gilt sowohl für informations- als auch für materialtransformierende Funktionen. Manuelle Tätigkeiten ohne Werkzeugunterstützung werden im Verlauf der interaktiven Prozeßbeschreibung von den verantwortlichen Mitarbeitern beschrieben (vgl. Abschnitt 2.3). Abb. 2.4 demonstriert die Beschreibung informationsverarbeitender Funktionen an einem virtuellen PC-Arbeitsplatz. Das eingeblendete Dialogfenster beschreibt sowohl die installierten Anwendungssysteme und verfügbaren Funktionen als auch die elektronischen Dokumente, auf die vom abgebildeten PC zugegriffen werden kann. Diese Informationen wurden in der Phase der *Erhebung der statischen Unternehmungsstruktur* gesammelt (vgl. Abschnitt 2.1).

2.2.3 Datensicht

Die Visualisierung der Datensicht betrifft sowohl papierbasierte als auch elektronische Dokumente innerhalb der betrachteten Unternehmung. Abb. 2.3 zeigt eine VR-Metapher, welche papierbasierte Dokumente repräsentiert. Die Abbildung zeigt ebenfalls ein Dialogfenster mit detaillierten Informationen zu den abgelegten Dokumenten.

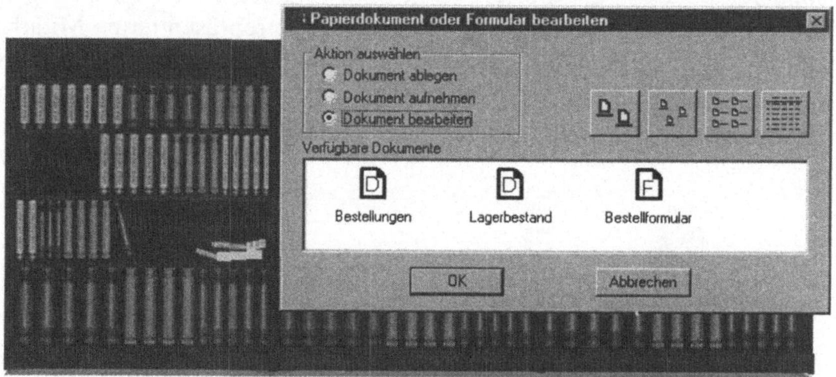

Abb. 2.3: Visualisierung papierbasierter Dokumente

Die Visualisierung elektronischer Dokumente wurde bereits im Zusammenhang mit der Darstellung DV-gestützter Funktionen beschrieben, da ein Zugriff auf solche Daten nur mit Hilfe eines DV-Systems möglich ist (vgl. Abb. 2.4).

2.2.4 Leistungssicht

Auf ein konkretes Beispiel für die Visualisierung möglicher Objekte innerhalb der ARIS-Leistungssicht soll an dieser Stelle verzichtet werden. Prinzipiell gilt es, für die Vielzahl der in der unternehmerischen Realität vorkommenden Sach- und Dienstleistungen geeignete VR-Metaphern zu finden und diese analog zur Visualisierung der anderen ARIS-Sichten mit Textinformationen in Form entsprechender Dialogfenster zu ergänzen.

2.3 Beschreibungssprache der interaktiven Prozeßbeschreibung

Die im vorherigen Abschnitt vorgestellte VR-gestützte Unternehmungsvisualisierung stellt die Benutzungsoberfläche für die interaktive Beschreibung der betrieblichen Abläufe dar. Während dieses über das Intranet der zu untersuchenden Unternehmung verteilten „Spiels" können die beteiligten Akteure innerhalb der virtuellen Umgebung beliebig mit den vorgestellten VR-Objekten interagieren.

Im Gegensatz zu gängigen Prozeßbeschreibungssprachen, bei denen die im Verlauf des Kontrollflusses durchzuführenden Funktionen im Mittelpunkt stehen und lediglich durch die transformierten Informationen oder Materialien und die unterstützenden Systeme ergänzt werden, stehen bei dem vorgestellten Nachspielen des Prozesses die Bearbeitungsobjekte und –werkzeuge im Mittelpunkt der Beschreibung. Diese Objekte und Werkzeuge werden bei ihrer Bearbeitung oder Nutzung um die semantische Bedeutung der durchgeführten Tätigkeiten ergänzt. Die Motivation für diese neue Herangehensweise besteht wieder darin, daß es insbesondere für Mitarbeiter ohne Modellierungs-Know how intuitiver ist, den von ihm verantworteten Prozeß als Abfolge der konkret bearbeiteten Objekte oder eingesetzten Systeme nachzuspielen anstatt ihn als Abfolge von Tätigkeiten, deren semantische Bedeutung für ihn vielleicht nicht offensichtlich ist, „auf dem Papier" zu beschreiben.

Der Spielraum beim Nachspielen der Prozesse wird durch die realisierten Navigations- und Interaktionsmöglichkeiten innerhalb der VR-gestützten Unternehmungsvisualisierung festgelegt. Beispiele für mögliche Interaktionen innerhalb der virtuellen Arbeitsumgebung sind:

- Face-to-face-Kommunikation mit Mitarbeitern,
- Telekommunikation mit internen und externen Partnern,
- Einsatz eines informationsverarbeitenden DV-Systems,
- Manuelle Bearbeitung eines Papierdokuments,
- Einsatz einer materialverarbeitenden Maschine,
- Manuelle Bearbeitung eines Materials sowie

- Auslösen einer Prozeßverzweigung (alternative Bearbeitungsmöglichkeiten).

Abb. 2.4 demonstriert den Einsatz eines informationsverarbeitenden DV-Systems. Durch Aktivieren (Anklicken) des virtuellen PC-Arbeitsplatzes wird ein Dialogfenster eingeblendet, mit dessen Hilfe die einzusetzende Anwendungssoftware und eventuell das zu bearbeitende elektronische Dokument ausgewählt werden. Darüber hinaus erlaubt der Dialog die detaillierte Beschreibung der mit der Anwendung oder dem Dokument durchgeführten Tätigkeit in Form einer Kurz- und einer Langbeschreibung.

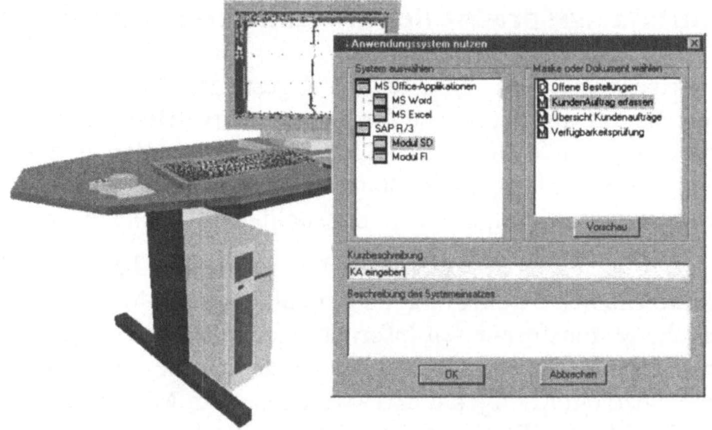

Abb. 2.4: Einsatz eines DV-Systems

Jede der oben beschriebenen Benutzerinteraktionen wird in dem in Kapitel 4 vorgestellten System IMPROVE durch einen entsprechenden Textprotokolleintrag (vgl. Abb. 4.3) repräsentiert. Dieser Eintrag beinhaltet folgende Informationen:

- Zeitpunkt der Interaktion,
- Typ der Interaktion (z.B. Kommunikation, Einsatz DV-System, usw.)

und in Abhängigkeit vom Interaktionstyp

- die agierenden Benutzer (Organisationssicht),
- die bearbeiteten Objekte (Daten- oder Leistungssicht),
- die eingesetzten Systeme (Funktionssicht) sowie
- einen Kommentar zur detaillierten Beschreibung der Tätigkeit.

3 Vorgehensmodell der interaktiven Prozeßmodellierung

Die Modellierung von Prozessen ist meist Bestandteil einer umfassenden Geschäftsprozeßoptimierung (GPO). Das im folgenden beschriebene Vorgehensmodell der interaktiven Prozeßmodellierung fügt sich in existierende GPO-Vorgehensmodelle ein. Lediglich die Phasen Projektvorbereitung (vgl. Abschnitt 3.1) und Prozeßbeschreibung (vgl. Abschnitt 3.2) unterscheiden sich von denen gängiger GPO-Vorgehensmodelle. Das Resultat der neuen Form der Prozeßbeschreibung sind weiterhin semi-formale Prozeßmodelle, die Grundlage für die nachfolgenden GPO-Phasen Ist-Analyse, Soll-Konzeption und Implementierung sind.

3.1 Projektvorbereitung und VR-gestützte Unternehmungsvisualisierung

Die ersten Teilphasen der *Projektvorbereitung* unterscheiden sich nur wenig von denen der Vorbereitung eines „traditionellen" Projektes, in dessen Verlauf die Erhebung, Modellierung und Analyse der aktuellen Geschäftsprozesse mit herkömmlichen Methoden und Werkzeugen durchgeführt wird: Zu Beginn definieren Unternehmungs- und Projektleitung die allgemeinen Ziele, die mit dem Reorganisationsprojekt verfolgt werden. Dazu gehört auch die Festlegung der neu zu organisierenden Unternehmungsbereiche. Anschließend erstellt die Projektleitung den Projektplan und definiert die Projektorganisation.

Ausgangspunkt für die *Erhebung der statischen Unternehmungsstruktur* ist die Erhebung der Gebäude- und Innenarchitektur der betrachteten Unternehmung. Dazu werden vorhandene CAD-Daten auf ihre Eignung für eine VR-gestützte Gebäudevisualisierung überprüft. Sind die verwendbaren CAD-Daten nicht ausreichend, müssen zusätzliche Skizzen und Fotos angefertigt werden.

Anschließend werden Informationen über die Organisationsstruktur sowie über die Material- und Informationstransformation innerhalb der betrachteten Unternehmung gesammelt. Im ersten Fall sind dies Informationen über die Mitarbeiter, welche die Erhebung der dynamischen Abläufe selbständig durchführen, sowie ihre Zuordnung zu Organisationseinheiten. Im Fall der Materialtransformation sind die bearbeiteten Materialien, Teile und Baugruppen sowie die eingesetzten Werkzeuge und Maschinen zu erheben, im Fall der Informationstransformation die bearbeiteten Dokumente in papierbasierter oder elektronischer Form sowie die eingesetzten Informationssysteme. Für spätere Konsistenzprüfungen wird zudem erfaßt, welche Materialien bzw. Dokumente mit welchen Systemen bearbeitet werden.

20

Im ersten Schritt der *VR-gestützte Unternehmungsvisualisierung* sind aus dem CAD-System die CAD-Daten der Gebäudearchitektur in die eingesetzte VR-Entwicklungsumgebung zu übernehmen. Die importierten Geometrien werden anschließend nachbearbeitet und ergänzt. Insbesondere müssen Mobiliar, Türen und Fenster aus existierenden VR-Bibliotheken hinzugefügt werden. Weitere Ergänzungen sind denkbar, um die Visualisierung des Arbeitsumfeldes möglichst realitätsnah zu gestalten.

Anschließend werden VR-Metaphern für Mitarbeiter, Dokumente, Materialien und Systeme implementiert. Hierbei stehen wiederum umfangreiche VR-Bibliotheken zur Verfügung, die in Einzelfällen jedoch um eigene Metaphern ergänzt werden müssen. Anschließend werden den entwickelten VR-Metaphern die später durch das System IMPROVE generierten Auswahldialoge zugeordnet.

3.2 Interaktive Prozeßbeschreibung

Ein wesentliches Ziel der in dieser Arbeit vorgestellten Modellierungsmethode ist es, die fachlich verantwortlichen Mitarbeiter in die Lage zu versetzen, die eigenen Geschäftsprozesse selbständig zu beschreiben. Deshalb muß die Modellierungsaufgabe möglichst klar definiert sein. Es ist also zunächst zu klären, welche Unternehmungsbereiche oder Grobprozesse Gegenstand der folgenden Prozeßbeschreibung sind. Anschließend wird eine vorbereitende Schulung für die an der Prozeßbeschreibung beteiligten Mitarbeiter der Fachabteilungen durchgeführt. In dieser Schulung wird abhängig von vorhandenen Vorkenntnissen die Benutzung des in Kapitel 4 vorgestellten Werkzeuges sowie der Ablauf des Reorganisationsprojektes vermittelt. Insbesondere sind die Mitarbeiter darauf hinzuweisen, daß bei der nachfolgenden Prozeßbeschreibung von konkreten Abläufen zu abstrahieren ist und damit „typische" Prozesse dokumentiert werden.

Vor dem eigentlichen Nachspielen der ausgewählten Grobprozesse können diese noch in Teilprozesse aufgeteilt oder einzelne Prozeßvarianten identifiziert werden, die getrennt erhoben werden. Für jeden nachzuspielenden Prozeß ist das Startereignis zu ermitteln sowie die Schnittstellen zu anderen Prozessen festzulegen. Beim Nachspielen stehen den Mitarbeitern die in Abschnitt 2.3 vorgestellten Sprachelemente der interaktiven Prozeßbeschreibung zur Verfügung. Jede durchgeführte Interaktion wird abschließend mit einem Textkommentar versehen. Das Nachspielen der ausgewählten Prozesse wird entweder durch den Mitarbeiter nach Simulation der letzten Tätigkeit oder durch das System bei Erreichen einer Prozeßschnittstelle beendet.

An die eigentliche Prozeßbeschreibung schließt sich eine Validierungsphase an, um die Qualität der erzielten Ergebnisse zu überprüfen. Dazu werden den Mitarbeitern die VR-Aufzeichnungen ihrer Simulation und die dabei erzeugten

Textprotokolle vorgeführt. Erkennen die Mitarbeiter hierbei Beschreibungsfehler, z.B. das Auslassen bestimmter Funktionen oder Abweichungen der simulierten von der realen Funktionsreihenfolge, muß die Prozeßbeschreibung wiederholt werden. Mit der Validierung der Ergebnisse endet zunächst die Beteiligung der Mitarbeiter aus den Fachabteilungen. Ausgehend von den erzeugten Textprotokollen generiert das im nächsten Kapitel vorgestellte Werkzeug IMPROVE automatisch semi-formale Prozeßmodelle und stellt diese in ein entsprechendes Modellierungs- und Analysewerkzeug ein. Aufgabe des Modellierungsexperten kann es nun sein, mit Hilfe seiner Beratungs- und Projekterfahrung die Plausibilität der erzeugten semi-formalen Modelle zu überprüfen und bei Bedarf Korrekturen oder Ergänzungen zu veranlassen. Darüber hinaus kann er in einer abschließenden Phase die erzeugten Detailmodelle zu Modellen höherer Granularität aggregieren.

4 Werkzeugunterstützung: Das System IMPROVE

Um die vorgestellte Methode der interaktiven Prozeßmodellierung auf ihre praktische Einsetzbarkeit in Modellierungsprojekten hin zu überprüfen, wird am Institut für Wirtschaftsinformatik (IWi) der Softwareprototyp IMPROVE entwickelt. Mit dessen Hilfe sollen insbesondere die Akzeptanz der neuen Beschreibungssprache bei den beteiligten Mitarbeitern ermittelt und das entwickelte Vorgehensmodell validiert werden.

Im folgenden Abschnitt 4.1 wird zunächst die Systemarchitektur von IMPROVE vorgestellt. Anschließend demonstriert Abschnitt 4.2 den Einsatz des Werkzeugs an Hand eines durchgängigen Anwendungsszenarios. Den Abschluß des Kapitels bildet eine Zusammenfassung und Bewertung der vorgestellten Modellierungsmethode.

4.1 Systemarchitektur

Abb. 4.1 beschreibt die Systemarchitektur des IMPROVE-Systems, in dessen Mittelpunkt der Aufbau des *IMPROVE-Servers* und der *IMPROVE-Clients* steht.

Der *IMPROVE-Server* besteht aus den drei Komponenten *Environment Builder*, *Process Analyzer* und *Process Modeler*, deren Aufgaben im folgenden erläutert werden.

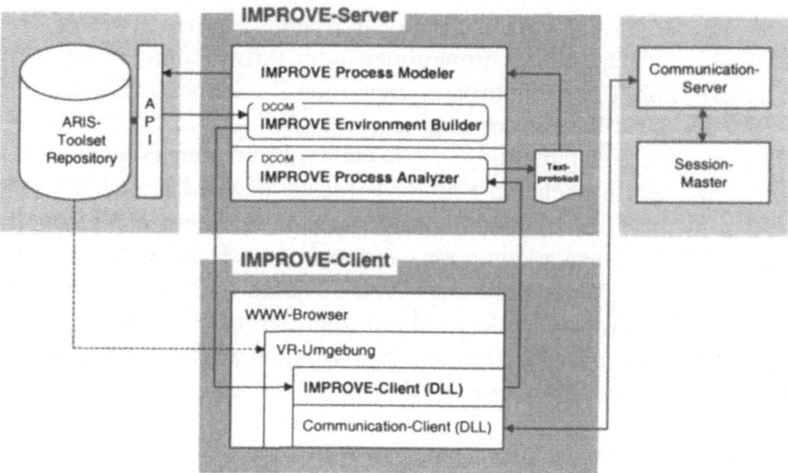

Abb. 4.1: IMPROVE-Systemarchitektur

Aufgabe des *IMPROVE Environment Builder* ist das Auslesen der im *ARIS-Tool-set-Server*[2] abgelegten Informationen über die statische Unternehmungsstruktur sowie die Aufbereitung dieser Informationen innerhalb geeigneter Dialogfenster für die interaktive Prozeßbeschreibung. Das Auslesen der Informationen geschieht über das Application Programming Interface (API) des ARIS-Toolset Reposito-ries. Der *IMPROVE Process Analyzer* übernimmt die zentrale Aufzeichnung und Auswertung der unterschiedlichen Aktionen der Akteure (*IMPROVE-Clients*) im Verlauf der interaktiven Prozeßbeschreibung. Ergebnis dieser Auswertung ist das in Abschnitt 2.3 beschriebene zentrale Textprotokoll mit allen für die Generie-rung semi-formaler Prozeßmodelle notwendigen Informationen. Ausgehend von diesem Textprotokoll generiert der *IMPROVE Process Modeler* erweiterte Ereignisgesteuerte Prozeßketten und stellt sie über das API des ARIS-Toolset Repository in dieses ein. Dazu wird für jeden eine Aktivität beschreibenden Eintrag des Textprotokolls ein Prozeßpartikel erzeugt, der aus der beschriebenen Funktion, den verantwortlichen Organisationseinheiten, den bearbeiteten Objekten, den eingesetzten Systemen sowie dem abschließenden Ereignis besteht. Einträge, die Prozeßverzweigungen repräsentieren, erzeugen die entsprechenden logischen Konnektoren.

Der *IMPROVE-Client* basiert im wesentlichen auf einem World Wide Web (WWW)-Browser, der mit Hilfe eines geeigneten Plug-Ins die zentrale VR-ge-stützte Unternehmungsvisualisierung zugänglich macht. Integraler Bestandteil dieser VR-Umgebung sind zwei Dynamic Link Libraries (DLL), die den *IMPROVE-Client (im engeren Sinn)* und den *Communication-Client* realisieren. Der *IMPROVE-Client* stellt während der interaktiven Prozeßbeschreibung bei

---

[2] Das ARIS-Toolset ist ein Produkt der IDS Prof. Scheer GmbH.

Bedarf die durch den *Environment Builder* erzeugten Dialogfenster zur Verfügung. Auf umgekehrtem Weg sendet er Rückmeldungen über die Interaktionen des jeweiligen Benutzers an den *Process Analyzer* zur zentralen Auswertung und Generierung des Textprotokolls. Der *Communication-Client* kommuniziert über den *Communication-Server* mit dem *Session-Master*[3], um die einzelnen Aktivitäten der verschiedenen Avatare innerhalb der verteilten VR-Umgebung zu synchronisieren.

4.2 Anwendungsszenario

Der praktische Werkzeugeinsatz in den Phasen VR-gestützte Unternehmungsvisualisierung, Interaktive Prozeßbeschreibung und Automatische Prozeßmodellgenerierung wird im folgenden am Beispiel der Modellierung einer Kundenauftragserfassung erläutert.

Abb. 4.2 zeigt die Benutzungsschnittstelle des Systems IMPROVE. Im Hauptfenster des abgebildeten WWW-Browsers ist die VR-gestützte Darstellung eines Büroraums zu sehen. In diesem befinden sich u.a. solche Einrichtungsgegenstände, z.B. Schreibtische und PCs, die Daten, Funktionen und Leistungen repräsentieren. In der Abbildung ebenfalls zu sehen sind zwei Avatare, die sich im selben virtuellen Büro befinden, um einen gemeinsam bearbeiteten Geschäftsprozeß nachzuspielen.

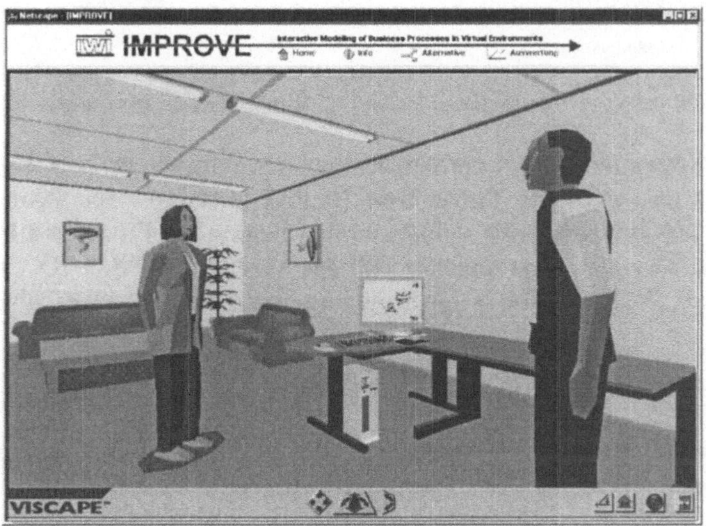

Abb. 4.2: Virtuelle Büroumgebung

---

[3] Die Software-Komponenten Communication-Server und Session-Master sind Bestandteil der VR-Entwicklungsumgebung Paraworld der VRT Deutschland GmbH.

Durch Navigation innerhalb der virtuellen Büroumgebung und Interaktion mit den darin befindlichen Objekten können die angemeldeten Mitarbeiter nun ihre Prozesse nachspielen. Im Falle der Kundenauftragserfassung nutzt beispielsweise ein Vertriebsmitarbeiter den PC-Arbeitsplatz seines virtuellen Büros. Dazu begibt er sich an seinen PC und aktiviert ein Dialogfenster, das die installierten Anwendungssysteme anzeigt (vgl. Abb. 2.4). Der Mitarbeiter wählt das für seine Aufgabe erforderliche System aus und dokumentiert die durchgeführte Funktion. Im Beispielszenario ist dies das Modul SD des SAP R/3 Systems. Die durchgeführte Tätigkeit bezeichnet der Vertriebsmitarbeiter mit „KA eingeben".

Abb. 4.3 zeigt auf der linken Seite einen Ausschnitt des aus den beschriebenen Benutzerinteraktionen erzeugten Textprotokolls.

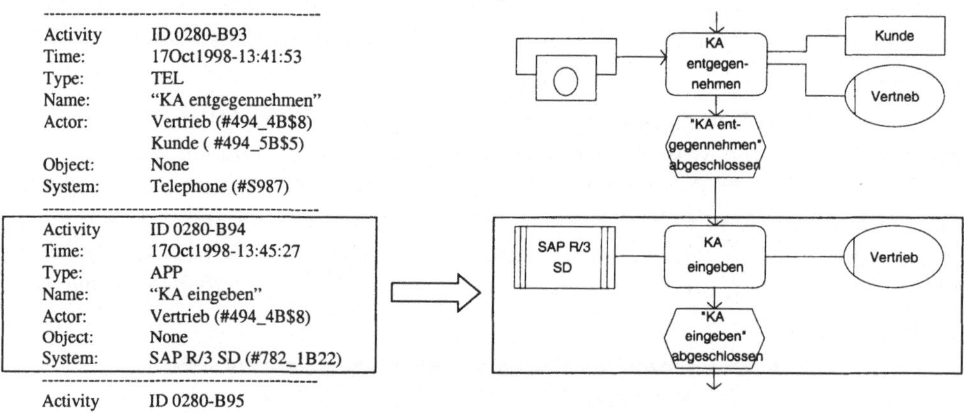

Abb. 4.3: Textprotokoll und eEPK „Kundenauftragserfassung"

Aus dem Textprotokoll wird die auf der rechten Seite der Abb. 4.3 gezeigte erweiterte Ereignisgesteuerte Prozeßkette (eEPK) generiert. Der gekennzeichnete Ausschnitt des Textprotokolls mündet in den markierten Prozeßpartikel: Um die Funktion „KA eingeben" gruppieren sich das Modul „SAP R/3 SD", die Organisationseinheit „Vertrieb" sowie das Ereignis „'KA eingeben' abgeschlossen".

4.3 Zusammenfassung und Bewertung

Im Mittelpunkt dieser Arbeit stand die Vorstellung der Beschreibungssprachen und des Vorgehensmodells der interaktiven Prozeßmodellierung sowie der Werkzeugunterstützung durch das System IMPROVE, welches insbesondere die praktische Einsetzbarkeit der neuen Modellierungsmethode demonstrieren sollte. Zu einer endgültigen Bewertung der neuen Methode fehlen bisher die notwendigen praktischen Erfahrungen aus realen Modellierungsprojekten.

Dennoch ist aus Sicht der Verfasser erkennbar, daß der Einsatz der vorgestellten Methode zu schnelleren und besseren Modellierungsergebnissen führen kann. Das erfordert natürlich eine Weiterentwicklung des beschriebenen Systems IMPROVE, die über das derzeitige Prototypstadium hinaus geht. Schneller werden die Modellierungsergebnisse erzielt im Vergleich zur Anwendung herkömmlicher Modellierungsmethoden und –werkzeuge sowohl durch Mitarbeiter mit Prozeßwissen als auch durch Berater mit Modellierungs-Know how. Im ersten Fall, weil die zeitaufwendigen Methoden- und Werkzeugschulungen durch eine einfache Schulung des Systems IMPROVE ersetzt werden, im zweiten Fall, weil die zeitaufwendige Prozeßerhebung und -modellierung durch den Modellierungsexperten durch eine Mitarbeiter-getriebene Prozeßbeschreibung und automatische Modellgenerierung ersetzt werden. Besser sind die Modellierungsergebnisse einerseits im Hinblick auf die syntaktische Korrektheit der erzeugten Prozeßmodelle, die durch die beschriebene automatische Generierung gewährleistet wird. Andererseits führt die neue Methode zu einer höheren inhaltlichen Übereinstimmung der Prozeßmodelle mit den aktuellen oder geplanten betrieblichen Abläufen, da die in Kapitel 1 beschriebenen Kommunikationsprobleme zwischen Wissensträger und Modellierer überwunden werden können.

Der Einsatz der neuen Modellierungsmethode ist allerdings weniger geeignet für kognitive, zeitlich entkoppelte sowie durchgängig durch Informationssysteme gesteuerte Geschäftsprozesse. Letztere sind ohnehin entweder in Systemen zur Steuerung des Kontroll- und Informationsflusses (Workflow-Mangement-Systeme) oder im Programmcode der entsprechenden Anwendung dokumentiert.

Dem beschriebenen Nutzen der interaktiven Prozeßmodellierung steht zunächst der höhere Aufwand für die Bereitstellung der Modellierungsumgebung in Form einer VR-gestützten Unternehmungsvisualisierung gegenüber. Allerdings läßt sich dieser Aufwand durch die Verwendung in zunehmendem Maße bereits existierender CAD-Daten stetig reduzieren. Darüber hinaus läßt sich der Nutzen der VR-gestützten Unternehmungsvisualisierung durch eine Verwendung im Rahmen betrieblicher Schulungsmaßnahmen steigern.

Literatur

[Alt96]   Altrogge, G.: Netzplantechnik, 3. Aufl., München-Wien 1996.

[Auk92]   Aukstakalnis, S.; Blatner, D.: Silicon Mirage: The Art and Science of VR. Berkeley 1992.

[Ber91]   Berkau, C.: VOKAL: System zur Vorgangskettendarstellung und -analyse, in: Scheer, A.-W. (Hrsg.): Veröffentlichungen des Instituts für Wirtschaftsinformatik, Nr. 90. Saarbrücken 1991.

[Bul95]   Bullinger, H.-J.; Wiedmann, G.: Aktuelle Managementkonzepte in Deutschland - Ergebnisse einer Studie: Der Wandel beginnt. Office Management, 43(1995)7-8, S. 58-62.

[Dur95]   Durlach, N.I.; Mavor, A.S. (Hrsg.): Virtual Reality: Scientific and Technological Challanges. Washington D.C. 1995.

[Fer95]   Ferstl, O.K.; Sinz, E.J.: Der Ansatz des semantischen Objektmodells (SOM) zur Modellierung von Geschäftsprozessen, Wirtschaftsinformatik 37(1995)3, S. 209-220.

[Gau97]   Gausemeier, J.; v. Bohuszewicz, O.; Ebbesmeyer, P.; Grafe, M.: Gestaltung industrieller Leistungserstellungsprozesse mit VR. Industrie Management 1/97, Februar 1997.

[Kel92]   Keller, G.; Nüttgens, M.; Scheer, A.-W.: Semantische Prozeßmodellierung auf der Grundlage „Ereignisgesteuerter Prozeßketten", in: Scheer, A.-W. (Hrsg.): Veröffentlichungen des Instituts für Wirtschaftsinformatik, Heft 89, Saarbrücken 1992.

[Lei98]   Leinenbach, S.; Scheer, A.-W.: Geschäftsprozeßoptimierung auf Basis einer Virtual Reality-gestützten Prozeßvisualisierung im Intranet, in: Lorenz, P.; Preim, B. (Hrsg.): Proceedings der Tagung „Simulation und Visualisierung '98" in Magdeburg. Delft u.a. 1998, S. 249-263.

[Nip96]   Nippa, M.; Picot, A. (Hrsg.): Prozeßmanagement und Reengineering - Die Praxis im deutschsprachigen Raum. 2. Aufl., Frankfurt 1996.

[Rem95]   Remme, M.; Galler, J.; Gierhake, O.; Scheer, A.-W.: Die Erfassung der aktuellen Unternehmensprozesse als erste operative Phase für deren Reengineering, in: Scheer, A.-W. (Hrsg.): Veröffentlichungen des Instituts für Wirtschaftsinformatik, Nr. 118. Saarbrücken 1995.

[Sch97]   Scheer, A.-W.; Nüttgens, M.; Zimmermann, V.: Objektorientierte Ereignisgesteuerte Prozeßkette, in: Scheer, A.-W. (Hrsg.): Veröffentl. des Instituts für Wirtschaftsinformatik, Nr. 141. Saarbrücken 1997.

[Sch98]   Scheer, A.-W.: ARIS – Modellierungsmethoden, Metamodelle, Anwendungen. 3. Aufl., Berlin u.a. 1998.

Sind Referenzprozeßmodelle in der betrieblichen Praxis sinnvoll? - Ein Beispiel aus der Dienstleistungsbranche

Dr. Stefan Gerber	Günther Müller-Luschnat
SIZ GmbH	FAST e.V.
Königswintererstr. 552	Arabellastr. 17
53227 Bonn	81925 München
Stefan.Gerber@siz.de	gml@fast.de

Zusammenfassung

Die Sparkassenorganisation (SKO) hat in den letzten Jahren erhebliche Anstrengungen unternommen, um die Auf- und Ablauforganisation der Sparkassen an den zukünftigen Anforderungen des Marktes auszurichten. In diesem Zusammenhang ergab sich die Frage nach einer geeigneten Methode, die es ermöglicht, das Thema Prozeßmodellierung aktiv und kostengünstig adressieren zu können. Von zentraler Bedeutung war für die SKO dabei das Problem der Koordinierung verschiedener Modellierungsprojekte, die Nutzung von Synergien bei der Modellierung sowie die Vermeidung von Mehrfachentwicklungen.

Der vorliegende Beitrag beschreibt, wie komplexe Prozeßmodelle aus verschiedenen Modellierungsprojekten in ein unternehmensweites Referenzprozeßmodell integriert werden können. Es wird dargestellt; welche methodischen Voraussetzungen für die praktische Realisierung eines solchen Referenzprozeßmodells diskutiert und implementiert werden müssen.

Insbesondere wird in diesem Beitrag dargestellt, aus welchen Bestandteilen das Metamodell eines solchen Modells besteht und unter welchen Rahmenbedingungen ein solches Modell erfolgreich in die Organisationsabläufe der Unternehmensplanung und -entwicklung eingebunden werden kann. Dabei wird insbesondere der Prozeß zur Modellfortschreibung und der Koordination verschiedener BPR-Projekte dargestellt.

1 Geschäftsprozeßmodellierung in der Sparkassenorganisation - Ausgangslage und Ziele

Hammer [6] definiert einen Unternehmensprozeß als Bündel von Aktivitäten, für die ein oder mehrere unterschiedliche Inputs benötigt werden, um für den Kunden ein Ergebnis von Wert zu erzeugen. Diese Sicht auf Unternehmensprozesse bietet bei konsequenter Umsetzung die Chance, die Prozesse eines Unternehmens direkt an den Marktbedingungen auszurichten und auf Marktveränderungen durch Anpassung der Prozesse zeitnah zu reagieren. Die Durchsetzung dieser Prozeßsicht im Gesamtunternehmen dient damit mit dem Ziel, die Marktführerschaft der einzelnen Institute der SKO langfristig und nachhaltig zu festigen. Kritischer Erfolgsfaktor für die Erreichung dieser Ziele ist dabei, inwieweit es gelingt die end-to-end-Prozeßsicht im gesamten Unternehmen zu etablieren. In einem ersten Schritt wurden deshalb die methodischen Grundlagen für die Geschäftsprozeßmodellierung erarbeitet und durch die Anwendung auf ein konkretes bankfachliches Teilgebiet ausgetestet.

Geschäftsprozeßmodellierungsprojekte werden in der SKO künftig auf der Basis einer einheitlichen Methode abgewickelt. Sie besteht aus 3 Komponenten, die untereinander über Schnittstellen verbunden sind:

- Vorgehensmodell
  Das Vorgehensmodell beschreibt die einzelnen Projektphasen. In der ersten Phase werden die Ziele des Projektes definiert und die Projektplanung durchgeführt. In der zweiten Phase werden die relevanten Geschäftsprozesse identifiziert, um nach der Strukturierung mit Hilfe des Referenzprozeßmodells neu gestaltet zu werden. Der Phase der Neugestaltung der Geschäftsprozesse schließt sich die Phase der Umsetzungsplanung (organisatorische und IT-technische Anforderungen) an.

- Referenzprozeßmodell
  Das Referenzprozeßmodell besteht aus verschiedenen Sichten auf Prozesse. Damit wird einerseits für die Modellierungsarbeit die notwendige Prozeßsicht sichergestellt. Andererseits wird die Harmonisierung von Prozessen aus verschiedenen Projekten ermöglicht, so daß immer wiederkehrende Tätigkeiten in den Prozessen projektübergreifend im gleichen Kontext verwendet werden. Der damit verbundene Aspekt der Wiederverwendung von Prozeßbausteinen ist vor allem auch in Hinblick auf IT-Umsetzung von entscheidender Bedeutung.

- Prozeßmodell-Management
  Das Modellmanagement beschreibt die Prozesse, die zur permanenten Pflege und Weiterentwicklung des Referenzmodells notwendig sind.

2 Methodischer Rahmen des Referenzprozeßmodells

2.1 Überblick

Damit die im Referenzmodell hinterlegten Prozesse immer den gleichen Modellie-
rungsvorgaben genügen, damit also integrierbar und vergleichbar sind, ist es u.a.
notwendig einen methodischen Rahmen für das Referenzmodell zu definieren.
Der methodische Rahmen besteht aus

- den Modellierungsrichtlinien sowie
- dem Metamodell.

Nach einführenden Bemerkungen über die Ziele des methodischen Rahmens werden pro Modellierungsbereich die Modellierungsrichtlinien bzw. die relevanten
Teile des Metamodells vorgestellt. Die Modellierungsbereiche sind

- Prozeß
  Hier wird der Aspekt „Kontrollfluß" des Prozesses betrachtet.
- Ein-/Ausgabe
  Gegenstand dieses Modellierungsbereiches ist die Beschreibung eines Prozes-
  ses bzgl. seiner Ein- und Ausgaben.
- Prozeßmuster
  Eine Struktur von produkt- und vertriebswegsneutralen Prozeßmustern wurde
  von der SKO erstellt und wird den Geschäftsprozessen zugeordnet.
- Fachliche Prozeßumgebung
  In Form eines Aufgabenbaums erfolgt eine bankfachliche Gliederung der Ge-
  schäftsprozesse.

2.2 Die Ziele des methodischen Rahmens

2.2.1 Die Ziele der Modellierungsrichtlinien

Die Komplexität von BPR-Projekten ist in der Regel sehr hoch (typischerweise 50
bis 100 Prozesse mit 1.000 und mehr Einzelschritten). Daher erfordert die Entwicklung und Wartung der Prozesse den Einsatz eines Werkzeugs. Das Werkzeug
zur Geschäftsprozeßmodellierung war mit dem ARIS-Toolset der Firma IDS Prof.
Scheer schon vor dem Projekt durch eine Richtlinie der Sparkassenorganisation
(SKO) gesetzt. Ergänzend zum BPR-Vorgehensmodell, das sich mit dem reinen

Vorgehen, dagegen mit der Notation nicht beschäftigt, mußten spezielle Dokumentationsrichtlinien für die Beschreibung der ARIS-Modellierungsergebnisse erarbeitet werden.

Das ARIS-Toolset unterstützt eine große Vielzahl von Diagrammtypen. Die Auswahl von wenigen, für die Referenzmodellierung besonders geeigneten Typen aus diesem Angebot und die konsequente Beschränkung auf die gewählten Diagrammtypen ist für den Einsatz des ARIS-Toolset erfolgskritisch. Die Modellierungsrichtlinien bestimmen, welche Diagrammtypen wie für die Dokumentation von Geschäftsprozessen in BPR-Projekten einzusetzen sind.

Dabei ist die Erreichung folgender Ziele sicherzustellen:

- Vollständige Dokumentation der BPR-Ergebnisse,
- konsistente und transparente Einordnung der erarbeiteten Geschäftsprozesse in den neutralen SKO-Referenzprozeßbaum,
- Sicherstellung eines Mindestmaßes an Qualität und Einheitlichkeit durch Vorgabe von Standards,
- ausreichende Lesbarkeit für alle Beteiligten nach kurzer Einführung,
- angemessener Dokumentationsaufwand,
- elektronische Ablage von fachlichen Vorgaben für einen möglichst reibungslosen Übergang in DV-Entwicklungsprojekte,
- Offenheit für Weiterentwicklung/Konkretisierungen in Nachfolgeprojekten.

2.2.2 Die Ziele des Metamodells

Um eine Modellierung von Geschäftsprozessen durchführen zu können, muß zuerst geklärt werden, aus welchen Beschreibungselementen sich das Modell zusammensetzt und in welcher Form die Modelle verwaltet werden. Dazu wird eine formale Sprache benötigt, um ein „Modell" der Modellierungselemente zu erstellen, eben ein Metamodell. Dieses Metamodell definiert

- die Modellierungsbegriffe (z.B. Prozeß, Ereignis, Fachbegriff), im folgenden Metaentitätstypen genannt
- die Beziehungen zwischen diesen Begriffen (im folgenden: Metabeziehungstypen)
- die Basis für das sogenannte „Repository Informationsmodell (RIM)", das die Struktur des Repositories (beim SIZ: ROCHADE) zur Aufnahme der Modellierungsergebnisse festlegt.

Als Notation für das Metamodell wurde das UML-Klassendiagramm (Werkzeug: Rational Rose) gewählt sowie die Metaentitäts- und –beziehungstypen standardisiert in Prosa beschrieben.

2.3 Prozeß

2.3.1 Modellierungsrichtlinien

Geschäftsprozesse werden als zeitlich-logische Folgen von Teilprozessen modelliert, die in Form von erweiterten ereignisgesteuerten Prozeßketten (eEPK) dargestellt werden. Um den Kontrollfluß eines Prozesses detailliert darzustellen und
gleichzeitig die Übersichtlichkeit zu gewährleisten, ist vorgesehen, daß ein Teilprozeß wieder in mehrere Teilprozesse aufgeteilt werden kann, deren zeitlich-
logische Abfolge in separaten eEPKs dargestellt werden. Dem Modellierer steht es
frei so viele Detaillierungsebenen wie sinnvoll zu erstellen, wobei es bis auf die
Zuordnung zum Referenzprozeßbaum (siehe „Prozeßmuster") kein Verfeine-
rungskriterium gibt.
Zu Teilprozessen, die nicht weiter verfeinert werden, werden Funktionszuord-
nungsdiagramme (FZD) angelegt, die einen Teilprozeß bzgl. Eingabe, Verarbeitung und Ausgabe beschreiben und Angaben machen, wer für die Durchführung
verantwortlich ist.
Neben dem Konzept der Verfeinerung wird die Kapselung von Prozessen geson-
dert behandelt: Während eine Verfeinerung eine Strukturierungsmöglichkeit eines
Prozesses in sich darstellt und insbesondere die Übersichtlichkeit des Prozeßab-
laufs fördert, ist es für einen gekapselten Prozeß möglich, Teil von verschiedenen
Prozessen zu sein. Folgende Anforderungen an einen gekapselten Prozeß gestellt:
- Möglichst wenig Schnittstellen
- Exakt definierte Ein- und Ausgabeparameter
- Unterscheidbarkeit in der Notation
  (ARIS bietet keine Unterscheidungsmöglichkeit zwischen verfeinertem und
  gekapselten Prozeß, so daß hier ein Verfahren festgelegt werden muß.)

Die Richtlinien zur Modellierung von eEPKs enthalten detaillierte Anweisungen,
die den Gebrauch von ARIS einschränken oder ergänzen, z.B.:
- Nur die Typen Prozeß (ARIS: Funktion), Ereignis und Regel sind gestattet.
- Nicht alle Ablaufbeziehungen zwischen den Typen sind erlaubt, z.B. muß zwischen zwei Teilprozessen immer ein Ereignis stehen.

2.3.2 Metamodell

Mit diesem Metamodellteil (Klassendiagramm siehe Abbildung 1) wird das ARIS-
Diagramm eEPK gemäß der Modellierungsrichtlinien umgesetzt.
Es wird im Metamodell kein Unterschied zwischen Geschäftsprozeß und Teilpro-

zeß gemacht. Beides wird im Metaentitätstyp „Prozeß" zusammengefaßt.
Da es möglich ist, daß ein Teilprozeß in verschiedenen eEPKs (also in verschiedenen Prozessen) vorkommt, ja daß er sogar mehrfach in einem eEPK vorkommt, ist es nötig den Metaentitätstyp eEPK-Prozeß zu definieren. Die Beschreibung eines Prozesses wird im Metaentitätstyp Prozeß abgelegt, die Verwendung dieser Funktion in verschiedenen eEPKs in eEPK-Prozeß. Dieselbe Argumentation gilt analog für den Metaentitätstyp Ereignis.

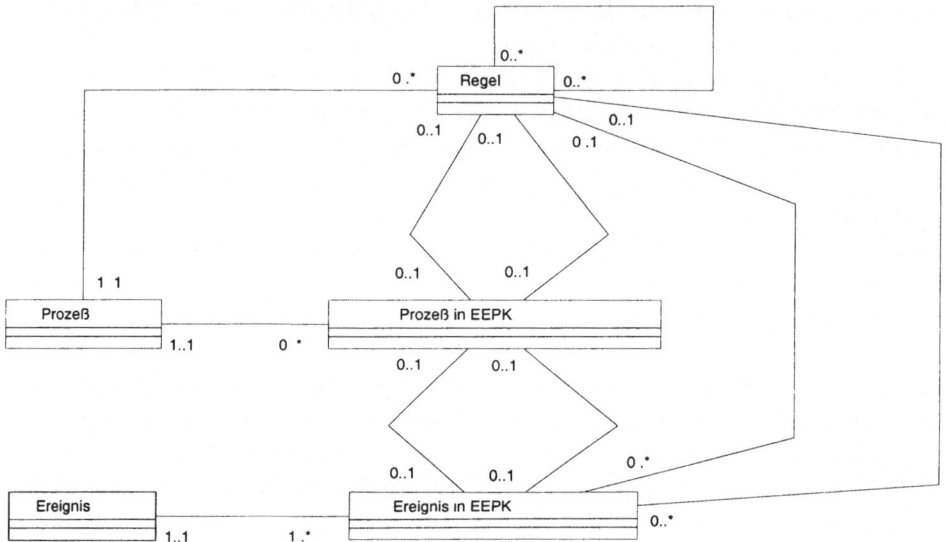

Abbildung 1: Metamodellteil eEPK

2.4 Ein-/Ausgabe

2.4.1 Modellierungsrichtlinien

Für die Beschreibung eines Teilprozesses bzgl. seines Ein-/Ausgabeverhaltens wird ebenfalls ein ARIS –Diagramm, das Funktionszuordnungsdiagramm (FZD) verwendet. Auch für dieses Diagramm war es nötig, einschränkende bzw. ergänzende Richtlinien zu seiner Verwendung zu erstellen:
Der Teilprozeß wird wieder über den ARIS-Objekttyp „Funktion" als Ausprägungskopie modelliert. Ergänzende Angaben zum Teilprozeß wie z.B. ausführliche Erläuterungen der durchzuführenden Entscheidungen und Berechnungen werden im Attribut „Beschreibung" zum ARIS-Objekttyp „Funktion" abgelegt.

Zu einem Teilprozeß werden alle benötigten Input- und alle erzeugten Output-Informationen einer Funktion vollständig modelliert. Für die Modellierung dieser Informationen wird der ARIS-Objekttyp „Fachbegriff" verwendet. Mit Hilfe des Fachbegriffs wird die Verbindung zum SKO-Datenmodell (einem Unternehmens-datenmodell) gewährleistet.

Darüber hinaus werden die ausführenden Instanzen bzw. die Sender und Empfänger von Daten über die ARIS-Objekttypen „Typ Org.-einheit", „Mitarbeitertyp" und „Person" bzw. „Anwendungssystemtyp" oder „Modultyp" im FZD modelliert.

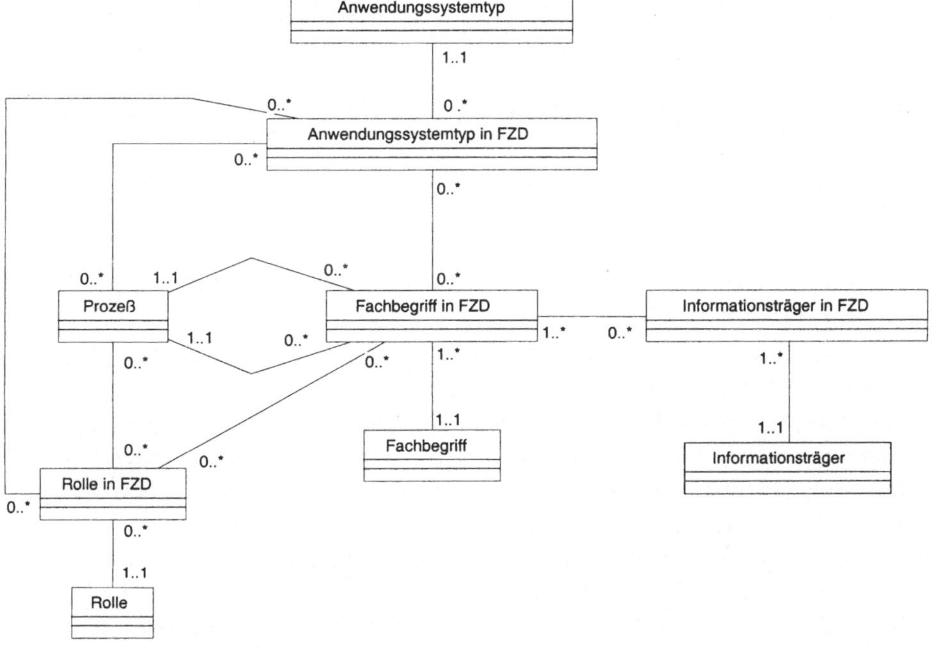

Abbildung 2: Metamodellteil FZD

Optional können auch textuelle Beschreibungen und die verwendeten Informationsträger ergänzt werden. Das sind Medien, auf denen Information gespeichert bzw. bewegt werden. Informationsträger werden nur im Zusammenhang mit Informationen modelliert. Eine direkte Zuordnung zu Teilprozessen ist nicht erlaubt.

2.4.2 Metamodell

Die durch die Modellierungsrichtlinien definierte Verwendung des ARIS-Diagramms FZD bildet die Grundlage für diesen Metamodellteil (Klassendiagramm siehe Abbildung 2.)

Die ARIS-Objekttypen Organisationseinheit, Mitarbeitertyp sowie „Person extern" sind im Metaentitätstyp Rolle zusammengefaßt.
Auch hier finden wir wieder die Aufteilung Fachbegriff - FZD Fachbegriff, Rolle - FZD Rolle etc.. Die Argumentation für diese Aufteilung ist analog zur Situation im eEPK.

2.5 Prozeßmuster

2.5.1 Modellierungsrichtlinien

Zur gesamtheitlichen, strukturierten Darstellung der Geschäftsprozesse in der SKO wurde ausgehend von einem SKO-Gesamtprozeßmodell ein Prozeßmusterbaum mit folgenden Eigenschaften entwickelt:

- Die im Referenzprozeßbaum abgelegten sogenannten Prozeßmuster sind neutral bzgl. Produkt und Vertriebsweg.
- Im Prozeßbaum tiefer angeordnete Prozeßmuster sind Spezialisierungen der übergeordneten Prozeßmuster.
- Jeder Geschäftsprozeß in der SKO ist so in Teilprozesse zerlegbar, daß diese eindeutig einem Blatt des Referenzprozeßbaumes zugeordnet werden können. In diesem Sinne ist jeder Geschäftsprozeß durch eine Teilmenge der Blätter des Prozeßmusterbaumes darstellbar.

Abbildung 3 zeigt mit dem Teilbaum „Feedback managen" exemplarisch eine Verfeinerungsstufe des Referenzprozeßbaumes. In diesem Beispiel ist die Eigenschaft der Neutralität bzgl. Produkt und Vertriebsweg klar zu erkennen. Es wird nicht von einer Meldung einer fehlgeleiteten Überweisung (Teil des Produkts Girokonto) oder von einer Fehlfunktion beim Online-Banking (Vertriebsweg) gesprochen, sondern es werden generell die Prozeßmuster aufgezeigt, die bei einem Feedback des Kunden eine Rolle spielen.

Im Gegensatz zu den neutralen Prozessen im Referenzprozeßbaum können die in den BPR-Projekten erarbeiteten Geschäftsprozesse in der Regel nicht neutral bzgl. Produkt und Vertriebsweg gestaltet werden.

Jeder Geschäftsprozeß muß in Teilprozesse zerlegbar sein, die eindeutig einem Blatt des Referenzprozeßbaumes zugeordnet werden können.

Damit diese Regel erfüllt ist, muß für jeden Teilprozeß eine der folgenden Regeln gelten:

- Der Teilprozeß ist direkt einem Prozeßmuster zugeordnet.
- Der Teilprozeß gehört zur Verfeinerung eines anderen Teilprozesses, der bereits einem Prozeßmuster zugeordnet ist.

- Der Teilprozeß ist vollständig in Teilprozesse zerlegbar. Die verfeinerten Teilprozesse sind jeweils genau einem Prozeßmuster zugeordnet.

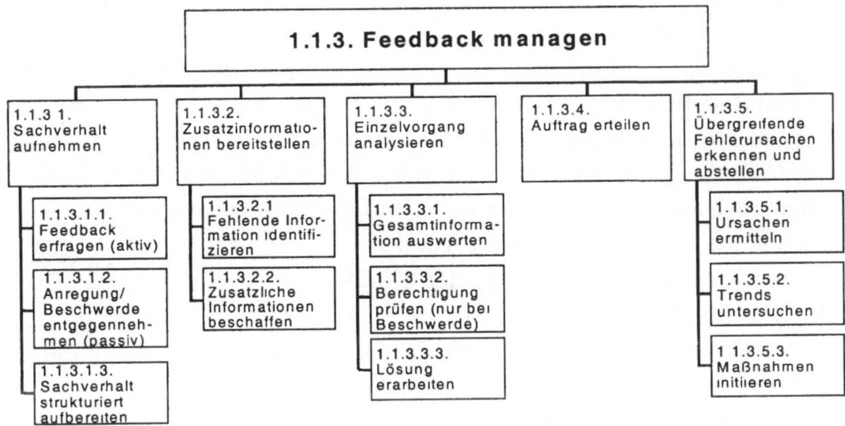

Abbildung 3: Teilprozeßbaum „Feedback managen"

Um die Zuordnung in ARIS technisch abbilden zu können und eine einfache Navigation zwischen Prozeßmustern und Geschäftsprozessen zu ermöglichen, wird zu jedem Knoten des Referenzprozeßbaumes ein Diagramm vom Typ „Funktionsbaum" eingeführt, das alle Referenzierungen von Teilprozessen aus Geschäftsprozessen auf genau einen Knoten auflistet.

2.5.2 Metamodell

Im Metamodell werden die in den Modellierungsrichtlinien festgelegten methodischen Bedingungen repräsentiert. Die wichtigsten:

- Die Prozeßmuster sind baumartig strukturiert.
- Ein Teilprozeß kann einem Prozeßmuster zugeordnet werden.

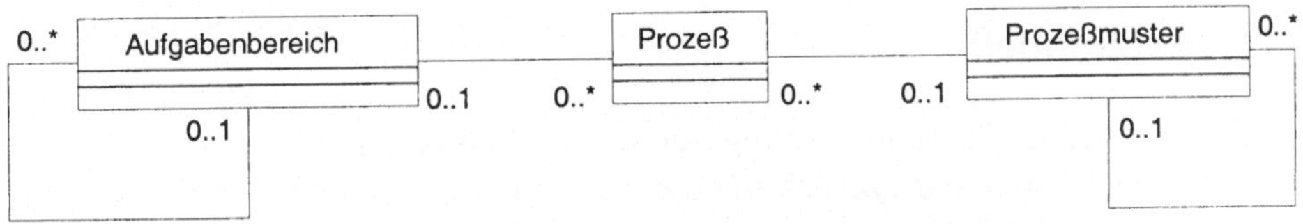

Abbildung 4: Metamodellteile Prozeßmuster und bankfachliche Umgebung

2.6 Bankfachliche Prozeßumgebung

2.6.1 Modellierungsrichtlinien

Dienen die neutralen Prozeßmuster zur Strukturierung der Geschäftsprozesse, so leistet die bankfachliche Prozeßumgebung die partielle Zusammenfassung von Geschäftsprozesse zu Geschäftsfeldern. Geschäftsprozesse, die ein und dem selben Geschäftsfeld zugeordnet sind, verwenden die gleiche Prozeßumgebung. Eine Prozeßumgebung setzt sich dabei aus drei Komponenten zusammen:

- Auslösenden Ereignissen, z.B. vom Kunden
- Resultierenden Ereignissen, z.B. an den Kunden
- Geschäftsvorfall, z.B. Geldkarte

Gemäß dieser Definition würde man z.B. das Geschäftsfeld *Service* mit den Ereignissen *Kunde will Leistung* und *Kunde erhält Leistung* definieren.

Die bankfachliche Prozeßumgebung repräsentiert die Struktur, nach der die Geschäftsprozesse in den Arbeitsteams abgearbeitet werden. Die oberste Struktur für die bankfachliche Prozeßumgebung sähe beispielsweise wie folgt aus:

- Vertrieb, Bank, Kunde
- Service Kunde, Kunde
  - Zahlungsmittel
  - Zahlungsverkehr
- Abwicklungsprozesse Bank, Bank

Ein Geschäftsprozeß darf die ihm zugewiesene Prozeßumgebung nicht verlassen, kann aber während der Abarbeitung verschiedene andere Geschäftsprozesse aufrufen. Ein Geschäftsprozeß kann z.B. im „Vertrieb" beginnen und dann direkt in das „Vertragsmanagement" führen.

Wie der Referenzprozeßbaum wird auch die bankfachliche Prozeßumgebung über eine Hierarchie von Funktionsbäumen beschrieben. Auf der untersten Ebene befinden sich die Auslöser der Geschäftsprozesse, die Geschäftsvorfälle, in Form von ARIS-Funktionen. Über Verknüpfungsbeziehungen kann der Anwender in die Haupt-eEPK des Geschäftsprozesses navigieren.

2.6.2 Metamodell

Eine bankfachliche Charakterisierung von Geschäftsprozessen wird durch die Zuordnung eines Geschäftsprozesses zu einem Blatt der bankfachlichen Prozeßumgebung erreicht (siehe Abbildung 4).

3 Managementkonzept für die Weiterentwicklung des SKO Referenzprozeßmodells

Das zentrale Ziel des Referenzprozeßmodells ist es, die verschiedenen geschäftlichen Tätigkeiten in der SKO als Geschäftsprozesse zu erfassen und in einer an den strategischen Zielen ausgerichteten Sollkonzeption zu verwalten. Die Struktur des Referenzprozeßmodells bedingt, daß das Erfassen neuer Prozesse und deren Integration in das Referenzprozeßmodell nicht unkontrolliert erfolgen kann. Eine unkontrollierte Übernahme von Prozessen kann zu Widersprüchen im Referenzprozeßmodell führen. Die Kernaufgabe des Prozeßmodellmanagement der SKO besteht darin, bei der Übernahme von Prozeßmodellen aus den verschiedenen BPR-Projekten in das unternehmensweite Referenzprozeßmodell die Konsistenz des neuen Gesamtmodells sicherzustellen.

Die Ablauforganisation des SKO-Prozeßmodellmanagements läßt sich durch zwei Prozesse beschreiben. Der erste dokumentiert die „Vorausstattung von Projekten‚‚ und der zweite die „Fortschreibung des SKO-Referenzprozeßmodells".

3.1 Vorausstattung von Projekten

Nach der Initiierung von neuen Projekten sollten die Projekte sich zunächst an den im SKO-Referenzprozeßmodell bereits vorhandenen Ordnungsschemata und Referenzprozessen orientieren. Dies dient zum einen der Einweisung des Projektteams in die Vorgehensweisen und Strukturen des Referenzprozeßmodellmanagements und zum anderen der Positionierung des neuen Projektes zum Referenzprozeßmodell sowie dem Abgleich mit bereits vorhandenen Ergebnissen.

In Abhängigkeit von den im Projekt vorhandenen Erfahrungen mit dem Referenzprozeßmodell und seinem Management werden die Mitglieder des Projektteams in die Konzepte des Referenzprozeßmodellmanagements und die bereits vorhandenen Ergebnisse eingewiesen.

Anschließend werden die Aufgaben des Projektes anhand der Liste von Geschäftsprozessen in die vorhandenen Ordnungsschemata des Referenzprozeßmodells eingeordnet und bereits vorliegende Referenzgeschäftsprozesse oder Teilprozesse als Beispielprozesse bzw. als Basis für die Modellierung gewählt. Die ausgewählten Objekte werden dann aus dem Referenzprozeßmodell extrahiert und als ARIS Modelle bereitgestellt.

3.2 Fortschreibung des SKO Referenzprozeßmodells

Der Prozeß „Fortschreibung des SKO-Referenzprozeßmodells" beschreibt die
zentrale Aufgabe des SKO-Referenzprozeßmodellmanagements, die Modellierungsergebnisse aus Projekten in das SKO-Referenzprozeßmodell zu integrieren
und die Fortschreibung zu dokumentieren. Hierbei wird die Qualität des angelie-
ferten Prozeßmodells geprüft, die Integrierbarkeit der Ergebnisse bezogen auf ihre
Zuordnung zu den Ordnungsschemata (Prozeßmuster und bankfachliche Prozeßumgebung) evaluiert und letztendlich die fachliche und physische Integration
vollzogen.
Das übergreifende Ziel, die Konsistenz des Referenzprozeßmodells fachlich und
technisch aufrecht zu erhalten, ist hierbei der Leitfaden für das Referenzprozeß-
modellmanagement.
Die einzelnen Abschnitte des Fortschreibungsprozesses können durch die folgenden Aktivitäten beschrieben werden:

- Überprüfung des Prozeßmodells auf Einhaltung der Modellierungskonventio-
  nen
- falls Verstöße gegen die Konventionen vorhanden sind, werden die Modellierungsergebnisse überarbeitet
- Formale Überprüfung der Modellierungsergebnisse (s.u.)
- Überprüfung der Zuordnung der Prozesse zu den Prozeßmustern
- falls eine Überarbeitung der Prozeßmuster und/oder der Zuordnung notwendig
  ist, werden die Modellierungsergebnisse oder die Prozeßmuster überarbeitet
  (s.u.)
- Überprüfung der Zuordnung der Geschäftsprozesse zur bankfachlichen Prozeßumgebung
- falls eine Überarbeitung der bankfachlichen Prozeßumgebung und der Zuordnungen der Geschäftsprozesse notwendig ist, werden die Modellierungsergebnisse oder die bankfachliche Prozeßumgebung überarbeitet (s.u.)
- Übernahme der modellierten Geschäftsprozesse in das Referenzprozeßmodell
  (s.u.)
- Dokumentation der Fortschreibung des Referenzprozeßmodells

Die Arbeitsschritte bei der formalen Prüfung der Prozeßmodelle und die verschie-
den Überarbeitungsschritte werden im folgenden detailliert:

3.2.1 Formale Überprüfung der Modellierungsergebnisse

Die Struktur des Teilprozesses „Projektprozeßmodell (PPM) formal überprüfen"
wird durch die folgenden Aktivitäten beschrieben:

- Überprüfung der einheitlichen Verwendung von Modellierungsobjekten und
  deren Bezeichnung im Kontext des Referenzprozeßmodells.
- Überprüfung der korrekten Verwendung von referenzierten Teilprozessen aus
  dem Referenzprozeßmodell
- Falls eine nicht konsistente Verwendung von Teilprozessen oder Prozessen
  vorliegt, wird eine Generalisierung im Referenzprozeßmodell vorgenommen
  oder die Teilprozesse oder Prozesse werden durch eigene Modellierungen des
  Projektes ersetzt.
- Überprüfung des Prozeßmodells auf mögliche zusätzliche Wiederverwendung
  von Prozessen oder Teilprozessen des Referenzprozeßmodells
- Falls möglich, werden Prozesse oder Teilprozesse des Prozeßmodells durch
  entsprechende Referenzierung von Prozessen oder Teilprozessen im Referenzprozeßmodell ersetzt

Nach Abschluß dieses Teilprozesses ist das Prozeßmodell formal abgenommen.
Das bedeutet, es gibt keine formalen Einwände gegen eine Integration der Modellierungsergebnisse in das Referenzprozeßmodell.

3.2.2 Überarbeitung der Prozeßmuster

Der Teilprozeß „Prozeßmuster überarbeiten und PPM und Referenzprozeßmodell
(RPM)-Zuordnungen erneuern" wird durch die folgenden Arbeitsschritte beschrieben:

I.   Ermittlung eines Fortschreibungsbedarfs für das Prozeßmuster

II.   je nach Ergebnis der Überprüfung ist einer oder sind mehrere der folgenden
Überarbeitungsschritte erforderlich

    A.   Es ist eine Verfeinerung der Prozeßmuster notwendig. Die einem ver-
feinerten Geschäftsprozeß zugeordneten Prozesse im Referenzprozeßmodell müssen entsprechend der Verfeinerung neu zugeordnet werden.

    B.   Es wird ein neuer Geschäftsprozeß benötigt.

    C.   Die Modellierung des Geschäftsprozesses muß verfeinert werden, so
daß eine eindeutige Zuordnung ermöglicht wird.

III.   Die Zuordnungen der Prozesse des Prozeßmodells werden dem überarbeiteten Prozeßmuster neu zugeordnet.

3.2.3 Überarbeitung der bankfachlichen Prozeßumgebung

Dieser Teilprozeß erfolgt im wesentlichen analog zu dem vorangehenden Prozeß und wird durch die folgenden Arbeitsschritte beschrieben

I. Ermittlung eines Fortschreibungsbedarfs für die bankfachliche Prozeßumgebung

II. je nach Ergebnis der Überprüfung ist einer oder sind beide der folgenden Überarbeitungsschritte erforderlich

    A. Es ist eine Verfeinerung der bankfachlichen Prozeßumgebung notwendig. Die der verfeinerten Kategorie der bankfachlichen Prozeßumgebung zugeordneten Geschäftsprozesse im Referenzprozeßmodell müssen neu zugeordnet werden.

    B. Es wird eine neue Kategorie für die bankfachliche Prozeßumgebung benötigt.

III. Die Zuordnungen der Geschäftsprozesse des Prozeßmodells werden der überarbeiteten bankfachlichen Prozeßumgebung neu zugeordnet.

Mit dem Abschluß dieser Überprüfung ist das Prozeßmodell des BPR-Projektes konform zum Referenzprozeßmodell, das bedeutet, es entspricht syntaktisch und semantisch den Anforderungen des Referenzprozeßmodells und eine Integration des Prozeßmodells kann erfolgen.

3.2.4 Übernahme der modellierten Geschäftsprozesse in das Referenzprozeßmodell

Die einzelnen Abschnitte dieses Teilprozesses können durch die folgenden Aktivitäten beschrieben werden

I. Überprüfung, ob die Geschäftsprozesse des Prozeßmodells bereits im Referenzprozeßmodell existieren

II. je nach Ergebnis der Überprüfung, ist eine oder sind beide der folgenden Handlungsalternativen zu durchlaufen:

    A. Der Geschäftsprozeß gehört zu einem neuen Geschäftsvorfall und wird in das Referenzprozeßmodell übernommen

    B. Falls der Geschäftsprozeß bereits vorhanden ist, wird überprüft, wie er sich von dem existierenden Geschäftsprozeß unterscheidet.

        1. Der Geschäftsprozeß ist eine Variante zu einem bestehenden Geschäftsprozeß und wird in das Referenzprozeßmodell übernommen

        2. Der Geschäftsprozeß ersetzt einen bestehenden Geschäftsprozeß und wird in das Referenzprozeßmodell übernommen.

3. Der Geschäftsprozeß im Prozeßmodell und RPM können zu einem über-
   greifenden Geschäftsprozeß zusammengefaßt werden und der resultieren-
   de Geschäftsprozeß wird in das Referenzprozeßmodell übernommen.

Durch die hier beschriebenen Prozesse des SKO Prozeßmodellmanagements, wird
zum einen sichergestellt, daß alle integrierten Ergebnisse aus BPR-Projekten konform zu den definierten Anforderungen des Referenzprozeßmodells sind und zum
anderen werden die Prozesse des Referenzprozeßmodells wie auch die Ordnungsschemata permanent erweitert und in ihrer Qualität überprüft. Nur durch die
strikte ständige Überwachung und Anpassung ist der sukzessive Aufbau eines
konsistenten unternehmensweiten Referenzprozeßmodells möglich.

4 Ausblick

Im bisherigen Projektverlauf hat sich die Arbeit mit Referenzprozessen in Reorga-
nisationsprojekten für die beteiligten Softwareentwicklungsabteilungen und Sparkassen als vorteilhaft erwiesen.
Die Verwendung eines Referenzprozeßmodells bei der Gestaltung und Umsetzung
von Soll-Prozessen hat folgende Nutzenaspekte:

1. Softwarelösungen, die sich an den Anforderungen der Benutzer orientieren und
   durch ihren direkten Bezug zu den Arbeitsabläufen meßbar zum Unterneh-
   menserfolg beitragen.
2. Besseres gegenseitiges Verständnis zwischen Fachseite, Betriebswirtschaft und
   Datenverarbeitung durch Finden einer gemeinsamen Sprache.
3. Mehr Projektsicherheit in DV-Entwicklungsprojekten, da die fachliche Funktionalität durch den Referenzprozeß vollständig beschrieben ist und deren korrekte Umsetzung mit Hilfe von Prozeßsimulation direkt geprüft werden kann.
4. Referenzprozeßmodell als bessere Basis für den Prozeß der Anwendungsentwicklung und -bereitstellung auf Basis eines Bausteinkonzepts (baugleiche
   Teile). Dies führt zu Kostenreduzierung, sowie mehr Flexibilität, Umsetzungs-
   geschwindigkeit und Leistungsfähigkeit.
5. Struktur des Referenzprozeßmodells als Basis für die Gestaltung einer Soll-
   Anwendungslandschaft, die zur Organisation einer stärkeren Arbeitsteilung
   zwischen den Softwareentwicklungs- und Organisationsabteilungen dienen
   kann.
6. Bessere Basis für Priorisierungen der DV-Anforderungen.

5 Literaturverzeichnis

(1)   Becker J., Roseman M.: Die Grundsätze ordnungsmäßiger Modellierung, Wirtschaftsinformatik, 37 (1995) 5, 435-445.

(2)   Bierer, H., Fassbender, H., Rüdel, Th.: Auf dem Weg zur „schlanken Bank", Die Bank, 9/92.

(3)   Ferstl, O.K.; Sinz, E.J.: Grundlagen der Wirtschaftsinformatik - Konzepte, Modelle und Methoden. 2. Aufl. Berlin: DeGruyter 1994.

(4)   Gröschel, U.: Bankstrategie der 90er Jahre, Sparkasse 6/92 (109. Jg.).

(5)   Hammer, Michael; Champy, James: Reengineering the Corporation: A Manifesto for Business Revolution. New York: HarperCollins Publisher 1993.

(6)   Hesse, W.; Barkow, G.; von Braun, H.; Kittlaus, H.-B.; Scheschonk, G.: Terminologie der Softwaretechnik. Ein Begriffssystem für die Analyse und Modellierung von Anwendungssystemen. Teil 1 und 2, In: Informatik-Spektrum, 17 (1994) 2, 39-47 und 96-105.

(7)   Hess, Thomas, Brecht, Leo: State of the Art des Business Process Redesign. Wiesbaden: Gabler 1995.

(8)   IDS Prof. Scheer GmbH: ARIS Toolset - Business Reengineering mit dem ARIS-Toolset. Saarbrücken: 1994.

(9)   Klee, H.W.: Strukturwandel der Banken - Konsequenzen neuer Strategien für die Organisationsstrukturen. Zeitschrift für Organisation, 6/91.

(10)   Lehner, Franz: Organisationsgestaltung im Spannungsfeld computergestützter Werkzeuge. Arbeitsbericht Nr. 54, IWI Universität Münster, April 1997.

(11)   Lüthje, Bernd (Hrsg.): Bankstrategie 2000, VöB (Berichte und Analysen Bd. 15), Bonn 1993.

(12)   Österle, H.: Business Engineering - Prozeß- und Systementwicklung - Band 1: Entwurfstechniken, 2. Aufl. Berlin: Springer 1995

(13)   Scheer, A. W., Referenzmodelle für industrielle Geschäftsprozesse, 6. Aufl. Berlin: Springer 1995

(14)   Schmidt, G: Prozeßmanagement - Modelle und Methoden, Berlin: Springer 1997

(15)   Schminke, Michael: Ganzheitliche und prozeßorientierte Unternehmensgestaltung auf Basis von Vorgehens- und Referenzmodellen, IWI Universität Münster, Arbeitsbericht 52, März 97.

(16)   Vossen, G., Becker, J.: Geschäftsprozeßmodellierung und Workflow-Management. Bonn: International Thomson Publishing 1996

Analyse und Modellierung von Geschäftsmedien

Martina Klose, Ulrike Lechner,
Christoph Hoffmann, Beat Schmid, Hans-Dieter Zimmermann
Institut für Medien- und Kommunikationsmanagement, Universität St. Gallen
Müller-Friedberg Str. 8, CH-9000 St. Gallen, Schweiz
EMail: Firstname.Lastname@unisg.ch, Net: www.mcm.unisg.ch

Zusammenfassung. Mit Medien führen wir ein ganzheitliches, technologische und betriebswirtschaftliche Gesichtspunkte berücksichtigendes Konzept zur Modellierung von Organisationsformen sowie deren Informations- und Kommunikationssystemen ein. Unser Ansatz umfasst ein generelles Modell, einen Ordnungsrahmen und ein Analysemodell für Medien. Mit der Modellierung eines Logistikdienstleisters illustrieren wir unseren Ansatz.

Keywords: Medium, Multi-Agentensystem, Geschäftsmodell, Geschäftsprozess, UML, Logistikprozess.

1 Einleitung

Die Wechselwirkung zwischen Technologie und Wirtschaft im Electronic Commerce kann nur mit einem ganzheitlichen Ansatz der Modellierung erfasst werden. Wir führen dazu das Konzept des Mediums ein; Medien werden als Räume für Gemeinschaften von Agenten verstanden. Sie sind Austauschplattformen, die dieser Gemeinschaft die Möglichkeit der Repräsentation, der Verarbeitung und Kommunikation von Information oder anderen Objekten des Austauschs geben. Dieses Modell wird sowohl betriebswirtschaftlichen Aspekten als auch der Technologie gerecht. Das Konzept des Mediums ist damit eine Brücke, die es erlaubt, das Potential der Technologie in der betriebswirtschaftlichen Anwendung systematisch zu nutzen und dort (künftige) Produkte, Organisationsformen, Geschäftsabläufe und Geschäftsmodelle des Electronic Commerce zu modellieren.

Medien, die der wirtschaftlichen Leistungserstellung dienen, bezeichnen wir als *Geschäftsmedien* (Business Media). Beispiele für solche neuen Geschäftsmedien sind Elektronische Märkte oder Intra- und Extranets.

Die neue Technologie hat das Potential, die Geschäftswelt nachhaltig zu verändern, insbesondere durch *neue Organisationsformen und neue Geschäftsmodelle.* Unser Ansatz, der helfen soll, die Veränderungen zu erfassen und zu gestalten, umfasst

(1) Ein *generelles Modell von Medien.* Medien sind Sphären für Gemeinschaften von Agenten, die mit Konzepten der Informatik als Multi-Agentensysteme modelliert werden.

(2) Einen *Ordnungsrahmen für Geschäftsmedien,* der eine generelle Struktur mit Phasen und Sichten für Geschäftsmedien vorsieht und entsprechende Komponenten definiert und einordnet.

(3) Ein *Analysemodell,* mit dem, der Terminologie und Methodik des Medienmodells und der Systematik des Ordnungsrahmens entsprechend, Systemabgrenzung, Geschäftsmodell, Organisation, Agenten und Produkte beschrieben werden. Im Mittelpunkt steht dabei die Geschäftsgemeinschaft.

Am Beispiel eines Logistikdienstleisters illustrieren wir unseren Ansatz. Heute besteht eine wesentliche Aufgabe eines Logistikdienstleisters in der Vermittlung von Transportleistungen. Die neuen Geschäftsmedien werden jedoch Aufgabenbereiche und Geschäftsmodelle nachhaltig ändern. Wir skizzieren ein Geschäftsmodell, das die Rolle eines Logistikdienstleister als die eines vertrauenswürdigen Intermediärs auf einem elektronischen Markt für Transportleistungen begreift.

Der vorliegende Beitrag gliedert sich wie folgt: Wir präsentieren das Medienmodell, den Ordnungsrahmen für Geschäftsmedien und die Analysemethode. Anschliessend illustrieren wir den Ansatz am Beispiel eines Logistikdienstleisters (LDL). Wir diskutieren verwandte Ansätze und geben abschliessend einen Ausblick auf weitere Entwicklungen.

2 Das Medienmodell

Medien werden gemäss [Schmid 1997] als Räume für Gemeinschaften von Agenten definiert, wobei wir diese Gemeinschaften als Multi-Agentensysteme modellieren. Medien bestehen aus drei Komponenten [Schmid 1997, Lechner/ Schmid 1999]:

(1) *Logischer Raum,* in dem die im Medium verfügbare Information repräsentiert wird. Der logische Raum ist die Grundlage für die Verarbeitung von Information. Er enthält zwei Subkomponenten: den syntaktischen Raum und den semantischen Raum mit den für die Agenten gemeinsamen möglichen Welten

(2) *Kanäle,* welche die über Raum und Zeit verteilten Agenten verbinden und damit den Austausch ermöglichen. Zu dem Kanalsystem gehören die verwen-

deten Kommunikationsmechanismen. Kanäle entsprechen dem traditionellen Begriff des Trägermediums.

(3) *Organisation*, die mit einer Menge von *Rollen* den Aufbau einer Gemeinschaft von Agenten sowie die Rechte und Pflichten der Agenten und mit dem *Protokoll* die Abläufe und Kommunikationsbeziehungen in dieser Gemeinschaft beschreibt.

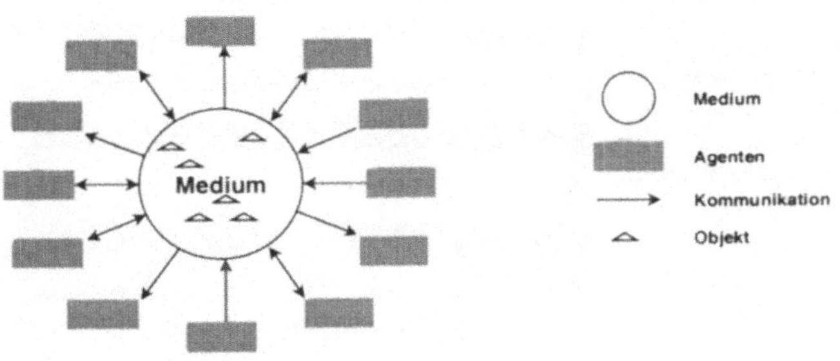

Abb. 1: Medium als Sphäre für Agenten

Unter einem Medium verstehen wir eine Gesamtheit, bestehend aus den technischen Plattformen zur Übertragung von Information und Gütern sowie einer organisierten Gemeinschaft von Agenten bzw. Typen von Agenten (Rollen). Diese Agenten teilen eine gemeinsame Sprache und Welt, d.h. einen gemeinsamen logischen Raum. Medien als Basis der wirtschaftlichen Leistungserstellung bezeichnen wir als Geschäftsmedien.

Durch Medien definierte Gemeinschaften von Agenten können wiederum als Agenten Teil von umfassenden Medien sein - eine entsprechende Organisation vorausgesetzt - und Agenten können in mehreren Medien Mitglied sein. Wir modellieren so Netze ineinander verwobener Medien.

Design-Prinzipien für Multi-Agentensysteme lassen sich als Phänomene im Zusammenhang mit Electronic Commerce wiederfinden: Verteiltheit, Modularität, Dekomposition, Disintegration, dynamische Organisationsformen und die Entstehung von web-artigen Strukturen. [Rayport/ Sviokla 1994], [Baldwin/ Clark 1997], [Evans/ Wurster 1997], [Benjamin/ Wigand 1995], [Sarkar et al. 1995], [Malone et al. 1987], [Schmid/ Zimmermann 1998], [Stanoevska/ Schmid 1998b].

3 Der Ordnungsrahmen für Geschäftsmedien

Zur Unterstützung des Managements neuer Geschäftsmedien wird im folgenden ein Ordnungsrahmen als Modell vorgestellt. Dieses Modell verfolgt einen ganzheitlichen Ansatz, welcher technische, kommunikative, geschäftliche und Management-Aspekte verbindet. Es soll die Analyse und das Redesign bestehender und den Aufbau neuer Geschäftsmedien konzeptionell unterstützen [Schmid 1999], [Schmid/ Zimmermann 1998], [Schmid/ Lindemann 1998]: Es werden horizontal vier Phasen einer Geschäftstransaktion unterschieden; vertikal erfolgt eine Betrachtung eines Geschäftsmediums aus vier Sichten. (vgl. Abb. 2). Im folgenden beschreiben wir zuerst die Sichten und dann die Phasen.

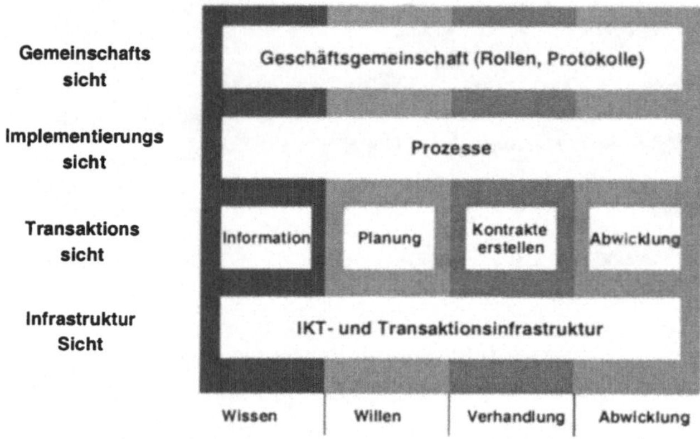

Abb. 2: Ordnungsrahmen für das Management von Geschäftsmedien

3.1 Die Sichten des Ordnungsrahmens

In der *Geschäfts- bzw. Gemeinschaftssicht* wird die durch gemeinsame, in der Regel wirtschaftliche Interessen motivierte Gemeinschaft definiert. Ein typisches Beispiel ist die Gemeinschaft der verschiedenen, an der Erstellung eines Produktes oder einer Dienstleistung beteiligten Instanzen. In dieser Sicht wird zunächst der primäre logische Raum, d.h. die Terminologie, sowie die Semantik der Sprache und damit die gemeinsame Weltsicht sowie die gemeinsame Sprache der Geschäftsgemeinschaft festgelegt. Zudem wird die Organisation des Mediums mit Rollen, (Anforderungen an Agenten, Rechte/Pflichten von Agenten) und Protokolle (erlaubte oder gebotene Abläufen) festgelegt. Beispiel für ein solches Protokoll ist die Beschreibung der Beziehung zwischen Anbieter und Nachfrager bei einer Auktion.

Die *Gemeinschaftssicht* definiert somit auf dieser normativen Ebene die generellen Ziele des Geschäftsmediums, d.h. die Normen und Spielregeln (implementiert als Protokolle), die darauf ausgelegt sind, die Lebens- und Entwicklungsfähigkeit des Mediums zu ermöglichen. Abgeleitet aus den normativen Missionen werden aus einer strategischen Perspektive im Rahmen der Gemeinschaftssicht die grundlegenden (Organisations-) Strukturen sowie die strategischen Programme des betreffenden Geschäftsmediums definiert.

In der *Transaktionssicht* werden Dienste bereitgestellt, welche die Realisierung der Geschäftsprozesse erlauben, die zur Implementation der Geschäftssicht benötigt werden. Diese Dienste können nach Transaktionsphasen untergliedert werden und sind somit spezifisch für die einzelnen Phasen. Sie erhalten zudem in elektronischen Märkten eine generische Gestalt [Schmid 1999].

Die *Implementierungssicht* implementiert die in der Gemeinschaftssicht festgelegten Anforderungen. Die Rollenbeschreibungen werden konkretisiert und mit Hilfe der Dienste der Transaktionssicht implementiert. Die Protokolle werden zu Prozessen konkretisiert.

In der *Infrastruktursicht* werden sämtliche technischen Systeme wie Internet und darauf aufbauende Dienste, aber auch Logistikinfrastrukturen wie Verkehrssysteme zur Verfügung gestellt.

3.2 Die Phasen des Ordnungsrahmens

Die Phasen symbolisieren die verschiedenen logischen Schritte, die zur Abwicklung einer geschäftlichen Transaktion notwendig sind [Schmid 1993], [Schmid 1999].

In der *Wissensphase* tauschen die Agenten Informationen aus. Dabei verändert sich das Wissen der Agenten. Bei Marktransaktionen geht es um Informationen wie Produktspezifikationen, Preise und Konditionen oder rechtliche Fragen. Instrumente zur Informationsübertragung sind Marketing, Information im Direktverkauf, Messen etc.

In der *Willensbildungsphase* bilden die Agenten konkrete Tauschabsichten und äussern diese. Instrumente sind u.a. elektronische Produktkataloge oder Verkaufsgespräche. Ergebnis sind *Gebote* in Form von bestimmten *Angeboten* bzw. *Nachfragen*. Ihre Verbindlichkeit wird in den einzelnen Geschäftsmedien geregelt.

In der *Verhandlungsphase* findet die Verhandlung statt, die im Erfolgsfalle mit einem Vertrag endet. Es werden die detaillierten Austauschbeziehungen zwischen den Mitgliedern einer Gemeinschaft verhandelt, formalisiert und als Kontrakt externalisiert. Dienste, welche eine Unterstützung bei der Kommunikation bzw. Formulierung von Kontrakten anbieten, z.B. anpassbare Kontraktformulare bereitstellen, können diese Phase unterstützen.

In der *Abwicklungsphase* werden die vereinbarten Leistungen entsprechend den Kontrakten erbracht. Es wird der Transport vorgenommen und bezahlt. In dieser Phase wirken die waren- und finanzlogistischen Transaktionen mit ihren unterschiedlichen Prozessen und Dienstleistern.

4 Das Analysemodell

Sowohl im Medienmodell als auch im Ordnungsrahmen sind unterschiedlich abstrakte Beschreibungen und Implementierungsrelationen zwischen den Beschreibungen enthalten, die wir für das Analysemodell und seine Vorgehensweise explizieren. In der Modellierung des Ist- und des Soll-Zustandes unterscheiden wir die Anforderungsanalyse, das Design und die Implementierung:

- *Anforderungsanalyse.* Sie entspricht der Gemeinschaftssicht des Ordnungsrahmens. Hier werden Rollen und Protokolle festgelegt und damit die Anforderungen an Agenten, Prozesse und Produkte definiert.

- *Design.* Hier werden u.a. die Dienste ausgewählt und spezifiziert, unter deren Verwendung die Gemeinschaftssicht implementiert werden soll.

- *Implementierung.* Sie entspricht der Prozessschicht, die mit Hilfe der künstlichen Agenten und generischen Marktdienste der Transaktions- und der Infrastruktur-Schicht die Anforderungen implementiert.

Diese Modellierung ist in einen Prozess eingebettet, wie wir ihn von den Vorgehensmodellen des Softwareengineerings her kennen: typischerweise ist der Entwurf kein linearer, sondern ein iterativer Prozess. In der Analyse lassen sich fünf Aufgaben identifizieren: (1) Systemabgrenzung, (2) Modellierung des Ist-Zustandes - der Ausgangslage, (3) Analyse der durch IKT induzierten Veränderungen des Ist-Zustandes. (4) Modellierung des Soll-Zustandes, d.h. des neuen Geschäftsmediums und (5) Migrationsplan.

5 Ein Geschäftsmedium für Logistik

Im folgenden entwickeln und analysieren wir ein bestehendes und entwerfen ein neues Geschäftsmodell für Logistikdienstleistungen. Diese Analyse beschreibt laufende Arbeiten am mcm institute der Universität St. Gallen und reflektiert den Fortschritt eines konkreten Kooperationsprojektes mit einem grossen Logistikdienstleister. Das Projekt hat u.a. das Ziel, ein allgemeingültiges Vorgehensmodell zur Entwicklung innovativer Geschäftsmedien zu entwerfen. Als Grundlage dienen Konzepte eines computerintegrierten Logistikdienstes (CIL) [Alt 1997], [Hoffmann/ Lindemann 1998].

Zunächst nehmen wir die *Systemabgrenzung* vor: Wir beschränken uns auf die Logistik-Dienstleistung im Business-to-Business-Bereich, wo die relevante 'Community' aus den Kunden und den Anbietern der Transportdienstleistungen besteht. Wir konzentrieren uns in diesem Kapitel auf die Anforderungsanalyse, die Implementierung des Ist-Zustandes und die Implementierung des Soll-Zustandes und geben abschliessend eine Zusammenfassung.

Für die Modellierung werden UML [Booch et al. 1997] in der Notation von *Rational Rose 98* [Rational Rose 1998], sowie Colored Petri Nets in der Implementierung des VIP Tools [Erwin/ Freytag 1998] verwendet.

5.1 Die Anforderungsanalyse

Als heutiges Bedürfnis der Geschäftsgemeinschaft identifizieren wir dabei eine Transportdienstleistung, die charakterisiert ist durch die Ware, die transportiert werden soll, die zeitlichen Beschränkungen, den Preis, die Qualitätsanforderung in Bezug auf Zuverlässigkeit, eventuell Kredit-, Garantie-, Versicherungs- und weitere Leistungen. Folgende *Rollen der Geschäftsgemeinschaft* können u.a. für die Durchführung der Transportdienstleistungen unterschieden werden – jede dieser Rollen erfüllt dabei bestimmte Aufgaben:

- Verlader, der die Ware am Startort zur Verfügung stellt,
- Empfänger, der die Ware am Zielort entgegennimmt,
- Planer des Transports,
- Organisator des Transports,
- Steuerer des Transports,
- Controller für den Transport,
- Zollabfertigung,
- Überwacher der gesetzlichen Bestimmungen,
- Frachtführers (FF), der den Transport durchführt

Als Protokoll legen wir die in der heutigen Logistik gültigen Regeln fest sowie die Forderung, dass der günstigste Spediteur, der den Qualitätsanforderungen entspricht, den Transport der Ware koordiniert. Bei der Bestimmung der Frachtführer soll bei ausreichender Qualität ebenfalls der Preis als Auswahlkriterium dienen.

5.2 Die Ist-Implementierung

Die Rollen und Protokolle können in Diagrammen wie in Abb. 3 dargestellt werden. Jede Rolle wird dabei durch eine Klasse repräsentiert. Die Aufgaben bzw. Anforderungen an diese Rollen sind als Methoden der zugehörigen Klassen modelliert. Die Assoziationen zwischen den Rollen entsprechen den Koordinationsbeziehungen. Deren genaue Ausprägung wird in je einer Assoziationsklasse - in einem Typ-Attribut - festgehalten.

Man beachte, dass hier die einzelnen Rollen des LDLs (Planer, Organisator, ...) zu einer Rolle zusammengefasst sind. Die in der Anforderungsanalyse beschriebenen Rollen werden nun durch Agenten und Prozesse unter Verwendung der generischen Marktdienste implementiert. In Abb. 4 wird der (vereinfachte) Transportprozess dargestellt.

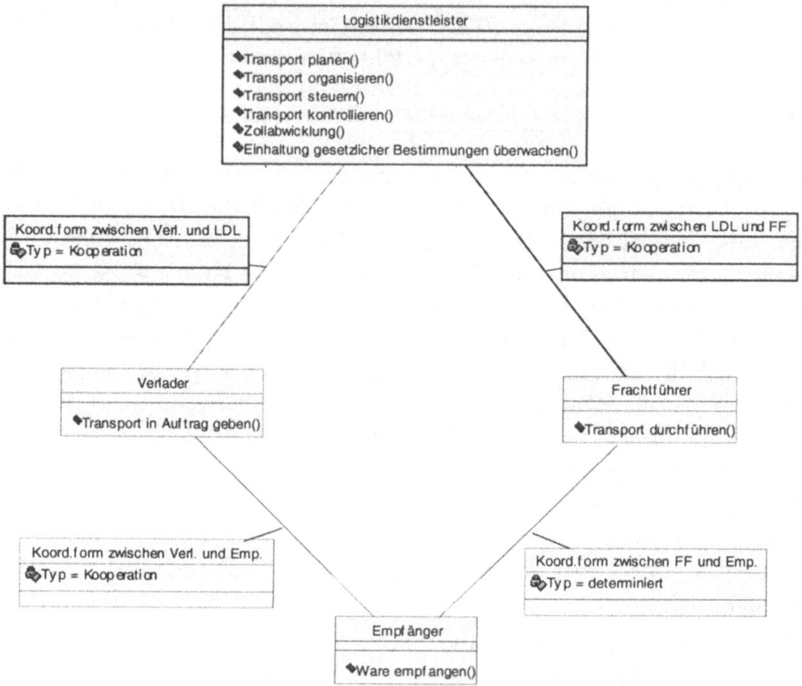

Abb. 3: Rollen und Protokolle im Ist-Zustand

Wir wollen dieses Netz nur kurz analysieren. Zunächst sucht der Verlader einen LDL, der ihm seinen Transportauftrag organisieren und durchführen kann. Dafür ermittelt er unter den ihm bekannten LDLs einen, der den Auftrag annimmt. Dieser bestimmt daraufhin eine möglichst optimale Folge von Transportaufträgen durch deren sukzessive Erfüllung die Ware zum Zielort transportiert wird. Für jeden dieser Aufträge versucht er nun einen Frachtführer zu ermitteln, der den Transport durchführt. Kann er keine Folge von Frachtführern finden, die gemeinsam diese Transportkette ausführen, so setzt der Prozess erneut bei der Ermittlung eines Routenplans an. Andernfalls beginnen die Frachtführer mit dem Transport der Ware. In dieser Phase besteht die Aufgabe des LDLs in der Kontrolle und Steuerung der Transportkette. Der Prozess endet mit der Entgegennahme der Ware durch den Empfänger.

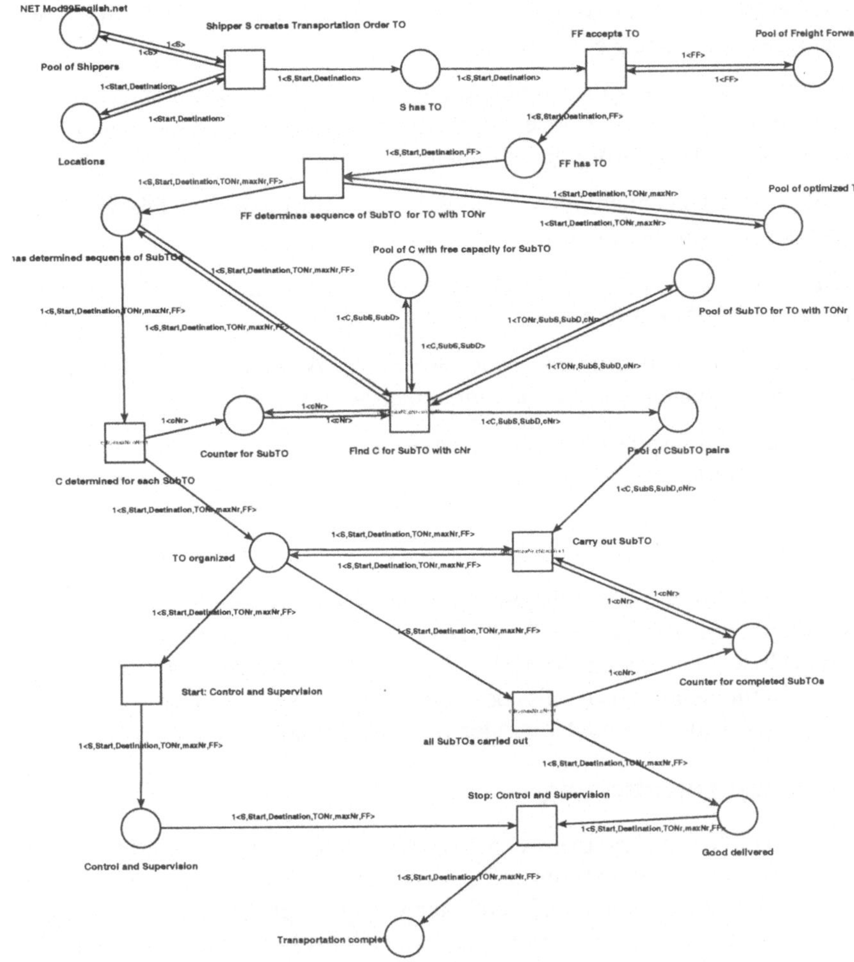

Abb. 4: Prozess im Ist-Zustand

5.3 Analyse der durch IKT induzierten Veränderungen

Die Tätigkeit des LDLs ist aus Sicht der primären Transaktion auf die Abwicklungsphase innerhalb des Ordnungsrahmens beschränkt und umfasst alle vier Schichten. Der LDL integriert eine Reihe von Rollen, die jeweils ein Teil des Dienstes Logistik ausmachen. Er plant, koordiniert und überwacht auf der Basis bestehender Kooperationsprozesse einen integrierten Transportprozess. Die Koordination obliegt allein dem LDL und die Initiative geht vom Verlader aus. Die Kooperationsbeziehungen sind relativ starr festgelegt. Durch die existierenden

52

Rahmenverträge und die statischen Beziehungen kann der LDL die Güte der Transportdienstleistung sicherstellen.

Die Entwicklungen im Kommunikations- und Technologiebereich forcieren eine Neugestaltung der geschäftlichen Abläufe und Organisationsformen (vgl. z.B. [Malone et al. 1987]). Wesentliche Punkte sind:

- Zeit- und ortsunabhängiger Austausch von Informationen: Die Geschäftsgemeinschaft wird ubiquitär und damit potentiell grösser.

- Effizientere Preisbildung durch vermehrte marktliche Koordinationsmechanismen (z.B. Auktionen).

- Kommunikation in offenen, transparenten Strukturen, in der alle Mitglieder einer Geschäftsgemeinschaft Kommunikation initiieren können.

- Alle Transaktionsphasen eines Transportgeschäftes werden durchgängig elektronisch unterstützt.

- Volle Integration der mit dem Produktaustausch verbundenen Geldströme, namentlich der Bezahlung des Lieferanten.

Diese neuen Möglichkeiten erlauben es, dem Geschäftskunden einen integrierten Logistikdienst zur Verfügung zu stellen, der ihm den Tausch Ware gegen Geld (Lieferant) bzw. Geld gegen Ware (Kunde) am von ihm gewählten Ort ermöglicht und alle Implementationsdetails des Logistikpozesses verbirgt bzw. nur auf Wunsch sichtbar macht – ein Computer Integrated Logistics Service (CIL).

5.4 Soll-Implementierung

Die zukünftige Geschäftsgemeinschaft ist durch Ubiquität, Virtualität und offene, flache, netzwerkartige Strukturen geprägt. Wir gehen davon aus, dass die Prozesse im Business-to-Business-Bereich auf integrierten CIL-Diensten implementiert werden. Das verlangt jedoch vom Logistikdienstleister in diesem künftigen Markt eine Neugestaltung seines Geschäftes. Wir skizzieren im Folgenden dieses Redesign anhand der oben beschriebenen Methodik.

Die Implementierung der Aufgaben und Anforderungen an Transportdienstleistungen werden in solchen neuen Strukturen anders implementiert als heute. Es verändern sich die einzelnen Rollen. In Abb. 5 sind die Rollen mit ihren Zuständigkeiten und Koordinationbeziehungen dargestellt. Dabei werden die einzelnen Rollen nicht mehr integriert – jede Rolle kann von einem Agenten erfüllt werden.

Im Folgenden wollen wir das in Abb. 5 aufgezeigte Rollengeflecht, insbesondere die Rolle des Intermediärs, der Trusted Third Party (TTP) und des LDLs erläutern. Man beachte, dass die Rolle der TTP nicht abgebildet ist. Diese kommuniziert mit allen Rollen, was eine Darstellung zu komplex machen würde.

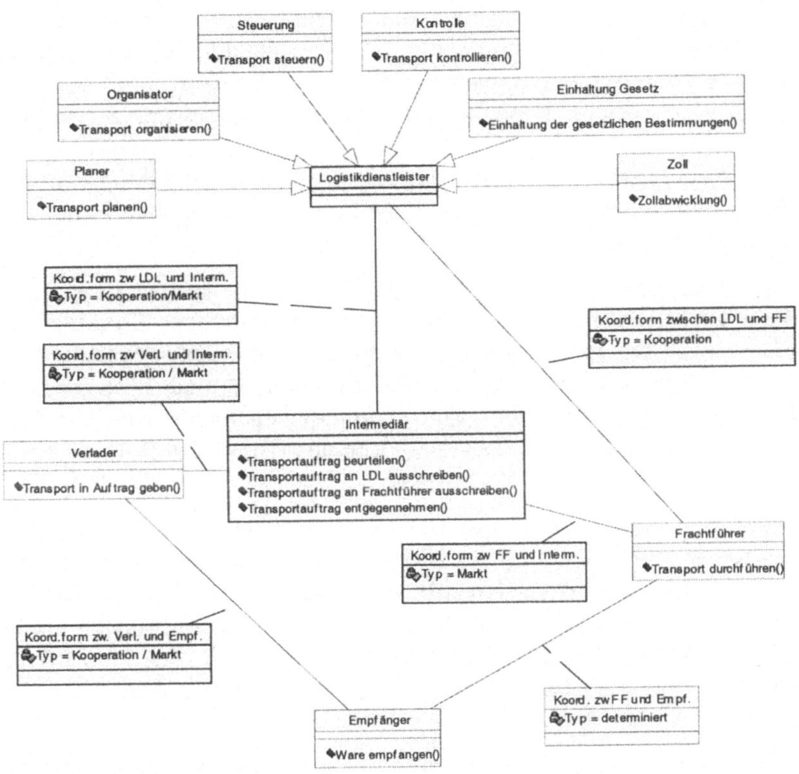

Abb. 5: Rollen und Koordination im Soll-Zustand

Dem LDL bleiben in dieser Rollenaufteilung zunächst die Rollen eines Vermittlers von Transportdienstleistungen, eines Intermediärs oder Marktkoordinators. Die Aufgabe des Intermediärs ist es, Aufträge entgegenzunehmen, und mit den Angeboten von LDLs und FF abzugleichen ('Matching'). Er beurteilt die Komplexität der Aufträge und entscheidet dann, ob er sie an LDLs oder FF zur Bearbeitung weitergibt. Der Intermediär ist dabei Ansprechpartner aller Marktteilnehmer, da alle Marktteilnehmer (LDL, FF, Intermediär) hier Transaktionen initiieren können.

Die Rolle des vertrauenswürdigen Dritten (Trusted Third Party) ist essentiell in diesen offenen Marktstrukturen. Authentizität und Verlässlichkeit der Marktteilnehmer müssen sichergestellt und damit eine Vertrauensumgebung geschaffen werden. (Diese kann sich hier nicht wie bei kooperativen Beziehungen aufgrund langfristiger Bindungen allmählich entwickeln) [Hagel/ Armstrong 1997].

Die Rollen (und Aufgaben) der Planung der Transporte, des Controllings der Transporte und der Zollabfertigung können bei einer durchgängigen elektronischen Kommunikation und Koordination als eigenständige Rollen modelliert und jeweils durch einen Agenten implementiert werden. Diese Rollen können sehr gut von künstlichen Agenten implementiert werden: Routenplanung, Überwachung mittels Tracking und EDI in der Zollabfertigung sind gut automatisierbar und werden auch heute schon teilweise elektronisch abgewickelt. Damit wird an dieser Stelle nicht allein eine wirtschaftlich sinnvolle, sondern eine durch die IKT induzierte Rollenaufteilung vorgeschlagen.

Auch der Prozess verändert sich er wird disintegriert. An die Stelle eines integrierten, relativ linearen Prozesses tritt nun eine netzähnliche Struktur der Kommunikation zwischen den verschiedenen Rollen. Intermediär, Planer und Controller managen verschiedene, miteinander kommunizierende Prozesse. Auch die Modellierung unterscheidet sich vom ursprünglichen integrierten Prozess – das Petri Netz modelliert einen verteilten Algorithmus [Desel 1997], nicht mehr einen in weiten Bereichen sequentiellen Prozess.

Die Design-Phase des neuen Logistik-Dienstes verlangt u.a. eine klare Identifikation der Dienste, auf denen die neuen Logistik-Rollen aufbauen und das entworfene Protokoll implementiert werden soll. Diese Dienste umfassen u.a. die (elektronisch abrufbaren) Dienste von Anbietern von Transportleistungen, Behördenschnittstellen, Bank- und Versicherungsdienstleistungen. Sie können hier aus Platzgründen nicht näher beschrieben werden. Auf bzw. mit ihnen wird der CIL-Dienst durch den Logistikdienstleister realisiert.

Wir wollen kurz den geänderten Transportprozess (ohne Abbildung) beschreiben. Der Prozess wird typischerweise durch den Verlader initiiert. Dieser wendet sich nun jedoch mit seinem Transportauftrag an einen Intermediär, welcher die Komplexität des Auftrags beurteilt. Komplexe Aufträge werden an einen LDL vermittelt, einfachere Aufträge auf dem Markt der FF ausgeschrieben. Im erstem Fall versucht der Intermediär unter den ihm bekannten LDLs einen zu finden, der diesen Auftrag organisiert und koordiniert. Dieser LDL kann dann wiederum selbst einen Intermediär beauftragen, die (Sub-) Transportaufträge marktlich auszuschreiben. Der LDL wird parallel dazu jedoch immer noch Kooperationsbeziehungen zu bestimmten FF aufrechterhalten – z.B. für Spezialtransporte. Der Transport ab der Annahme des Gesamtauftrages durch einen LDL verläuft dann grundsätzlich analog zur Ist-Situation. Entscheidet der Intermediär, dass es sich bei dem zu erfüllenden Auftrag um einen eher einfachen Transportauftrag handelt, kann er direkt von einem Frachtführer ausgeführt werden. Dabei wird das Matching zwischen Angebot und Nachfrage durch den Intermediär koordiniert. Diese Koordination findet mittels marktlichen Mechanismen (z.B. Auktionen) statt.

Der Transport selbst wird von einem Planer und einem Organisator koordiniert und von einem Controller und Steuerer überwacht und adaptiert. Die administrativen Aufgaben werden von der Zollabwicklung, sowie dem Controlling erledigt. So wird aus einem integrierten, vergleichsweise sequentiellen Transportdienst ein Netz an Kommunikations- und Koordinationsbeziehungen zwischen den verschiedenen Rollen. Jede „Kernkompentenz" wird durch eine eigenständige Rolle implementiert, die durch unabhängige Agenten ausgefüllt werden kann.

5.5 Management Summary

Die heutige Rolle des Logistikdienstleisters wird in mehrere eigenständige Rollen disintegriert und um die Rollen eines Intermediärs und einer Trusted Third Party ergänzt Die verschiedenen Aufgaben oder Rollen, die mit der Erbringung von Transportdienstleistungen verknüpft sind, können so von eigenständigen Agenten erfüllt werden. Es erscheint sinnvoll, mittels IKT automatisierbare Aufgaben durch künstliche Agenten ausführen zu lassen und entsprechend zu modellieren.

Ein konkreter Logistikdienstleister – Agent der aktuellen Logistik Community – kann jede einzelne Aufgabe des neuen Modells auch in Zukunft übernehmen. Für das Matching von Transportaufträgen der Kunden mit Transportangeboten von Frachtführern kann er auf die Dienste eines neuen Intermediärs zurückgreifen oder diese Rolle selbst spielen.

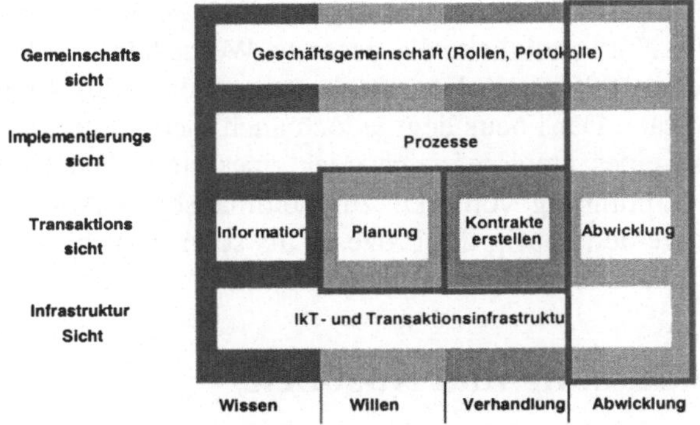

Abb. 6: Positionierung im Ordnungsrahmen

Darüber hinaus ermöglicht es die durchgängige elektronische Koordination und Kommunikation den Rollen und Agenten der hier beschriebenen Geschäftsgemeinschaft auch in den anderen Phasen einer Markttransaktion, in deren vierter Phase die hier beschriebene Geschäftsgemeinschaft residiert, aktiv zu werden. Entsprechend den Kernkompetenzen, die je eine Rolle induzieren, kann die Planung der Logistik auch den Planungsdienst der Willensbildungsphase ausfüllen. Ebenso können Kompetenzen in Bezug auf gesetzliche Regelungen im internationalen Bereich als Dienste in der Kontraktephase angeboten werden. Erweiterte Kompetenzen in Bezug auf IKT ermöglichen die Übernahme weitgehender Intermediärsaufgaben (s Abb. 6).

Die *Migration* vom Ist- zum Sollzustand zeichnet sich durch den Wechsel der Koordinationsformen von der häufig starren Kooperation zu der marktlichen Koordination aus. Dabei ist zu erwarten, dass sich dieser Wechsel schrittweise, wahrscheinlich zunächst über Märkte mit geschlossenen Benutzergruppen vollziehen wird. Es ist Aufgabe des Logistikdienstleisters, bei der Transformation seiner Geschäftsgemeinschaft aktiv mitzuwirken und sich entsprechend zu positionieren .

6 Überblick über verwandte Ansätze

Die Reorganisation der ökonomischen Leistungserstellung erfolgt heute zumeist unter der Massgabe der Rationalisierung bestehender, traditioneller Wertschöpfungsketten und Geschäftsprozesse. Der populärste Ansatz ist der des Business Process Reengineering (BPR) [Hammer 1990], [Davenport/ Short 1990]. Ausgangspunkt bildet die Infragestellung aller traditionellen Abläufe im Unternehmen sowie die Ausnutzung der Möglichkeiten der Informationstechnologie für die Integration zusammengehörender Abläufe innerhalb eines Unternehmens [Davenport/ Short 1990]. Wir haben gezeigt, dass vor dem Redesign der Prozessketten, die Anforderungen neu analysiert werden müssen und dass es notwendig ist, die zwischenbetrieblichen Abläufe zu strukturieren. [Adler/ Sempf 1997], [Lee et al. 1995] betonen die Notwendigkeit, die gesamte Wertschöpfungskette in Betracht zu ziehen. [Österle 1995] verfolgt mit dem Business (Re) Engineering einen ganzheitlichen Ansatz. Der Focus liegt jedoch auch hier in der Reorganisation der Geschäftsprozesse eines Unternehmens oder eines statischen Unternehmensverbundes. Bei der Einführung von EDI zur automatischen Abwicklung von Geschäftsprozessen werden häufig die Prozesse als solches nicht in Frage gestellt — ein nachhaltiger Innovationseffekt bleibt damit aus.

7 Zusammenfassung und Ausblick

Herausforderungen für das Management im Umfeld neuer Geschäftsmedien sind: (1) Das Management der Business Media, d.h. das Gestalten, Lenken und Entwikkeln der neuen Geschäftsmedien und der Transaktionen, sowie (2) das Gestalten, Lenken und Entwickeln von Produkten, Organisationsformen und Geschäftsmodellen in den neuen Medien. Ausgangsbasis unseres Ansatzes ist die Erkenntnis, dass den aktuellen Herausforderungen bei der Gestaltung wirtschaftlicher Leistungsprozesse nur mit neuen Managementkonzepten und neuen, generellen Modellen begegnet werden kann. Der vorgestellte Ansatz soll hierzu einen Beitrag leisten. Er integriert ganzheitlich Technologieaspekte und betriebswirtschaftliche

Aspekte auf der Basis von Geschäftsmedien, die als Austauschraum für Gemeinschaften aufgefasst werden, d.h. für Multi-Agentensysteme, und kann so ein Mittel sein, neue Plattformen, Produkte, Organisationsformen und Geschäftsmodelle, die für die zukünftigen, durch die Informations- und Kommunikationstechnologie geprägten Märkte adäquat sind, zu explorieren.

Acknowledgements

Wir bedanken uns sehr herzlich bei Thomas Erwin für seine Unterstützung bei der Benutzung des VIP-Tools.

Literatur

Adler, G.; Sempf U. (1997): Business Process (Re-)Engineering – gestern, heute, morgen, Theorie und Praxis der Wirschaftsinformatik, Heft 1998, Nov. 1997, S. 9-24.

Alt, R. (1997): Interorganisationssysteme in der Logistik, Wiesbaden: Deutscher Universitäts-Verlag, 1997.

Baldwin, C.Y.; Clark, K.B. (1997): Managing in an Age of Modularity, Harvard Business Review, Sep.-Oct. 1997, pp. 84-93.

Benjamin, R.; Wigand, R.(1995): Electronic Markets and Virtual Value Chains on the Information Superhighway, Sloan Management Review, Winter 1995, pp. 62-72.

Booch, G.; Jacobson, I.; Rumbaugh, J. (1997): UML Distilled – Applying The Standard Object Modeling Language, Addison-Wesley, 1997.

Davenport, T.J.; Short, J.E.(1990): The New Industrial Engineering: Information Technology and Business Process Redesign, Sloan Management Review, Summer 1990, pp. 11-27.

Desel, J. (1997): How Distributed Algorithms Play the Token Game C. In Freksa, M. Jantzen, R. Valk (Eds.): Foundations of Computer Science: Potential - Theory – Cognition. Lecture Notes in Computer Science, Springer Verlag, 1997.

Erwin, T.; Freytag T.(1998): VIP-Projekt, [http://www.aifb.uni-karlsruhe.de/InfoSys/VIP/overview/vip.html]

Evans, P.B.; Wurster, T.S. (1997): Strategy and the New Economics of Information, Harvard Business Review, Sep.-Oct. 1997, pp. 71-82.

Gebauer, J. (1996): Informationstechnische Unterstützung von Transaktionen: Eine Analyse aus ökonomischer Sicht, Wiesbaden: Deutscher Universitäts-Verlag, 1996.

Hagel, J.; Armstrong, A.G. (1997): Net.Gain, Harvard Business School Press, Boston, 1997.

Hammer, M (1990): Reengineering Work: Don't Automate, Obliterate, Harvard Business Review, July-Aug. 1990, pp. 104-112.

Himberger, A. (1994): Der Elektronische Markt als Koordinationssystem, St. Gallen: Dissertation, 1994.

Hoffmann, C.; Lindemann, M. (1998): Logistik und Electronic Commerce - LogEC, Arbeitsbericht, mcm institute, University of St. Gallen, 1998.

Klein, S. (1996): Interorganisationssysteme und Unternehmensnetzwerke, Wiesbaden: Deutscher Universitäts-Verlag, 1996.

Krähenmann, N. (1994): Ökonomische Gestaltungsanforderungen für die Entwicklung elektronischer Märkte, St. Gallen: Dissertation, 1994.

Lee, R.; Bons, R.; Wigley, C.; Wagenaar, R. (1995): Modeling Inter-Organizational Trade Procedures Using Documentary Petri-Nets, in: Proc of the HICSS Conf., Hawaii, 1995.

Lechner, U., Schmid, B. (1999): Logic for Media –The Computational Media Metaphor. Proc. of the 32th. Int. Conf. on Systems Sciences (HICSS 99), 1999, To appear.

Lechner, U., Schmid, B., Schubert, P., Zimmermann, H.-D.(1998): Die Bedeutung von Virtual Business Communities für das Management von neuen Geschäftsmedien, Proc. GeNeMe98 – Gemeinschaften in neuen Medien, Dresden, 1./2. Oktober 1998.

Malone, T., Yates, J., Benjamin, R. (1987): Electronic Marktes and Electronic Hierarchies. In: Communications of the ACM, Vol. 30, 1987, No. 6, S. 484-497.

Österle, H (1995): Business Engineering 1 Prozess- und Systementwicklung, Springer-Verlag, 1995.

Rayport, J.F.; Sviokla, J.(1994): Managing the Marketspace, Harvard Business Review, Nov.-Dec. 1994, pp. 141-150.

Rational Rose (1998): [http://www.rational.com/rose/]

Sarkar, M., Butler, B., Steinfield, Ch. (1995): Intermediaries and Cybermediaries: A Continuing Role for Mediating Players in the Electronic Marketplace, JCMC – J. of Computer-Mediated Communication, No. 3, 1995

Schmid, B.F. (1997): Ein neues Modell für Medien, St. Gallen: Arbeitsbericht des Instituts für Medien- und Kommunikationsmanagement, 1997.

Schmid, B.F (1999): Elektronische Märkte – Merkmale, Organisation und Potentiale, In Handbuch Electronic Commerce, Vahlen Verlag, zu erscheinen 1999.

Schmid, B.F.; Lindemann, M.A. (1998): Elements of a Reference Model for Electronic Markets, Proc. of the 31. Hawaii Int. Conf. on Systems Science (HICSS), Vol. IV, pp. 193-201, Hawaii, 1998.

Schmid, B.; Zimmermann, H-D. (1998): Business Media: A new Perspective on Creating Value in the Information Age, In: Proc. of ITS 1998 - 12th biennial Conf. of the Int. Telecommunications Society, Stockholm, 21-24 Juni, 1998.

Stanoevska, K., Schmid, B. (1998a): Supporting Distributed Corporate Planning through New Coordination Technologies. Int. Workshop on Coordination Technologies, Vienna, August, 24-28, 1998, in conjuction with 9th Int. Conf. on Database and Expert Systems Applications, DEXA'98, Vol. 1, No. 1, 08/98.

Stanoevska, K. Schmid, B. (1998b) Knowledge Media: An Innovative Concept and Technology for Knowledge Management in the Information Age. In. Beyond Convergence, 12th Biennal Int. Telecommunications Society Conf., Stockholm, June 21 - 24, 1998, Vol. 7, No.4, 12/97

Zbornik, S. (1996): Elektronische Märkte, elektronische Hierarchien und elektronische Netzwerke, Konstanz: Universitätsverlag Konstanz GmbH, 1996.

Modellieren mit SeeMe –
Alternativen wider die Trockenlegung feuchter Informationslandschaften

Thomas Herrmann, Marcel Hoffmann, Kai-Uwe Loser

Fachgebiet Informatik und Gesellschaft, Universität Dortmund
e-Mail: {herrmann, hoffmann, loser}@iug.cs.uni-dortmund.de
Universität Dortmund, FB Informatik, D-44221 Dortmund

1   Einleitung

Die Modellierungsmethode SeeMe unterstützt die Darstellung sozio-technischer
und semi-strukturierter Aspekte von Kommunikations- und Kooperationsprozes-
sen. Aktuell besteht auf akademischem Gebiet und auch in der Softwarebranche ein
großes Interesse an Modellierungsmethoden. Die Schwerpunkte liegen dabei u.a. in
der Integration bekannter Modellierungsansätze [BoJR98] oder in der Bewertung
der Qualität von Informationsmodellen (z. B. [Rose96], [Schü98]).

Unser Verständnis der Kernbegriffe kann dabei folgendermaßen zusammengefaßt
werden. Ein Modell ist eine kommunizierbare Darstellung eines Ausschnitts der
Realität, die der Komplexitätsreduktion dient und zu einem bestimmten Zweck
konstruiert wird [Herr86]. Unter einer Modellierungsmethode verstehen wir ein
Beschreibungsmittel, das Konzepte zur Darstellung von Phänomenen der Realität
enthält. Zum Ausdruck von Konzepten wird eine Notation mit Zeichen oder Sym-
bolen vorgesehen, deren Kombinierbarkeit bspw. in Form eines Metamodells festgelegt wird. Dazu treten Modellierungsregeln oder Konventionen und i.d.R. methodische Hinweise zum Aufbau von Modellen, die Anleitung beim fachlichen
Entwurf von Modellen und beim Layout enthalten. Zur Erzeugung, Veränderung
und Betrachtung von Modellen dienen computergestützte Modellierungs- und Be-
trachtungswerkzeuge.

Die Entwicklung von SeeMe geht auf Anforderungen an Modellierungsmethoden
aus dem Requirements Engineering und der Beschreibung sozio-technischer Systeme ([KFRC93], [Sill96], [Kuut92], [Nyga86]) sowie auf eine Analyse vorhan-

dener Modellierungsmethoden zurück. Dazu zählen die objektorientierte Methode UML [BoJR98], die erweiterten ereignisgesteuerten Prozeßketten aus ARIS [Sche98], Erweiterungen von Entity-Relationship-Modellen [GrBe96], Notationen zur Verhaltensmodellierung wie Statecharts [Hare87] und Petri-Netz basierte Ansätze wie FUNSOFT-Netze [Gruh91] und RFO-Netze [Ober87]. SeeMe legt ein besonderes Gewicht auf die Modellierung "nasser" Information [Gogu94] zur Unterstützung partizipativer Software-Entwicklung und Einführung und enthält eine Reihe speziell für diesen Zweck entwickelter Konzepte.

Der folgende Abschnitt diskutiert Qualitäten konzeptueller Modellierungsmethoden aus Sicht der Anforderungsanalyse indem die Problematik nasser Information vertieft wird. In Abschnitt 3 werden grundlegende Konzepte aus der Basismenge von SeeMe eingeführt und mit anderen Modellierungsmethoden verglichen. Auf dieser Basis stellt Abschnitt 4 als Erweiterung Konzepte zur Kennzeichnung vager Information dar, die nach unserer Einschätzung auch in andere Modellierungsnotationen integriert werden können.

2   "Feuchtigkeit" als Qualität von modellierten Informationslandschaften

Wir unterscheiden zwei Einsatzgebiete von Modellierungsmethoden: Anforderungsanalyse und Spezifikation. Bei der Anforderungsanalyse dienen Modellierungsmethoden dazu, gegenwärtige und angestrebte Prozesse und Strukturen in Ist- und Sollmodellen konzeptuell zu beschreiben. Dabei dient das Modell als Kommunikationsmittel zwischen den Parteien, die Anforderungen an das zu entwickelnde oder zu verbessernde System aushandeln. Bei der Spezifikation werden Struktur und Verhalten eines Systems mit dem Ziel der Implementierung beschrieben.

Bei der Analyse von Anforderungen spielen sogenannte *nasse* Informationen ("wet information", [Gogu94]) eine wichtige Rolle. Die Unterscheidung zwischen trockener und nasser Information läßt sich nach Goguen [Gogu94] wie folgt verstehen: Informationen werden gewonnen, indem die Repräsentationen von Zeichen interpretiert werden. Modellierungselemente in Diagrammen können z.B. als Zeichenrepräsentationen aufgefaßt werden. Für die Informationsgewinnung wird in der Regel Kontext benötigt. Trockene Information sind solche, die auf der Basis eines weiten Spektrums unterschiedlicher Arten von Kontext gewonnen werden können (" ...information that can be understood in a wide variety of context ..." [Gogu94, S. 173]). Nasse Information hingegen läßt sich nur in Bezug zu einem sehr speziellen, situationsabhängigen Kontext gewinnen. Das heißt nach unserem Verständnis, daß die Prozesse des Interpretierens oder Kommunizierens mit Hilfe von Zeichenrepräsentationen um so besser gelingen, je enger diese Prozesse mit der Situation verbunden sind, auf die sich die zu gewinnende Information bezieht. Goguen stellt fest, daß es ein Kontinuum zwischen nasser und trockener Information gibt, daß es also *feuchte* Information (damp information [Gogu94]) gibt, die zwischen diesen beiden Extremen liegt. Vor dem Hintergrund der Interpretations- und Situationsabhängigkeit von Information problematisiert Goguen den Ausschluß feuchter Information von der Anforderungsanalyse und plädiert dafür, auch vage und situationsabhängige Information für die Modellierung zu erfassen. Dabei erachtet er es insbesondere als problematisch, daß Methoden der Formalisierung in der Regel als ein Instrument der Austrocknung von Information fungieren.

Wir schlagen eine Modellierungsmethode vor, mit Hilfe derer Informationen unterschiedlicher Feuchtigkeit in ein und demselben Modell repräsentiert und kombiniert werden können. Diese Kombination unterschiedlich feuchter bzw. trockener Informationen, die in einem Modell repräsentiert werden soll, apostrophieren wir mit der Metapher der *feuchten Informationslandschaft*. Dabei ist es eine besondere Herausforderung, daß die Modellierungsmethode einerseits formale Kriterien zur Überprüfung der Korrektheit ihrer Anwendung anbietet und andererseits in der Lage ist, eine feuchte Informationslandschaft abzubilden. Der Kontext, der zum Verständnis der modellierten Informationslandschaft notwendig ist, ist dann nicht im Modell zu finden. Die Notwendigkeit der Repräsentation feuchter Informationslandschaften möchten wir anhand zweier Beispiele verdeutlichen:

Beispiel 1: Bei der Erhebung von Geschäftsprozessen treten häufig für eine Arbeitsaufgabe A zwei unterschiedliche Methoden (M1, M2) ihrer Ausführung auf, wobei der Bearbeiter nicht genau angeben kann, wann er welche Methode einsetzt. Man kann nun für die Analyse festhalten, daß A *unter bestimmten, situationsabhängigen Bedingungen* einmal mit M1 und ein anderes Mal mit M2 ausgeführt wird. Dies ist eine feuchte Information, da man die *bestimmten Bedingungen* um so besser nachvollziehen kann, je mehr man mit der Entscheidungssituation selbst vertraut ist. Die Formulierung „A wird mittels M1 ODER M2 ausgeführt" ist demgegenüber ausgetrocknet, sie ist in vielen Kontexten gleich gut verständlich, aber auch z.B. für die Spezifikation eines Workflowmanagementsystems wenig zu gebrauchen. Daher wählt man oft einen anderen den Weg der Trockenlegung so, daß man plausibel erscheinende Bedingungen fest vorgibt. Dies schränkt jedoch den Dispositionsspielraum des Ausführenden unnötig ein.

Beispiel 2: Im Rahmen der Einführung eines Workflowmangement Systems stellte sich die Problematik, daß das Abspeichern und Auswerten mitarbeiterbezogener Leistungs- und Verhaltensdaten einer Regelung bedarf. Es stellte sich die Frage, wer, unter welchen Bedingungen, welche Daten mit welchen Auswertungsmethoden verarbeiten darf. Obwohl sich keine einzige dieser Fragen im vorhinein konkret beantworten ließ, bestand der Bedarf nach einer Systematik, die einerseits die relevante Personen, Daten sowie Auswertungsbedingungen und -methoden gegenübergestellt und andererseits alle ungeklärten oder nur vage konkretisierten Regelungsinhalte darstellt. Zur Darstellung solcher nassen Regelungsaspekte wurde die Modellierungsmethode SeeMe verwendet. Sie wird im folgenden dargestellt, wobei sich die zu zeigenden Beispiele auf den hier beschrieben Fall beziehen.

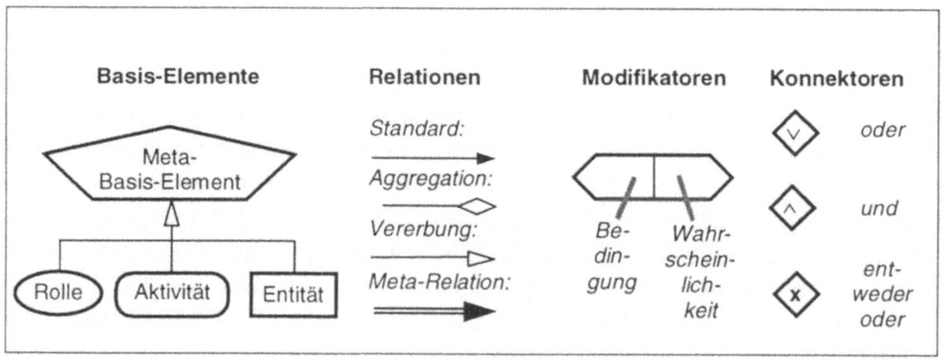

Abb. 1: Elemente der SeeMe Notation

3 Die Basismenge der SeeMe-Modellierungsmethode

Wir unterscheiden Konzepte und Notation als zwei Bestandteile der Modellierungsmethode SeeMe. Abb. 1 gibt eine Übersicht über die in der Basismenge der Methode enthaltenen Konzepte und ihre Notation.

3.1 Basiselemente: Rolle, Aktivität und Entität

SeeMe enthält drei Basiselemente: Rollen, Aktivitäten und Entitäten (s. Abb. 1). Mit der Ausnahme "beabsichtigter Auslassung" (vgl. Abschnitt 4.1) enthält jedes Basiselement als notwendige Attribute einen Namen oder eine Kurzbeschreibung. Basiselemente können mit Hilfe von Relationen (vgl. Abschnitt 3.2) zueinander in

Beziehung gesetzt werden und durch Hinzunahme beliebiger weiterer Attribute beschrieben werden.

Eine *Rolle* repräsentiert eine Menge von Rechten und Pflichten, die z.B. einer Person, einer Abteilung, einer Arbeitsgruppe oder einer anderen organisatorischen Einheit zugeordnet sind. Rollen werden als Kreis oder Ellipse dargestellt. Rechte und Pflichten ergeben sich aus Erwartungen anderer organisatorischer Einheiten. Eine Rolle kann eine Person repräsentieren genauso aber auch Funktionen einer Person. Dementsprechend kann eine Person oder eine Gruppe von Personen mehrere Rollen ausfüllen. Rollen können Aktivitäten ausführen, um Entitäten zu verändern. Im Unterschied zu objektorientierten Ansätzen zieht SeeMe eine scharfe Grenze zwischen Personen und technischen Systemen, die als Träger von Aufgaben auftreten. Rollen können nicht manipuliert oder bearbeitet, sondern nur beeinflußt werden. Personen verfügen über einzigartige Eigenschaften, wie Interessen oder Ziele und können flexibel andere Rollen spielen. Das Konzept Rolle ist vergleichbar mit den ARIS-Objekttypen Person, Stelle, Organisationseinheit und Gruppe. Im Gegensatz zum Konzept des Akteurs in Use-Case-Modellen nach UML ist die Rolle in SeeMe jedoch für menschliche Akteure reserviert. Dies hat seinen Grund in der Orientierung von SeeMe auf sozio-technische Systeme: Der Modellier muß klar differenzieren, ob er soziale Akteure oder technische Agenten darstellt. Letztere werden durch Entitäten repräsentiert.

Aktivitäten beschreiben Verhalten, dargestellt durch Rechtecke mit abgerundeten Ecken. Aktivitäten haben Start- und Endzeitpunkte und können zeitlich zueinander ins Verhältnis gesetzt werden. Sie repräsentieren Operationen an Entitäten, Arbeitsaufgaben, Verrichtungen und Tätigkeiten, die von Rollen ausgeführt werden. Im Gegensatz zu Entitäten können Aktivitäten ihre Umgebung verändern, indem sie Entitäten manipulieren oder Rollen beeinflussen. Das Konzept der Aktivität ist vergleichbar mit dem ARIS-Objekttyp Funktion und bildet mehrere Konzepte der UML ab, z.B. Use-Cases, Operationen bzw. Methoden in Klassendiagrammen und Nachrichten in Sequenz- und Kollaborationsdiagrammen.

Entitäten sind Ressourcen zur Ausführung von Aktivitäten, sie werden von Aktivitäten genutzt oder verändert. Sie repräsentieren Dokumente, Dateien, Nachrichten, Wissen oder Information, die von einer Aktivität an eine andere gegeben werden, und Arbeitsmittel, die Rollen bei der Ausführung ihrer Aktivitäten unterstützen. Software, Hardware und auch Container, die andere Entitäten zeitweise oder bedingt beinhalten (z.B. ein Büroraum), werden ebenfalls als Entitäten aufgefaßt. Wie schon bei den Erläuterungen zur Rolle angedeutet, sieht SeeMe eine Trennung zwischen Rollen und Entitäten vor. Daher sind autonome und teilautonome technische System, wie z.B. Software-Agenten, auch wenn sie Aktivitäten starten oder veranlassen, als Entitäten und nicht als Rollen zu verstehen. Entitäten werden durch Rechtecke dargestellt. Zwischen Entitäten bestehen Beziehungen. ARIS sieht für Entitäten die Objekttypen Anwendungssysteme, DV-Funktion, Modul und ERM-Attribut, Entitytyp, Beziehungstyp, Cluster / Datenmodell, Fachbegriff vor. Außerdem bilden Entitäten Klassen und Objekte ab.

3.2   Relationen

Relationen zwischen Basiselementen werden durch gerichtete Kanten dargestellt. Relationen stellen Möglichkeiten einer logischen Verbindungen dar, die durch eine Beziehung zwischen zwei Elementen gegeben ist. Das Aufbauen einer solchen Beziehung kann man als Instantiierung oder in Kraft treten einer Relation bezeichnen, mit dem auch ein Ereignis verbunden ist. Insofern modellieren Relationen die in einem Modell vorgese-

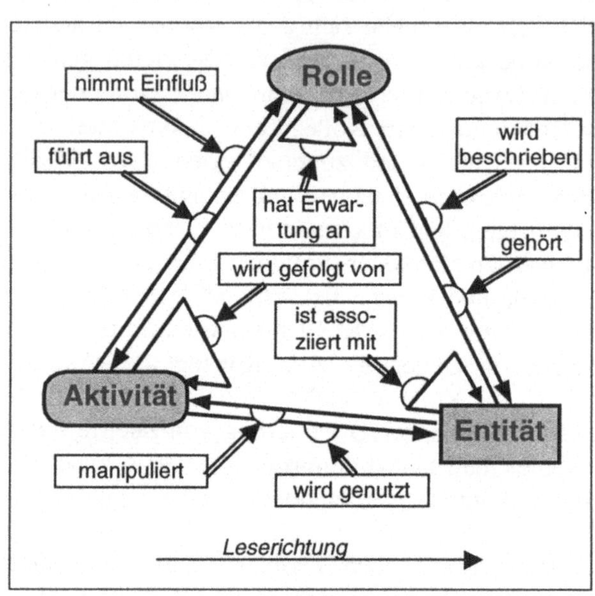

Abb. 2: Vorgegebene Bedeutung von Relationen zwischen Basiselementen

henen Ereignisse. Dies entspricht der Auffassung von Ereignissen in Zustandsübergangsdiagrammen. Bedingungen für das Eintreten eines Ereignisses bzw. das Instantiieren einer Relation können in Form von Modifikatoren annotiert werden (Abschnitt 3.3). Logische Verknüpfungen von Relationen werden mit Hilfe von Konnektoren beschrieben (Abschnitt 3.4). Relationen können, wie Basiselemente, mit Namen oder Attributen versehen werden. Weiterhin kann man Relationen als unvollständig, ungenau oder unsicher kennzeichnen (Abschnitt 4.2).

In SeeMe kann jedes Basiselement zu jedem anderen Basiselement in Beziehung gesetzt werden. Relationen zwischen Basiselementen können beliebige Namen tragen und von beliebigem Typ sein. Über die Spezifizierung des Typs können beliebige Bedeutungen von Beziehungen zwischen Elementen beschrieben werden. Abb. 2. führt Standardbedeutungen der Relationen auf, die gültig sind, wenn der Typ einer Relation zwischen zwei Basiselementen nicht explizit anders benannt wird. Die Standardbedeutung einer Kante kann aus dem Kontext, nämlich aus dem

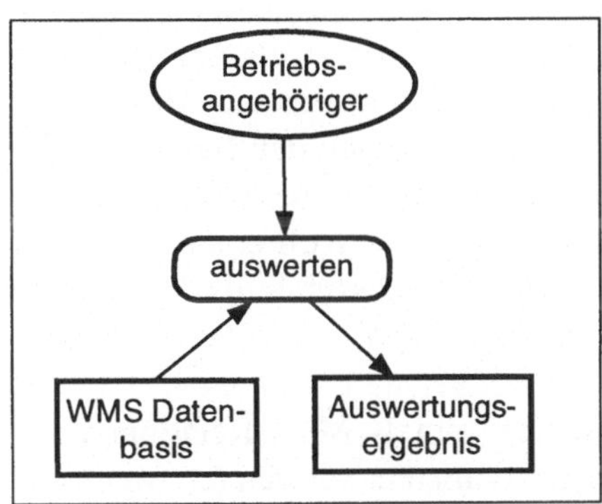

Abb. 3: Beispielmodell

Typ der Elemente, die sie verbindet und aus ihrer Richtung abgeleitet werden. In Abb. 3 wird mittels der eingeführten Basis-Elemente folgende Aussage modelliert: *Betriebsangehörige* können eine *Datenbasis auswerten*, die durch ein Workflow Management System erzeugt wird. Die Auswertung erzeugt ein *Auswertungsergebnis*.

Die Standardrelationen in SeeMe decken bereits einen großen Teil der in anderen Methoden gebräuchlichen Beziehungen ab, wie z.B. Kontrollflußbeziehungen zwischen Aktivitäten, Lese- u. Schreibzugriffe von Aktivitäten auf Entitäten, Besitzverhältnisse zwischen Entitäten und Rollen, Erwartungen zwischen Rollen. Weitere spezielle Beziehungen können, wie im folgenden beschrieben wird, ergänzt werden. Beispiele für speziellen Beziehungen sind etwa Unterbrechung, Löschen oder Erzeugen von Entitäten, Widersprüche zwischen der Existenz von Elementen (durch ⚡ gekennzeichnet) etc.

In SeeMe existieren Relationen nicht nur zwischen Basiselementen, sondern auch zwischen Basiselementen und Konnektoren (Abschnitt 3.5) und zwischen Basiselementen und Relationen. Relationen können durch Basiselemente spezifiziert werden. Dabei sind je nachdem, ob eine Relation durch eine Aktivität, Entität oder eine Rolle spezifiziert wird, drei Fälle zu unterscheiden.

Mit der Spezifikation einer Relation durch eine Aktivität wird ausgedrückt, wie eine Relation realisiert wird. Damit eine E-Mail z.B. in Beziehung zum Eingangskorb eines Empfängers stehen kann, ist die Aktivität des Übermittelns notwendig. Die Spezifikation einer Relation durch eine Entität gibt an, daß diese Entität instantiiert, also vorhanden sein muß, damit die Relation in Kraft treten kann. Also z.B. ein Message Transfer System im Falle der Beziehung zwischen E-Mail und Eingangskorb.

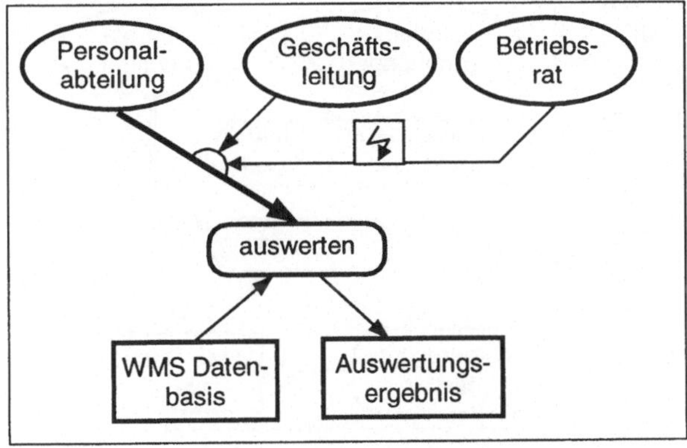

Abb. 4. Darstellung eines Interessenkonfliktes

Durch die Spezifikation einer Relation mit einer Rolle wird ausgedrückt, wer an der Relation interessiert ist oder vom Eintreten der Relation betroffen ist. So kann ein wichtiges soziales Phänomen ausgedrückt werden: Interessen und Interessenkonflikte. Abb. 4 zeigt z.B. einen potentiellen Konflikt zwischen den Interessen der Geschäftsleitung und dem Betriebsrat: Während die *Geschäftsleitung* die Auswertung von Workflowdaten durch die *Personalabteilung* für sinnvoll erachtet, ist der *Betriebsrat* dagegen (gekennzeichnet durch das Widerspruchssymbol), damit keine Personalentscheidungen auf dieser Auswertung basieren kann.

Einen besonderen Fall stellt es dar, wenn Entitäten mittels Meta-Relationen mit Relationen verknüpft werden. Meta-Relationen werden stets verwendet, wenn die Semantik oder die Struktur eines im Modell verwendeten Symbols betroffen ist. In Abb. 2 wurden Meta-Relationen verwendet, um die Standardbedeutung der eingezeichneten Relationen anzugeben (Pfeil mit Doppelstrich). Auf diese Weise kann man eine neue Typspezifizierungen für Relationen einführen oder auch Attribute zu einer Relation hinzufügen, z.B. Kardinalitäten. Es können auch Abkürzungen verwendet werden, indem man die Kardinalität direkt an die Relation annotiert oder den geändert Typ in einem Rechteck direkt an den Pfeil anfügt, wie in Abb. 4 bei dem Widerspruchssymbol geschehen.

Vergleichbar zur Spezifikation von Relationen bietet die UML das Konzept der Assoziationsklassen an. Weitergehendes läßt sich mit n-ären Relationen nachbilden. Der Interessenskonflikt in Abb. 4 wäre entsprechend als eine 4-stellige Relation zu beschreiben. ARIS hingegen sieht in wesentlichen Notationen, wie der erweiterten ereignisgesteuerten Prozeßkette (eEPK), nur binäre Relationen vor.

SeeMe übernimmt bewährte Abstraktionsmechanismen aus der objektorientierten Modellierung: Aggregation und Generalisierung/Spezialisierung. Jedoch werden diese Konzepte nicht nur auf Entitäten angewendet, sondern auch auf Rollen und Aktivitäten. Durch *Aggregation* wird in SeeMe ausgedrückt, daß ein Basiselement aus Subelementen zusammengesetzt ist. Aggregationsbeziehungen zwischen unterschiedlichen Typen von Basiselementen sind zugelassen. Mittels *Spezialisierung* können Attribute, Relationen und Struktur von Basiselementen an andere Basiselemente weitergegeben werden. Vererbungsbeziehungen werden i.d.R.

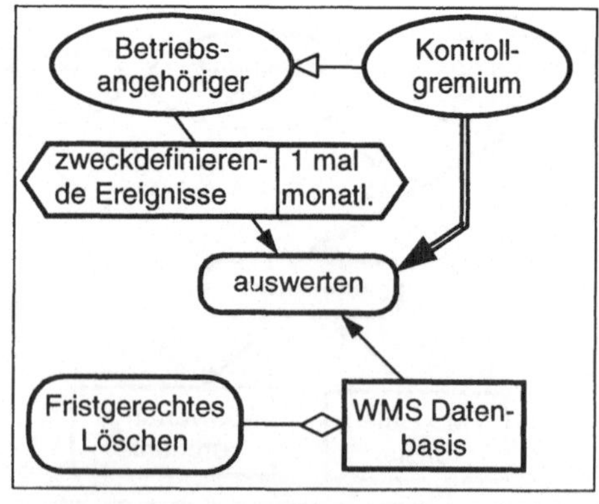

Abb. 5 Verwendung spezieller Relationen

zwischen Basiselementen gleichen Typs definiert. Die bereits erwähnte *Meta-Relation* ist ein nach unserer Kenntnis in anderen Modellierungsmethoden nicht bekanntes Konzept. Sie kann verwendet werden, um den Einfluß eines Elements auf die interne Struktur eines anderen Elements darzustellen.

Abb. 5 zeigt Beispiele für diese besonderen Relationen: Die *Datenbasis* enthält eine Aktivität, die das *fristgerechte Löschen* gewährleistet, das *Kontrollgremium* determiniert die Auswertungsmöglichkeit, was durch die Meta-Relation angezeigt wird, und dieses Gremium ist selbst betriebsangehörig (Spezialisierungsrelation).

3.3   Modifikatoren

Häufig treten Relationen zwischen Basiselementen nur unter bestimmten Bedingungen in Kraft. Das einfachste Beispiel dafür sind Kontrollflußbeziehungen zwischen Aktivitäten, die in vielen Notationen über Bedingungen miteinander verknüpft werden können. Erweitere ereignisgesteuerte Prozeßketten (eEPK) sehen für diesen Zweck bspw. den Objekttyp Ereignis vor. In der UML werden Bedingungen in Form von Constraints dargestellt.

SeeMe enthält für Bedingungen das Konzept des *Modifikators*. Im Unterschied zu anderen Notationen können Modifikatoren auf alle Relationen und auf Basiselemente angewendet werden. So kann bspw. auch die Zuordnung von Rollen zu Aktivitäten mit einem Modifikator versehen werden und damit dargestellt werden, unter welchen Bedingungen eine Rolle eine Aktivität ausführt. Indem ein Modifikator an einem Basiselement verankert wird, kann ausgedrückt werden, daß es nur unter bestimmten Bedingungen existiert. Das SeeMe-Notationssymbol für Modifikatoren ist das gedehnte Sechseck.

Wie in Abb. 5 ersichtlich, können Modifikatoren zwei Teile beinhalten, die durch einen senkrechten Strich getrennt sind. Im ersten Teil können Ereignisse, Zustände oder logische Bedingungen angeben werden, die gegeben sein müssen, damit die modifizierte Relation in Kraft tritt. Beispielsweise darf eine *Auswertung* aus datenschutzrechtlicher Sicht nur erfolgen, wenn ein *Ereignis* vorliegt, das dem *Zweck* entspricht, für den die *Datenbasis* erstellt wurde. Im zweiten Teil kann ausgedrückt werden, mit welcher Unsicherheit (NC = U<u>nc</u>ertainty) bzw. Wahrscheinlichkeit die Bedingung eintrifft. Die Wahrscheinlichkeit kann quantitativ durch die Wahl eines Wahrscheinlichkeitswertes zwischen 0 und 1 oder qualitativ durch eine Häufigkeitsangabe (ausnahmsweise, gelegentlich, oft, monatlich...) oder eine deontologische Spezifizierung (erlaubt, wünschenswert, verboten, ...) ausgedrückt werden. In Abb. 5 wird angedeutet, daß ein Ereignis, das der Definition des Auswertungszweckes zugrunde lag, durchschnittlich *nur einmal monatlich* auftritt.

3.4 Konnektoren

Mit *Konnektoren* kann man ähnlich wie z.B. bei ereignisgesteuerten Prozeßketten Relationen logisch miteinander verknüpfen und in Beziehung setzen. Dadurch ist es möglich, komplexe logische Beziehungen zwischen Relationen auszudrücken. Das SeeMe-Notationssymbol für Konnektoren ist ein um 45 Grad gedrehtes Quadrat. Grundlegende Konnektoren in SeeMe sind UND und XOR (entweder oder). Weitere Konnektoren, wie z.B. das nicht-exklusive ODER, können durch Kombinationen definiert werden. Konnektoren können zwei oder mehrere Relationen miteinander verknüpfen, so daß eine neue Relation entsteht.

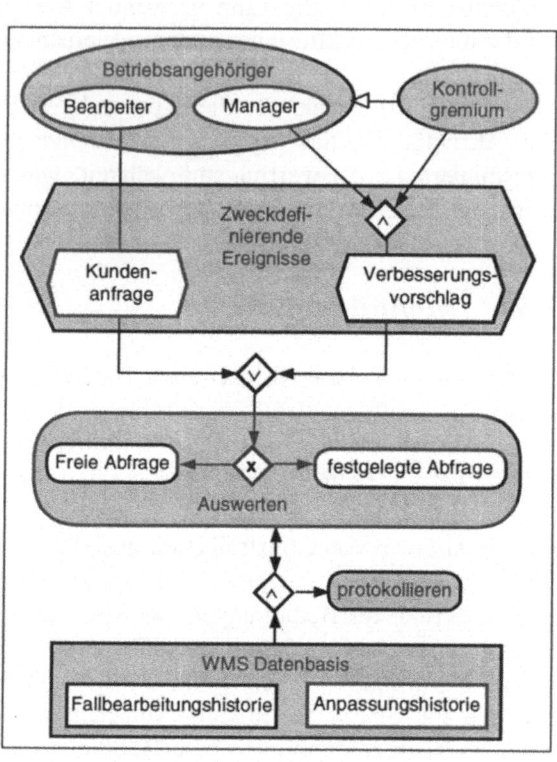

Abb. 6 Konnektoren und Einbettung

Werden zwei Relationen miteinander durch einen UND-Konnektor verknüpft, so bedeutet dies, daß beide Relationen gemeinsam in Kraft treten müssen. Abb. 6 soll ausdrücken, daß das *Management* nur gemeinsam mit einem *Kontrollgremium* Auswertungen vornehmen können soll, die der Überprüfung der Sinnhaftigkeit von *Verbesserungsvorschlägen* dienen. Der ODER-Konnektor wird benötigt, wenn sich zwei oder mehrere Relationen nicht gegenseitig ausschließen. So können nach Abb.6 eine *Kundenanfrage* oder ein *Verbesserungsvorschlag* oder auch beides (was in der Realität durchaus fraglich ist) zu *einem* Auswertungsvorgang führen. Bei der Verwendung eines XOR-Konnektors kann nur eine der Relationen gegeben sein, also entweder *festgelegte* oder *freie Abfrage* im Rahmen der Auswertung (s. Abb. 6). Durch die Verknüpfung mittels Konnektoren können beliebige logische Verhältnisse zwischen Relationen hergestellt werden. Relationen können zusammengeführt werden und aufgeteilt werden.

Durch die Verknüpfung von Relationen mit Konnektoren entstehen Relationen zwischen einem Basiselement und einem Konnektor und zwischen zwei Konnektoren. Soweit keine andere Bedeutung angegeben wird, leitet sich diese aus den umgebenden Basiselementen ab. Es ist auch möglich, Relationen zwischen unterschiedlichen Basiselementen, die verschiedene Bedeutung tragen, miteinander zu verknüpfen. So verknüpft der untere UND-Konnektor in Abb. 6 eine Relation des Typs *nutzen* mit einer des Typs *folgen auf*. Dies drückt aus, daß eine *Protokollierung* nur dann erfolgt, wenn auf die Datenbasis zugegriffen wird – falls etwa im Rahmen von Auswerten nur eine freie Abfrage vorbereitet wird, ohne sie anzuwenden, so erfolgt nach Abschluß von Auswerten hierzu keine Protokollierung.

3.5 Einbettung

Relationen zwischen Ober- und Unterelementen werden in mehreren prominenten Modellierungsnotationen durch Verschachtelung von Strukturen dargestellt (s. z.B. Statecharts [Hare87], Klassendiagramme [BoJR98]). In SeeMe können mit Hilfe des Konzepts der *Einbettung* unterschiedliche Abstraktionsmechanismen zwischen Unter- und Oberelementen ausgedrückt werden. Abb. 6 gibt hierfür Beispiele. Ein typischer Fall ist die Aggregation, wie am Beispiel der WMS Datenbasis gezeigt, die sich hier aus der Fallbearbeitungshistorie und der Anpassungshistorie zusammensetzt. Bzgl. der Rolle Betriebsangehöriger ist es angemessener, die Einbettung als Spezialisierung aufzufassen: Manager und Bearbeiter sind Betriebsangehörige. Man könnte aber auch zum Ausdruck bringen wollen, daß sich die Menge der Betriebsangehörigen – dann besser Belegschaft genannt – aus Managern und Bearbeitern zusammensetzt. In den frühen Phasen der Modellierung kann es nützlich sein, mit Hilfe der Einbettung eine „Gehört-zu"-Relation ausdrücken zu können, ohne sich auf Aggregation oder Spezialisierung festlegen zu müssen. Ähnlich ist auch die Einbettung der Sub-Modifikatoren zu sehen: Einerseits sind *Kundenanfrage* und *Verbesserungsvorschlag* Spezialisierungen der zweckdefinierenden Ereignisse und andererseits ist es auch sinnvoll, durch Einbettung die Menge unterschiedlicher möglicher Ereignisse darzustellen. Die Interpretation als Spezialisierung wird vor allem dann fraglich, wenn Sub-Modifikatoren mit Relationen und Konnektoren verbunden sind, so wie das bei den Sub-Aktivitäten im Falle von *Auswerten* der Fall ist. Dieses den Statecharts [Hare87] ähnelnde Konzept bedeutet, daß ein Sub-Modell eingebettet wird.

Die mittels Einbettung dargestellte „Gehört-zu"-Relation ist also formal nicht eindeutig interpretierbar, indem man sie wohldefinierten Konzepten aus anderen Modellierungsmethoden zuordnet. Einbettung ist somit eine Möglichkeit, vage Zuordnung oder Zerlegung im Sinne feuchter Information auszudrücken. SeeMe bietet weiterhin die Möglichkeit, in ein Element zwei oder mehrere Perspektiven einzubetten, die jeweils unterschiedliche Möglichkeiten der Zerlegung repräsentieren, falls man sich beim Modellieren nicht auf eine Form der Zerlegung in Sub-Elemente festlegen möchte. Auch hierdurch wird inadäquates Trockenlegen, das eine Informationsvielfalt reduzierte, vermeidbar.

4   Vages Modellieren

Auf Grundlage der eingeführten Basismenge von SeeMe können Erweiterungen für vages Modellieren vorgestellt werden, um die oben erläuterten feuchten Informationen darzustellen. SeeMe enthält zwei Konzepte zur vagen Modellierung, die wesentlich zur Vermeidung von zu starker Formalisierung beitragen:

1. *Beabsichtigte Auslassung* von Informationen, über die der Modellierer zwar verfügt, die er aber absichtlich im vorliegenden Diagramm eines Modells nicht spezifizieren will.
2. *Kennzeichnung unsicherer Information*, wenn der Modellierer Zweifel über die Angemessenheit oder Vollständigkeit einer Darstellung hegt.

Beide Konzepte können auf komplette Modelle, Modellteile, Basiselemente, Relationen, Modifikatoren und Attribute angewendet und miteinander kombiniert werden. In diesem Beitrag erläutern wir die Anwendung auf Basiselemente und auf Relationsenden.

4.1   Beabsichtigte Auslassung

Eine der schwierigsten Aufgaben beim Modellieren liegt darin, ein Modell auf das wesentliche zu konzentrieren und die Verständlichkeit, Übersichtlichkeit und Deutlichkeit des Modells durch das Verstecken weniger wichtiger Darstellungen zu erhöhen [Herr97]. SeeMe sieht zu diesem Zweck drei Alternativen vor:

a1. Verweise auf ergänzende Informationen, die beim Modellierer abgerufen werden können, werden an Basiselementen durch eine leere Fläche in Form eines Halbkreises mit einem Plussymbol notiert (" ⌓ ").
a2. Verweise auf ergänzende Informationen in anderen, aktuell nicht sichtbaren Modellteilen werden an Basiselementen durch schwarze Flächen (" ◢◣ ") notiert. Bei einer Computer gestützten Präsentationskomponente können diese Flächen per Mausklick aktiviert werden, um die verborgenen Modellteile anzuzeigen.

a3. Bewußt in Kauf genommene Modellierungslücken, deren Schließung nicht als notwendig erachtet wird, werden durch eine leere Fläche, z. B. in Form eines Halbkreises notiert ("⌓").

Es fragt sich, ob alle Modellierungselemente, die nicht ein solches Unvollständigkeitssymbol enthalten, vom Betrachter als vollständig angesehen werden können. Um hier Mißverständnisse zu vermeiden, die durch das Vergessen einer Unvollständigkeitsnotation auftreten können, ist es erforderlich, ein Komplement zur Kennzeichnung *vollständiger Information* einzuführen. Damit kann man ausdrücken, daß er von der Korrektheit und Vollständigkeit seiner Spezifikation überzeugt ist. SeeMe sieht hierzu einen Haken (√) vor, der an Teile von Modellen annotiert werden kann. Mit "Abhaken" wird Verantwortung übernommen.

4.2 Kennzeichnung unsicherer Information

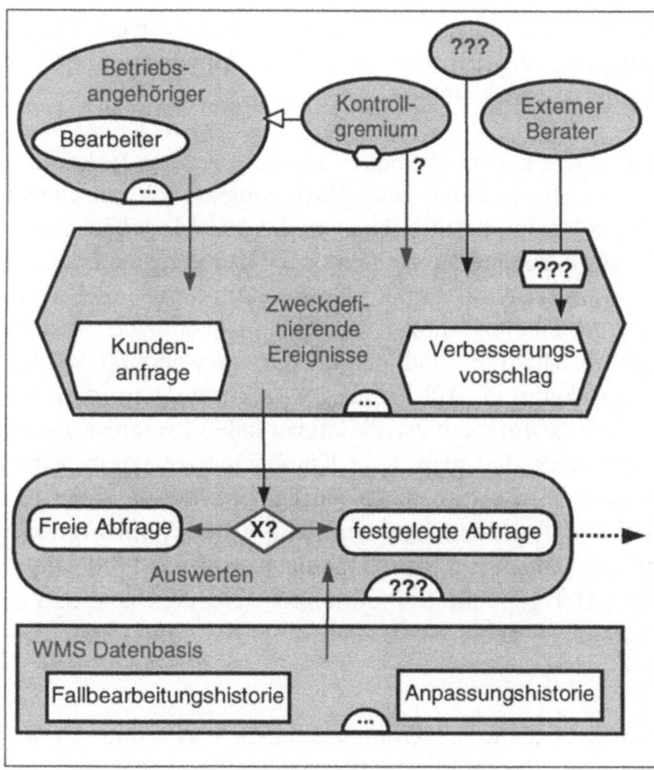

Abb. 7: Beispiel für vages Modellieren

Mit der *Kennzeichnung unsicherer Information* kann der Modellierer darauf hinweisen, daß die dem Modell zugrunde liegenden Informationen unvollständig oder unsicher sind. Der Modellierer hat also Wissen bzgl. der Unsicherheit des zu modellierenden Sachverhaltes, z.B. weil bei der Recherche bestimmte Fragen unbeantwortet bleiben oder weil es zu Widersprüchen kommt. Wir unterscheiden drei Fälle:

b1. Wenn der Modellierer feststellt, daß eine Spezifikation unvollständig ist und er nicht in der Lage ist, sie zu vervollständigen, kennzeichnet er das unvollständige Basiselement mit drei Punkten ("...").

b2. Ist sich der Modellierer hinsichtlich der Richtigkeit einer Spezifikation unsicher, so gibt er diesem Zweifel durch die Annotation eines Fragezeichens Ausdruck ("?"). Von dieser Möglichkeit kann u.a. Gebrauch gemacht werden, wenn Unklarheit über die Angemessenheit einer Benennung eines Elements oder über die gewählte Zerlegung in Subelemente besteht.

b3. Häufig kann sich der Modellierer nicht einmal sicher sein, ob seine Spezifikation unvollständig ist oder nicht. Dieser Fall wird durch drei Fragezeichen ("???") gekennzeichnet.

Abb. 7 gibt Beispiele: Die Sub-Elemente von *Betriebsangehöriger* und von *zweckdefinierende Ereignisse* sind unvollständig spezifiziert. Beim *Auswerten* besteht Unsicherheit, ob nicht noch zusätzliche Sub-Aktivitäten anzugeben sind. Ferner wird die Richtigkeit des XOR bezweifelt, da ja auch beide Formen der *Abfrage* kombiniert werden können. Den Modifikator, der die Bedingung der Existenz eines *Kontrollgremiums* angibt, will der Modellierer nicht näher spezifizieren, während er sich bzgl. der Auswertungsmöglichkeit durch *externe Berater* unsicher ist, ob sich hier überhaupt eine Bedingung angeben läßt, womit die Angemessenheit der eingetragenen Relation insgesamt in Frage steht.

Zwischen zusammengesetzten Basiselementen können unterschiedliche Relationen bestehen. Ob eine Relation alle Unterelemente eines Basiselements mit einschließt oder nur ein bestimmtes Unterelement betrifft, kann in SeeMe-Modellen unterschieden werden, indem die Relationskante am Rahmen des Oberelements oder am Rahmen des Unterelements verankert wird. Endet eine Relationskante im Körper eines Basiselements und nicht an einem Rahmen so bleibt unspezifiziert, welche Unterelemente von der Relation betroffen sind. Durch die Verwendung solcher unspezifizierten Relationsenden kann in Abb. 7 ausgedrückt werden, daß bestimmte Rollen in Verbindung mit bestimmten zweckdefinierenden Ereignissen eine Auswertung vornehmen dürfen, ohne daß man diese Kombinationen vorab festlegen muß. Auch Unsicherheit kann bei Relationen ausgedrückt werden, so zeigt das Fragezeichen, daß es unsicher ist, ob es nicht nur Sub-Rollen des *Kontrollgremiums* sind, die an der Auswertung teilnehmen, das hieße dann, daß das Pfeilende in diese Rolle hineinragen müßte. Der gepunktete Pfeil in Abb. 7 drückt aus, daß es eine Nachfolgeaktivität zu *Auswerten* geben muß, auch wenn diese noch nicht benennbar ist.

Eine erweiterte Fassung von Abb. 7 diente als Grundlage einer Diskussion mit Geschäftsleitung und Betriebsrat über die Regelungserfordernisse bei der Einführung eines Workflow Management Systems. Dabei wurden die hier eingeführten Unvollständigkeitssymbole verwendet, um die Regelungsbedarfe zu markieren. Ein besonderes Problem bei solchen Abstimmungsprozessen stellt es dar, daß die verwendeten Diagramme schnell zu umfangreich und zu komplex werden. Als Lösung für dieses Problem sehen wir die unter 4.1 beschriebenen absichtlichen Auslassungsmöglichkeiten. Sie können mittels Computer gestützter Ein- und Ausblendungsmechanismen flexibel variiert werden (vgl. Herr99].

5 Zusammenfassung: Kanalisieren und Überbrücken als Alternative zur Trockenlegung

In SeeMe wird eine Erweiterung der Ausdrucksmöglichkeiten um soziale Aspekte angestrebt. Ausdrucksmöglichkeiten für Interessen und Konflikte und die eindeutige Zuordnung von Rollen zu Personen erlauben es, "weiche" Faktoren eines soziotechnischen Systems zu beschreiben. Die Konzepte für vage Modellierung geben dazu Anlaß, zwischen vollständigen und unvollständigen, garantierten und unsicheren Ausdrücken zu unterscheiden. Der Modellierer wird befähigt, Situationen zu umgehen, in denen er mehr Informationen modellieren muß als er zur Verfügung hat. Modelle können so wesentlich zutreffender reale Situationen beschreiben und die Trockenlegung feuchter Informationslandschaften vermeiden helfen. Der herkömmliche Ansatz bei der Modellierung von Anforderungen sieht vor, gegebenen Informationen auszutrocknen, in dem man nach und nach alle vermeintlich fehlenden Informationen ergänzt und alle Zweideutigkeiten in Eindeutigkeiten verwandelt. Gelingt dieses Unterfangen, so erhalten wir eine knochentrockene formalsprachliche Anforderungsdefintion, die jedoch - dies ist zumindest unsere Auffassung - der Qualität realer Anforderungen nicht gerecht wird. Insbesondere eignet sich eine solche Darstellung nicht zur evolutionären und partizipativen Entwicklung und Aushandlung von Anforderungen. Die zweite Möglichkeit besteht darin, die Feuchtigkeit zu kanalisieren und zu überbrücken.

Die SeeMe-Methode enthält eine Vielzahl von Konzepten, die man zur Erweiterung anderer Modellierungsmethoden verwenden kann. Aufgrund der Vielzahl der Konzepte haben wir uns entschlossen, sie anhand einer neu zu entwerfenden Methode zu demonstrieren, da eine komplette Integration in eine bestehende Methode diese völlig verfremdet hätte.

Literatur

[BoJR98] Booch, G.; Jacobson, I.; Rumbaugh, J.: The Unified Modeling Language User Guide. Reading, Mass. et al.: Addison Wesley 1998.

[Gogu94] Goguen, J. A.: Requirements Engineering as the Reconcilation of Technical and Social Issues. In: Jirotka, M.; Goguen, J. A. (eds.): Requirements Engineering: Social and Technical Issues. London et al.: Academic Press 1994. S. 165-200.

[Gruh91] Gruhn, V.: Validation and Verification of Software Process Models. Forschungsbericht Nr. 394/1991. (Dissertation). Dortmund: Universität Dortmund 1991.

[GrBe96] Green, T.R.G.; Benyon, D. R.: The skull beneath the skin: entity-relationship models of information artifacts. In: Int. J. Human-Computer Studies **44** (1996) 801-829.

[Hare87] Harel, D.: Statecharts: A Visual Formalism for Complex Systems. In: Science of Computer Programming **8** (1987) 231-274.

[Herr86] Herrmann, Th.: Zur Gestaltung der Mensch-Computer-Interaktion: Systemerklärung als kommunikatives Problem. Tübingen: Niemeyer. 1986.

[Herr97] Herrmann, Th.: Communicable Models for Cooperative Processes. In: Slavendy, G. (ed.): HCI International '97. Proceedings of the 7th International Conference on Human-Computer Interaction, San Francisco. Amsterdam: Elsevier 1997. S. 185-188.

[Herr99] Herrmann, Th.: Flexible Präsentation von Prozeßmodellen. In Proceedings der 9. Fachtagung Software-Ergonomie '99. Design von Informationswelten. (Im Erscheinen)

[KFRC93] Kraut, R. E.; Fish, R. S.; Root, R. W.; Chalfonte, B. L.: Informal Communication in Organizations: Form, Function, and Technology. In: Baecker: Readings in Groupware and Computer-Supported Cooperative Work. Morgan Kaufman 1993. S.145-199.

[Kuut92] Kuutti, K.: Identifying Potential CSCW Applications by Means of Activity Theory Concepts: A Case Example. In: Turner, J.; Kraut, R. (eds.): CSCW '92. Sharing Perspectives. Proceedings of the Conference on Computer-Supported Cooperative Work. ACM 1992. S. 233-240.

[Nyga86] Nygaard, K.: Program Development as a Social Activity. In: Kugler, H.-J (ed.) Information Processing 86. Elsevier Science Publisher B.V. 1986. S. 189-198.

[Ober87] Oberquelle, H. (1987): Sprachkonzepte für benutzergerechte Systeme. Berlin: Springer 1987.

[Rose96] Rosemann, M.: Komplexitätsmangement in Prozeßmodellen. Methodenspezifische Gestaltungsempfehlungen für die Informationsmodellierung. Wiesbaden: Gabler 1996.

[Sche98] Scheer, August-Wilhelm: ARIS-Modellierungsmethoden, Metamodelle, Anwendungen. 3. Aufl. Berlin et al.: Springer 1998.

[Schü98] Schütte, R.: Vergleich alternativer Ansätze zur Bewertung der Informationsqualität. In: Proceedings der Fachtagung MobIS'98. Informationssystem Architekturen. Rundbrief des GI Fachausschusses 5.2. 5. Jg., Heft 2 (1998) 49-55.

[Sill96] Sillince, J. A. A.: A Model of Social, Emotional and Symbolic Aspects of Computer-Mediated Communication within Organizations. In: CSCW Vol. 4 (1995). Kluwer Academic Pub. 1996. S. 1-32.

Metamodellierung im Geschäftsprozeßmanagement: Konzepte, Erfahrungen und Potentiale

Harald Kühn*, Stefan Junginger*, Dimitris Karagiannis*, Carsten Petersen**

*: Universität Wien	**: BOC GmbH
Abteilung Knowledge Engineering	Abteilung Entwicklung
Brünnerstr. 72	Bäckerstr. 5/3
A-1210 Wien, Österreich	A-1010 Wien, Österreich
hkuehn I sjung I dk @dke.univie.ac.at	development@boc-eu.com

Zusammenfassung

Metamodellierungskonzepte wurden in den letzten Jahren vor allem im CASE-Bereich erarbeitet und in Werkzeuge umgesetzt. Gerade das Geschäftsprozeßmanagement stellt demgegenüber einen fast noch reizvolleren Anwendungsbereich für die Metamodellierung dar: Dort ist es besonders hilfreich, branchen-, unternehmens- oder aufgabenspezifisches Wissen bereits in den Modellierungstechniken selbst abzubilden. Zudem ist – im Unterschied zur IT-Ebene – gerade für die fachliche Modellierung eine Standardisierung wenig sinnvoll und auch kaum zu erwarten. Das vorliegende Papier stellt dazu anhand des Werkzeuges ADONIS[1] Metamodellierungskonzepte für das Geschäftsprozeßmanagement vor. Ausgehend von einer Einbettung der Metamodellierung in die Methodendefinition werden das Meta^2-Modell (Metametamodell) von ADONIS und Mechanismen für die Definition der Ablaufsemantik von Prozeßmodellierungstechniken vorgestellt. Anschließend werden Konzepte für die Adaption von modellauswertenden Komponenten und deren Zusammenspiel mit den Metamodellierungskonzepten am Beispiel der Analyse- und der Simulationskomponente erklärt. Das Papier schließt mit der Diskussion von praktischen Erfahrungen und einem Ausblick auf zukünftige Forschungsthemen.

1 Einleitung

Metamodellierungskonzepte wurden in den letzten Jahren vor allem im CASE-Bereich erarbeitet und in Werkzeuge umgesetzt (Smolander et al. 1991; Findeisen 1994; Ebert et al. 1997). Gerade das Geschäftsprozeßmanagement[2] stellt demgegenüber einen fast noch reizvolleren Anwendungsbereich für die Metamodellierung dar: Dort ist es beson-

---

[1] ADONIS ist ein eingetragenes Warenzeichen der BOC GmbH, alle anderen im vorliegenden Papier genannten Produkte sind eingetragene Warenzeichen der jeweiligen Hersteller. ADONIS basiert auf von der BPMS-Gruppe der Universität Wien erarbeiteten Forschungsergebnissen und wird von der BOC GmbH entwickelt und vertrieben.

[2] Wir verstehen unter Geschäftsprozeßmanagement sämtliche Tätigkeiten einer Organisation, die sich auf ihre Geschäftsprozesse beziehen. Für die Vorstellung eines Rahmenwerks für das Geschäftsprozeßmanagement, dem BPMS-Paradigma, siehe beispielsweise (Karagiannis et al. 1996). Im vorliegenden Papier werden die Unterschiede zwischen der Modellierung von Geschäftsprozessen und der Modellierung von Workflows nur ansatzweise diskutiert, deshalb wird der Einfachheit halber von Prozessen gesprochen. Für eine weitergehende Betrachtung der Gemeinsamkeiten und Unterschiede zwischen Geschäftsprozessen und Workflows siehe ebenfalls (Karagiannis et al. 1996).

ders hilfreich, branchen-, unternehmens- oder aufgabenspezifisches Wissen bereits in den Modellierungstechniken selbst abzubilden (Oberweis et al. 1998). Die Modellierung von Prozessen wird beispielsweise für Anwendungsbereiche wie Reorganisationsvorhaben (Business Process Reengineering), Qualitätsmanagement, Einführung von Workflow-Management-Systemen, Einführung von Standard-Software u.v.a.m. durchgeführt (Hammer und Champy 1993; Davenport 1993; Karagiannis 1994; WfMC 1997). Diese unterschiedlichen Einsatzbereiche erklären, warum in der Praxis verschiedenste Techniken für die Prozeßmodellierung genutzt werden und auch kaum zu erwarten ist, daß sich hierfür ein Standard durchsetzen wird.[3] Vorschläge für Prozeßmodellierungstechniken finden sich beispielsweise in (Keller et al. 1992; Leymann und Altenhuber 1994; Ferstl und Sinz 1995; Oberweis 1996; Rational 1997, S. 121ff; Kaschek 1998; WfMC 1998; BOC 1999).

Bei der Umsetzung von Metamodellierungskonzepten für das Geschäftsprozeßmanagement in Werkzeuge ist besonders zu beachten, daß dort neben eher statisch orientierten Modellen, wie beispielsweise Organisations- oder Produktmodellen, auch die inhärente Dynamik von Prozeßmodellen berücksichtigt werden muß. So ist beispielsweise für Mechanismen wie Simulation und Workflow-Schnittstellen eine Definition der Ablaufsemantik[4] erforderlich.[5] Das vorliegende Papier stellt dazu anhand des Geschäftsprozeßmanagement-Werkzeugs[6] ADONIS Metamodellierungskonzepte für das Geschäftsprozeßmanagement vor, diskutiert die mit ihnen gewonnenen Praxiserfahrungen und gibt einen Ausblick auf zukünftige Forschungsthemen. ADONIS kann ohne Programmieraufwand vom Anwender selbst konfiguriert werden und basiert auf einem ausgeprägten Metamodellierungskonzept (BOC 1999). Das sogenannte *ADONIS-Customizing* erfordert maximal einige Personentage und umfaßt neben der Metamodellierung auch eine Adaption und Definition modellauswertender Mechanismen.[7]

Die Abb. 1 zeigt die im vorliegenden Papier verwendeten Begrifflichkeiten und deren Zusammenspiel. Eine *Methode* besteht aus drei wesentlichen Elementen: Den zu verwendenden *Modellierungstechniken*, den zu nutzenden *Techniken und Algorithmen* und

---

[3] Die Workflow Management Coalition, ein Herstellergremium im Bereich der Workflow-Technologie, arbeitet derzeit an der Sprache WPDL (Workflow Process Definition Language); diese fokussiert jedoch auf die Workflow-Technologie und soll nur als Austauschformat dienen (WfMC 1998). In der inzwischen als Marktstandard für die objektorientierte Modellierung etablierten Unified Modeling Language (UML) sind als ein Diagrammtyp sogenannte „Activity Diagrams" für die Prozeßmodellierung enthalten (Rational 1997, S. 121ff). Jedoch werden in der Spezifikation keine Aussagen über die Ablaufsemantik und das Zusammenspiel von Activity Diagrams mit den anderen UML-Diagrammtypen gemacht.

[4] Prozeßmodelle lassen sich in Anlehnung an Curtis et al. (1992) durch funktionale, dynamische, organisatorische und inhaltliche Sichten charakterisieren (Jablonski 1994). Die dynamische Sicht („Wann wird welche Aktivität durchgeführt?") entspricht der Ablaufsemantik.

[5] Im vorliegenden Papier wird damit die Auffassung vertreten, daß auch für die Modellierung von Geschäftsprozessen eine klare Definition der Ablaufsemantik erforderlich ist. Trotzdem kann die verwendete Modellierungstechnik – beispielsweise aus Sicht der Informationstechnologie – semi-formale Elemente enthalten.

[6] Als Geschäftsprozeßmanagement-Werkzeuge bezeichnen wir Werkzeuge für die fachliche Gestaltung, Analyse und Evaluation von Geschäftsprozessen, Organisationsstruktur u.ä. Dabei bieten Geschäftsprozeßmanagement-Werkzeuge u.a. auch Schnittstellen für die organisatorische und/oder informationstechnische Umsetzung der erstellten Modelle.

[7] Gerade bei einem kommerziellen Werkzeug sind möglichst einfache und schnelle Metamodellierungs- und Konfigurationsmöglichkeiten natürlich besonders wichtig.

dem *Vorgehensmodell* (Oberweis et al. 1998). Sie wird von dem sogenannten *Methoden-Engineer* definiert. Dieses Papier fokussiert auf die Modellierung und deren Zusammenspiel mit Techniken und Algorithmen für die Auswertung von Modellen, Vorgehensmodelle werden hier nicht diskutiert. Eine Modellierungstechnik wird durch ein *Metamodell* beschrieben. Aus Sicht der Metamodellierung ist dieses Metamodell eine Ausprägung des sogenannten $Meta^2$-*Modells* (*Metametamodells*).

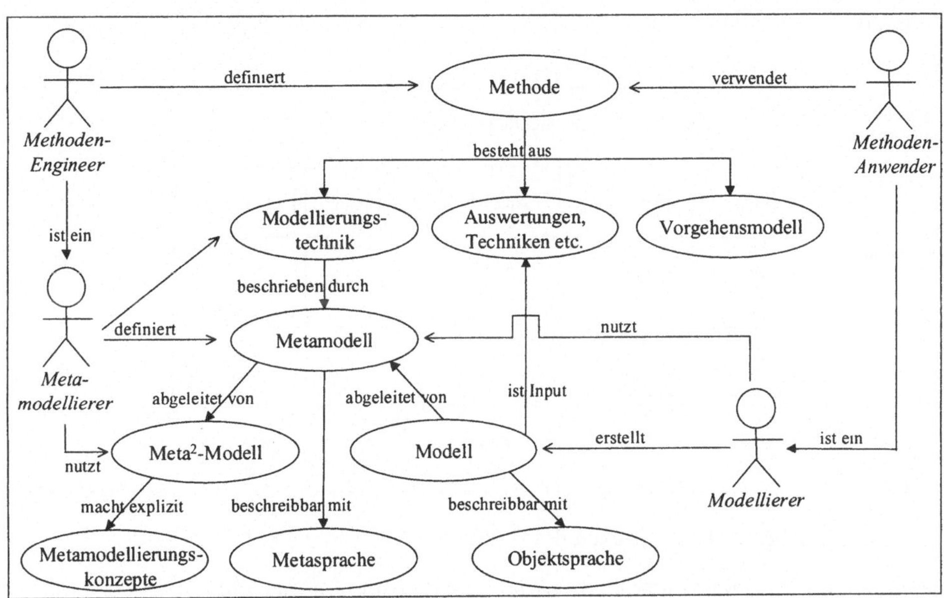

Abb. 1: Begrifflichkeiten des vorliegenden Papiers und deren Zusammenspiel

Das Papier ist wie folgt gegliedert: In Kapitel 2 wird ausgehend von dem $Meta^2$-Modell ein Überblick über die Metamodellierungskonzepte von ADONIS gegeben. Anschließend werden in Kapitel 3 zwei Ansätze für die Definition der Ablaufsemantik vorgestellt. Kapitel 4 erklärt das Zusammenspiel zwischen modellauswertenden Anwendungskomponenten und den Metamodellierungskonzepten. Das Papier schließt in Kapitel 5 mit einer Diskussion der Erfahrungen und Potentiale der vorgestellten Konzepte und einem Ausblick auf zukünftige Forschungsthemen.

2 Objektorientierte Metamodellierungskonzepte in ADONIS

Die folgenden Abschnitte 2.1 bis 2.3 geben einen Überblick über die Architektur des Geschäftsprozeßmanagement-Werkzeugs ADONIS und die zur Verfügung gestellten Metamodellierungskonzepte. Es wird dabei erklärt, wie in ADONIS quasi beliebige Modellierungstechniken – die nicht auf die Prozeßmodellierung beschränkt sein müssen – definiert werden können. In Abschnitt 2.4 werden Mechanismen zur Metamodellevolution und Modellmigration beschrieben. Man kann damit die in Kapitel 2 vorge-

stellten Konzepte als die Syntaxdefinition von Modellierungstechniken bezeichnen, die
Kapitel 3 und 4 behandeln die Semantik von Modellierungstechniken.

2.1 ADONIS-Architektur

ADONIS besteht aus dem Administrations-Toolkit, dem Werkzeug für den Methoden-
Engineer bzw. den ADONIS-Administrator, und dem Geschäftsprozeßmanagement-
Toolkit, dem Werkzeug für den Methoden-Anwender (vgl. auch Abb. 1).[8]

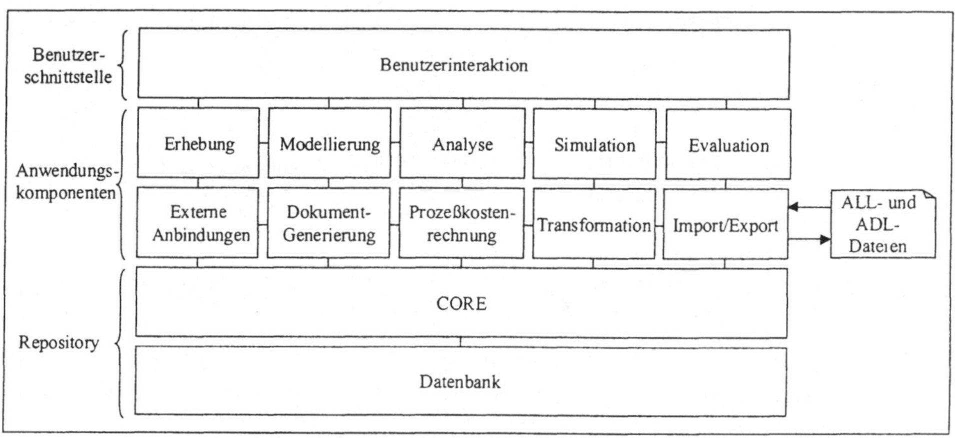

Abb. 2: Die Architektur des Geschäftsprozeßmanagement-Toolkits

Die Architektur der beiden Toolkits besteht aus jeweils drei Schichten. Abb. 2 zeigt die
Architektur des Geschäftsprozeßmanagement-Toolkits (das Administrations-Toolkit hat
eine entsprechende Architektur). Die erste Schicht ist die Benutzerschnittstelle, die für die
Interaktion mit dem Anwender verantwortlich ist. Die zweite Schicht, die Anwendungskomponenten, stellen Funktionalitäten wie (graphische) Modellierung, Analyse, Simulation etc. zur Verfügung. Die dritte Schicht – das Repository – besteht aus dem sogenannten CORE und der Datenbank[9]. Der CORE ist das Modellierungssubsystem, welches die
(Meta-) Modellierungskonzepte realisiert und in Verbindung mit der Datenbank persis-
tiert. Der CORE greift auf die Datenbank zu und stellt den Anwendungskomponenten
APIs für den (Meta-) Modellzugriff zur Verfügung.

Die im folgenden vorgestellten Metamodellierungskonzepte werden neben graphischen
Abbildungen auch durch Ausschnitte aus den ADONIS-Sprachen ALL (ADONIS Library
Language) und ADL (ADONIS Definition Language) verdeutlicht. ALL repräsentiert die
Metamodell- und ADL die Modellinformationen (vgl. auch Abb. 3). Nach Strahinger

---

[8] Im vorliegenden Papier werden, wenn mehr als die reine (Meta-) Modellierung gemeint ist, die Begriffe
Methoden-Engi-neer bzw. Methoden-Anwender verwendet, ansonsten wird vom Metamodellierer bzw.
Modellierer gesprochen.
[9] ADONIS unterstützt die relationalen Datenbanksysteme DB2, Oracle, Informix und MS SQL Server. Aus
Performance-gründen werden derzeit (noch) keine objektorientierten Datenbanksysteme genutzt.

(1998) können damit ALL als Metasprache und ADL als Objektsprache bezeichnet werden. Dabei ist zu beachten, daß auch die Metamodellierung (größtenteils) mittels einer graphischen Oberfläche erfolgt. Die Sprachen ALL und ADL muß der Methoden-Anwender bzw. der Modellierer nicht kennen oder beherrschen, sie dienen dem Austausch von (Meta-) Modellbeschreibungen.[10] Dadurch wird einerseits die Unabhängigkeit von konkreten Datenbanksystemen sichergestellt, andererseits stehen hierdurch offene Schnittstellen zu anderen Werkzeugen zur Verfügung. Auf weitere in ADONIS realisierte Mechanismen wie die Abbildung objektorientierter Strukturen in relationale Datenbanken und die Realisierung von Client/Server- und Mehrbenutzermechanismen wird im folgenden aus Platzgründen nicht eingegangen. Weiterführende Erläuterungen der ADONIS-Architektur und einzelner Anwendungskomponenten finden sich in (Herbst et al. 1997; Junginger et al. 1998; BOC 1999).

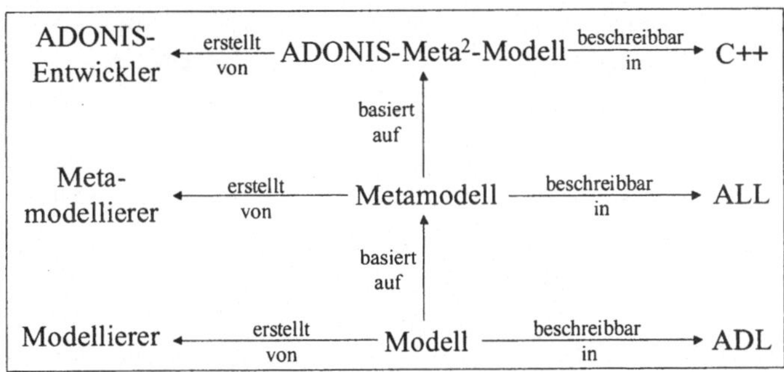

Abb. 3: Zusammenspiel der ADONIS-Benutzertypen, -Modellierungshierarchie und -Sprachen

2.2 Die Modellierungshierarchie

Die Metamodellierungskonzepte in ADONIS erlauben die Definition von standardisierten oder benutzerspezifischen Modellierungstechniken ohne Programmieraufwand. Abb.4 zeigt dazu einen Ausschnitt des Meta^2-Modells von ADONIS (der Übersicht wegen wurden einige Beziehungsnamen und Kardinalitäten weggelassen). Eine Modellierungstechnik besteht dabei aus einem oder mehreren Modelltypen. Ein Modelltyp ist durch seine Modellierungsklassen (Modellierungssymbole), seine Beziehungstypen (Modellierungskanten) und seine Modellsichten gekennzeichnet (Modellsichten sind der Übersicht halber in Abb. 4 nicht enthalten). Hierdurch lassen sich beispielsweise spezifisch auf einen Anwendungsbereich zugeschnittene Modellierungstechniken realisieren, die in hohem Maße Domänenwissen berücksichtigen. Die ADONIS-Modellierungshierarchie besteht damit aus drei Ebenen: der Meta^2-Modellebene, der Metamodellebene und der Modellebene, wobei sich die Metamodellebene in die ADONIS-Metamodellebene und die Bibliotheksebene untergliedert (vgl. Abb. 5). In der *Meta^2-Modellebene* sind die inhärenten Metamodellierungskonzepte wie „Metamodell", „Klasse", „Subklasse", „Beziehungstyp", „Attribut", „Facette" etc. abgebildet (vgl. Abb. 4).

---

[10] Ein ähnlicher Ansatz wird von der Electronic Industries Association (EIA) mit dem CASE Data Interchange Format (CDIF) im Bereich der CASE-Werkzeuge verfolgt (EIA CDIF 1994).

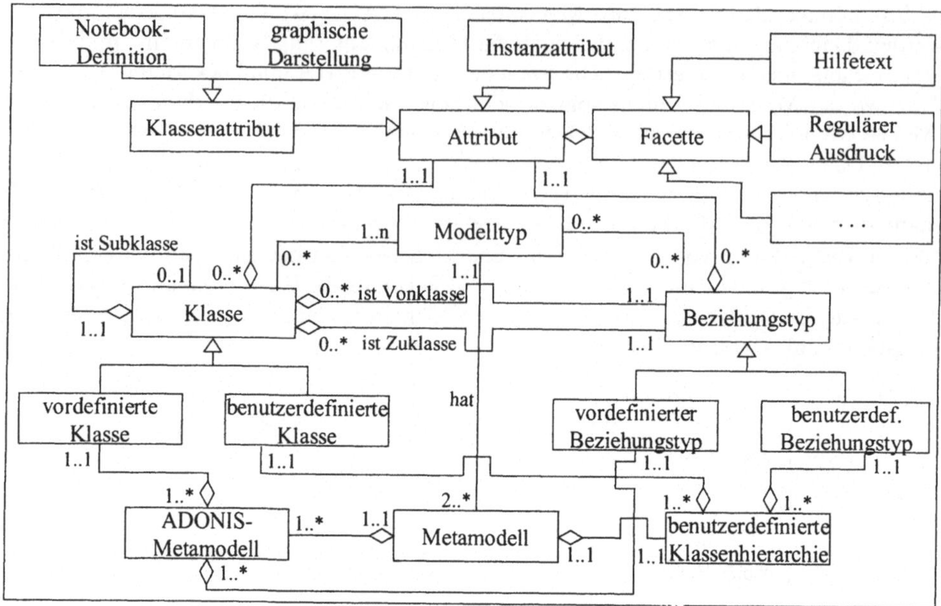

Abb. 4: Ausschnitt des ADONIS-Meta^2-Modells

Ein Metamodell wird mit den im Meta^2-Modell zur Verfügung stehenden Konzepten beschrieben. Das *ADONIS-Metamodell* definiert Klassen und Beziehungstypen, welche innerhalb von ADONIS Semantik vorgeben (vgl. Kapitel 3). Auf Bibliotheksebene wird durch Subklassenbildung und Definition von Beziehungstypen ein benutzerspezifisches Metamodell erstellt (siehe auch Abb. 6 rechts). Ein Metamodell wird in ADONIS auch als *Anwendungsbibliothek* bezeichnet und vom Metamodellierer (ohne Programmieraufwand) erstellt.[11] In einer ADONIS-Datenbank können beliebig viele Anwendungsbibliotheken verwaltet werden. Neben neuen Klassen, Beziehungen und Attributen können in einer Anwendungsbibliothek Modellabhängigkeiten wie Hierarchisierung, Aggregation, Rekursion und Variantenbildung auf Basis von modellübergreifenden Referenzen definiert werden. Aufgrund der in der Bibliotheksebene vorgegebenen Modellierungskonzepte und Konsistenzregeln erstellt der Modellierer in der dritten Ebene – *der Modellebene* – den Modelltypen entsprechende Modelle. Die Modellierung kann graphisch und tabellarisch erfolgen. Abb. 7 zeigt dazu zwei ADONIS-Konfigurationen, auf der linken Seite wird die ADONIS-Standardprozeßmodellierungstechnik dargestellt (BOC 1999), auf der rechten Seite Activity Diagrams (Rational 1997, S. 121ff).

Um anwender- und domänenspezifische Sichten zu ermöglichen, können auf den Modelltypen inhalts- und strukturorientierte Sichten definiert werden. *Inhaltsorientierte Sichten* stellen Modellierungsobjekte und -beziehungen in Abhängigkeit ihrer Attributbelegungen

---

[11] Man beachte die Trennung zwischen „Metamodell" und „ADONIS-Metamodell": Ein (benutzerspezifisches) „Meta-modell" ergibt sich aus dem ADONIS-Metamodell und einer (benutzerdefinierten) Klassenhierarchie.

dar.[12] Beispielsweise können Bearbeiter in einem Arbeitsumgebungsmodell in Abhängigkeit von ihrem Typ (intern, extern, freier Mitarbeiter etc.) graphisch verschiedenartig dargestellt werden. *Strukturorientierte Sichten* stellen nur bestimmte Substrukturen eines Modells zur Verfügung. Beispielsweise können Teile eines Prozeßmodells ausgeblendet oder vollständige Submodelle ausgetauscht werden (Variantenbildung).

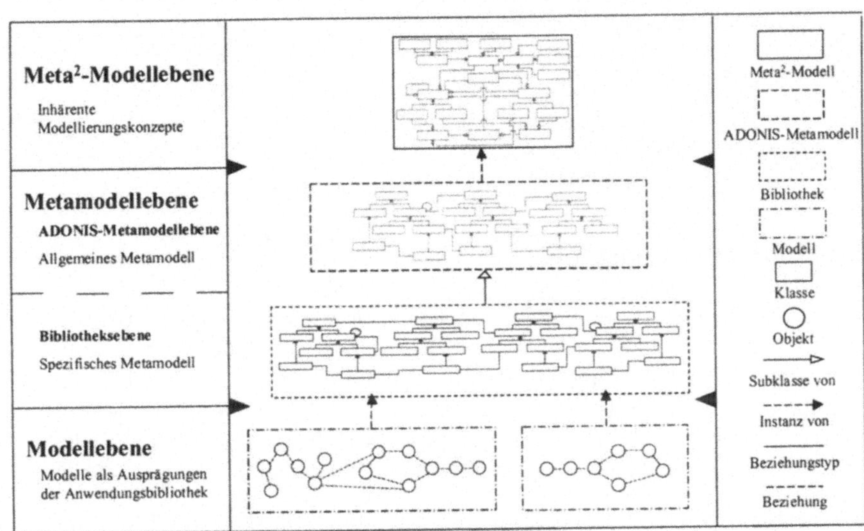

Abb. 5: Die ADONIS-Modellierungshierarchie

Modelltypdefinition	Klassen-, Beziehungs- und Attributdefinition
```MODELTYPE "Geschaftsprozeßmodell" plural:"Geschäftsprozeßmodelle" MODE "Standard" INCL "Prozeßstart" INCL "Prozeßaufruf" INCL "Aktivität" INCL "Ressource" INCL "Entscheidung" INCL "Parallelität" INCL "Vereinigung" INCL "Ende" INCL "Nachfolger" INCL "benòtigt"```	```CLASS <Aktivität> : <__Aktivität__> //... ATTRIBUTE <Bearbeitungszeit> TYPE TIME VALUE "00:000:00:00:00" CLASS <Ressource> : <__BP_Ressource__> //... ATTRIBUTE <Kosten> TYPE DOUBLE VALUE 0.0 RELATIONCLASS <benötigt> FROM <Aktivität> TO <Ressource> //... ATTRIBUTE <Verwendungskontext> TYPE STRING VALUE ""```

Abb. 6: ALL-Ausschnitt einer Bibliotheksdefinition

---

[12] Diese attributabhängigen graphischen Darstellungen können mit dekorativen Stereotypen (Joos et al. 1998) verglichen werden, bieten gegenüber diesen jedoch den Vorteil, daß der Metamodellierer die dem Modellierer zur Verfügung stehenden Darstellungen vorgibt und dadurch eine „Notationsexplosion" ausgeschlossen wird.

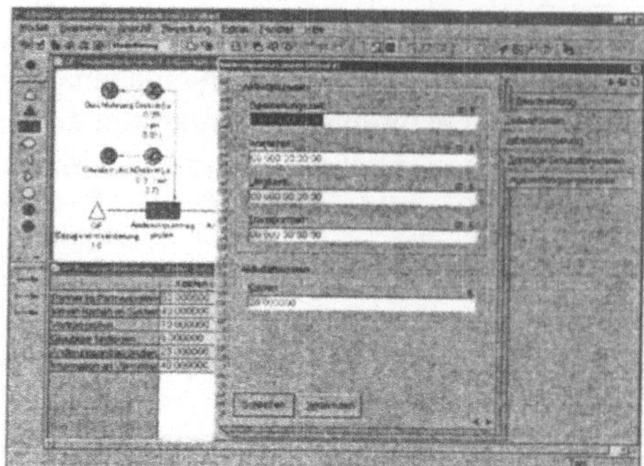 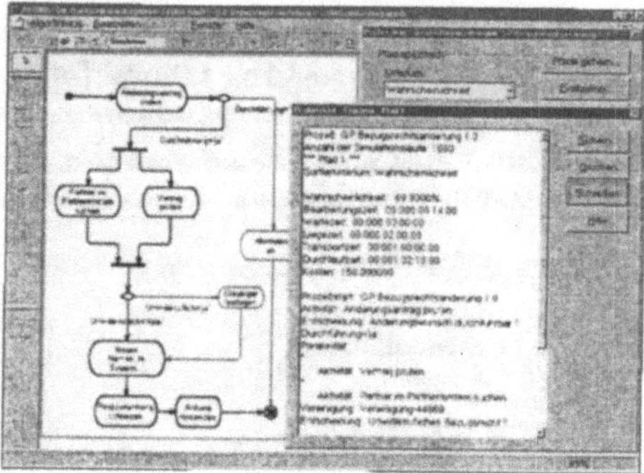

Abb. 7: Zwei ADONIS-Konfigurationen

2.3 Attributierungskonzepte

Die Eigenschaften von Klassen und Beziehungstypen werden in Form von Attributen hinterlegt. Die Attributierung der Klassen und Beziehungstypen kann vom Metamodellierer beliebig definiert werden. Während der Modellierung werden dem Modellierer bei den Ausprägungen der Klassen und Beziehungstypen – den Objekten und Beziehungen – die Attribute in Form von *ADONIS-Notebooks* präsentiert (siehe Abb. 7 links). Jedes Attribut wird entsprechend seinem Datentyp visualisiert und bearbeitet.

Attribute werden in Klassen- und Instanzattribute unterschieden. Ein *Klassenattribut* ist eine Eigenschaft, die für alle Objekte dieser Klasse den identischen Wert besitzt. Klassenattribute unterstützen die einheitliche und konsistente Definition von Eigenschaften unabhängig von den einzelnen Objekten einer Klasse. Beispielsweise sind der Hilfetext, das graphische Aussehen oder die Notebookbeschreibung für die Objekte einer Klasse jeweils in einem Klassenattribut abgelegt (siehe Abb. 7 und Abb. 8 jeweils links). *Instanzattribute* sind objekt-bzw. beziehungsindividuelle Eigenschaften. Ein Instanzattribut besitzt für jedes Objekt bzw. für jede Beziehung einen spezifischen Wert. Beispielsweise sind die Bearbeitungszeit, die Kosten oder eine spezifische Kennung Instanzattribute der Klasse „Aktivität".

Beschreibung eines Notebooks	Definition von Facetten
<pre>CLASSATTRIBUTE <AttrRep>
   VALUE "NOTEBOOK
   //...
   CHAPTER "Simulationsdaten"
   //...
   GROUP "Zeiten"
   ATTR "Bearbeitungszeit"
   ATTR "Wartezeit"
   ATTR "Liegezeit"
   ATTR "Transportzeit"
   ENDGROUP
   ATTR "Kosten"
   GROUP "Prozeßkostenanalyse"
   ATTR "EDV-Transaktionskosten"
   ATTR "EDV-Batch-Kosten"
   ATTR "Druckkosten"
   ATTR "Versandkosten"
   ENDGROUP"</pre> | <pre>ATTRIBUTE <Aktivitätskennung>
TYPE STRING

   FACET <AttributeHelpText>
   VALUE "Geben Sie die
   Aktivitätskennung ein. Eine
   Aktivitätskennung beginnt immer
   mit einem 'A'."

   FACET <AttributeRegularExpression>
   VALUE "REGEXP
   message:"Gültige Attributwerte
   beginnen immer mit einem großen
   'A'."
   expression:"^A.*""</pre> |

Abb. 8: ALL-Ausschnitt für die Definition von Attributen und Facetten

Attribute werden durch eine datentypspezifische Menge von Facetten beschrieben. Eine *Facette* ist eine Eigenschaft eines Attributs. Beispielsweise werden der gültige Wertebereich eines Aufzählungsattributs durch eine Wertebereich-Facette und das erlaubte Wertintervall bei einem numerischen Attribut durch eine Intervall-Facette beschrieben. Bei Attributen vom Typ STRING kann durch die Definition von regulären Ausdrücken in der entsprechenden Facette das Eingabeformat konfiguriert werden (siehe Abb. 8 rechts).

2.4 Metamodellevolution und Modellmigration

Die Rahmenbedingungen und Ziele, für die Unternehmensmodelle erstellt werden, ändern sich sowohl mit den von einem Unternehmen verfolgten Strategien und Vorgehensweisen als auch in Abhängigkeit von externen Faktoren. Voraussetzung für ein permanentes Geschäftsprozeßmanagement ist daher die Evolutionsfähigkeit von Methoden und Werkzeugen (siehe auch Kapitel 5). Im folgenden wird kurz auf Evolutionsmechanismen aus Sicht der Metamodellierung eingegangen. Für die *Metamodellevolution*, d.h. zur Anpassung der Modellierungstechnik an geänderte Rahmenbedingungen, Ziele und Vorgehensweisen, und für die *Modellmigration*, d.h. zur Überführung von Modellen eines Metamodells M1 auf ein Metamodell M2, stehen in ADONIS Online- und Offline-Mechanismen zur Verfügung. Diese Mechanismen gewährleisten eine Adaption der Modellierungstechnik an geänderte Anforderungen.

Die Online-Mechanismen erlauben die Metamodellevolution bzw. Modellmigration während des laufenden Betriebs von ADONIS, d.h. während der Arbeit des Modellierers. Hierdurch können online beispielsweise die in Abschnitt 2.2 erläuterten Modellsichten und Modellierungsnotationen angepaßt oder die in Abschnitt 2.3 beschriebenen Wertebereichsdefinitionen geändert werden. Modelle können zwischen verschiedenen Modellierungstechniken im- und exportiert werden. Eine – im Vergleich zu statisch orientierten Modellen – anspruchsvolle Aufgabe stellt die Modellmigration zwischen verschiedenen Prozeßmodellierungstechniken dar. Dazu stehen in ADONIS Werkzeuge zur Verfügung, die auf ähnlichen Konzepten beruhen wie die ADONIS-Workflow-Transformation (Junginger 1996).

Die Offline-Mechanismen unterstützen den Metamodellierer bei der strukturellen Änderung einer Modellierungstechnik. Beispielsweise können Klassen, Beziehungstypen und Attribute neudefiniert oder aus bestehenden Modellierungstechniken entfernt werden.

3 Definition der Ablaufsemantik

Im folgenden werden in den Abschnitten 3.1 und 3.2 zwei Ansätze für die Definition der Ablaufsemantik vorgestellt. Diese beruhen auf den in Kapitel 2 vorgestellten Konzepten im Sinne einer Syntaxdefinition der Prozeßmodellierungstechnik. Die Definition der Prozeßsemantik umfaßt in der Regel auch Aspekte wie die Delegation der Aktivitäten an Bearbeiter u.ä., auf diese wird hier aus Platzgründen nicht näher eingegangen.

3.1 Einordnung in semantische Schemata

Ein Ansatz für die Semantikdefinition besteht darin, im Rahmen der Metamodellierung die benutzerdefinierten Klassen in ein vordefiniertes, festes Schema, im folgenden als *semantisches Schema* bezeichnet, abzubilden. Die Mechanismen sind damit auf diesem festen, zum Implementierungszeitpunkt bekannten, Schema realisiert. Zur Laufzeit werden somit die Instanzen der benutzerdefinierten Klassen auf die Inhalte des semantischen Schemas zurückgeführt. In ADONIS wird dieser Mechanismus für die Definition der Prozeßsemantik genutzt. So ist beispielsweise die Prozeßsteuerung der Simulationskomponente auf dem ADONIS- Metamodell implementiert (Herbst et al. 1997). Dies bedeutet, daß das semantische Schema durch das ADONIS-Metamodell repräsentiert wird und die Abbildung „automatisch" durch die entsprechende Subklassenbildung erfolgt. So enthält das ADONIS-Metamodell beispielsweise Klassen wie Aktivität, Prozeßstart, Entscheidung, Parallelität, Vereinigung, Ereignis etc. Bei der Definition einer Anwendungsbibliothek kann beispielsweise eine Subklasse „XOR" von der ADONIS-Metamodellklasse „Entscheidung" gezogen werden, eine Subklasse „AND" von der Klasse „Parallelität" etc. Dieser Mechanismus erlaubt es somit, in ADONIS beispielsweise ereignisgesteuerte Prozeßketten (Keller et al. 1992) oder auch Activity Diagrams (Rational 1997, S. 121ff) zu simulieren (vgl. Abb. 7 rechts).[13]

Die ADONIS-Workflow-Transformationskomponente beruht auf dem gleichen Mechanismus. Eine nähere Beschreibung findet sich in (Junginger 1996).

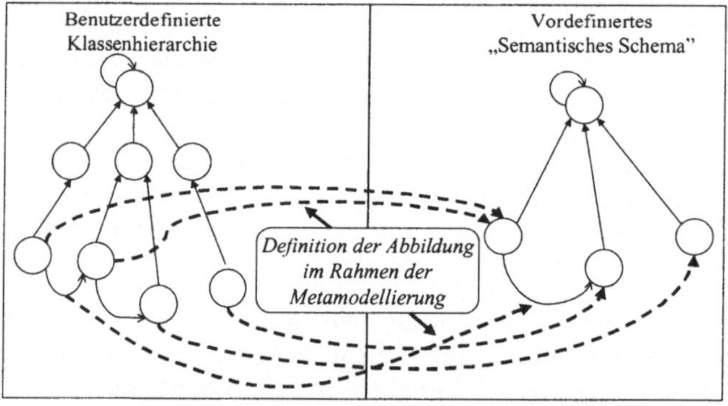

Abb. 9: Abbildung in ein „semantisches Schema".

3.2 Operationelle Prozeßsemantiken

Ein anderer Ansatz für die Definition der Ablaufsemantik besteht darin, eine operationelle Prozeßsemantik zu spezifizieren. Dies kann beispielsweise durch die Formulierung von „Regeln" erfolgen, die festlegen, wie die Modelle von einer Ausführungsmaschine –

---

[13] Ereignisgesteuerte Prozeßketten besitzen an sich keine klar definierte Ablaufsemantik (Rump 1997). Durch die Art und Weise, wie diese in ADONIS simuliert werden, wird jedoch eine solche definiert. Dasselbe gilt auch für Activity Diagrams.

beispielsweise der Prozeßsteuerung einer Simulationskomponente – ausgeführt werden sollen. Ein Beispiel einer solchen operationellen Prozeßsemantik findet sich in (Junginger 1998). Solche Ansätze besitzen eine größere Mächtigkeit als die Einordnung in ein semantisches Schema, da im Vergleich dazu die Prozeßausführungsmechanismen nicht zum Implementierungszeitpunkt explizit realisiert werden müssen. Es ist jedoch zu berücksichtigen, daß der Metamodellierer genaue Kenntnisse über den Abarbeitungsalgorithmus der Ausführungsmaschine besitzen muß und die Prozeßsemantik für eine Workflow-Transformation in einer nur schwer auswertbaren Form vorliegt.[14]

4 Zusammenspiel zwischen Anwendungskomponenten und Metamodellierungskonzepten

Das Zusammenspiel zwischen modellauswertenden Komponenten wie Analyse, Simulation, Dokumentgenerierung etc. und den Metamodellierungskonzepten ist durch zwei wesentliche Aspekte gekennzeichnet:

1. Um zu gewährleisten, daß Anwendungskomponenten jedes benutzerdefinierte Metamodell bzw. die mit ihm erstellten Modelle auswerten können, arbeiten die Anwendungskomponenten auf den Konzepten des $Meta^2$-Modell (vgl. Abb. 10). Je nach Anwendungskomponente kann diese Funktionalität für den Benutzer jedoch zu abstrakt sein, so daß weitergehende Adaptions- oder Definitionsmechanismen erforderlich sind.
2. Die Definition einer Methode umfaßt u.a. die zu nutzenden Techniken und Algorithmen (vgl. Abb. 1), so daß gegebenenfalls ausgehend von der definierten Modellierungstechnik die zu nutzenden Techniken und Algorithmen zu definieren sind.

Diese beiden Aspekte werden hier anhand der ADONIS-Komponenten Analyse (Abschnitt 4.1) und Simulation (Abschnitt 4.2) kurz erläutert.

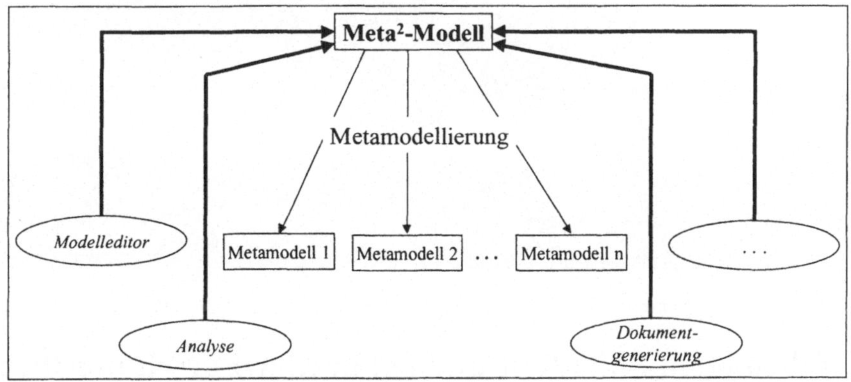

Abb. 10: Bezug von Anwendungskomponenten auf das $Meta^2$-Modell

---

[14] Diese beiden Punkte waren die Hauptgründe, warum bei der Realisierung von ADONIS die Einordnung in ein semantisches Schema als Mechanismus für die Definition der Prozeßsemantik gewählt wurde.

4.1 Analysekomponente

Die Analysekomponente erlaubt die statische Modellauswertung auf Basis von Abfragen. Abfragen werden mit der objektbasierten Abfragesprache AQL (ADONIS Query Language) fomuliert (BOC 1999). AQL arbeitet auf den durch das Meta^2-Modell vorgegebenen Modellierungskonzepten „Klasse", „Beziehungstyp" und „Attribut" und ist dadurch unabhängig von der Modellierungstechnik, in der die Modelle erstellt sind (vgl. Abb. 10). AQL basiert intern auf SQL und erweitert dieses um die navigierende Suche über die in den Modellen hinterlegten Beziehungen und um rekursive Abfragen. Abfragen können sowohl ad-hoc durchgeführt als auch vordefiniert werden. Diese vordefinierten Abfragen erlauben eine Nutzung der Analyse ohne Kenntnis von AQL (vgl. Punkt 1) sowie die Realisierung der von der Methode geforderten Auswertungen (vgl. Punkt 2).

4.2 Simulationskomponente

Die Simulation unterstützt dynamische Modellauswertungen auf Basis der in Kapitel 3 erläuterten Ablaufsemantik. Die vom Metamodellierer vorgegebenen quantitativen Attribute wie Prozeß- und Bearbeiterkalender, Bearbeitungs-, Liege- und Transportzeiten oder Aktivitäts-, Personal- oder Ressourcenkosten werden durch Einordnung in das semantische Schema der Simulation bekannt gemacht. Hierdurch lassen sich verschiedene Simulationsparameterreihen integriert in den Modellen verwalten und auswerten. Vergleichbar zur Vorgabe von vordefinierten Abfragen in der Analysekomponente kann der Metamodellierer durch Definition von sogenannten *Simulationsagenten* dynamische Auswertungen inklusive der zu benutzenden Berechnungsvorschriften vorgeben (vgl. Abb. 11), die über die vom System angebotenen Ergebnisse hinausgehen (Junginger et al. 1998).

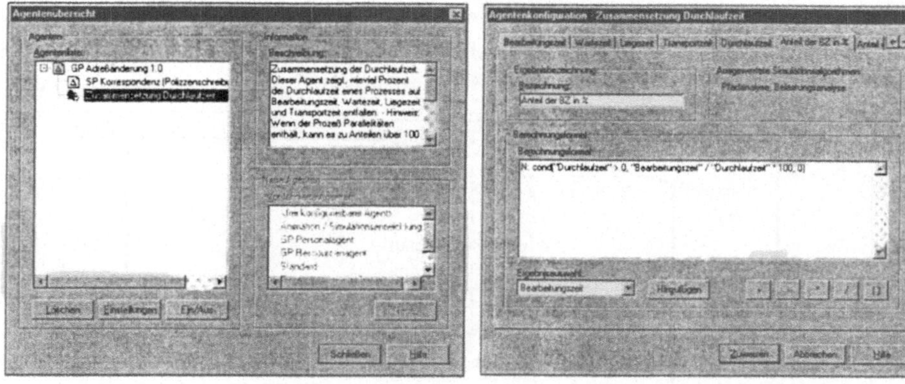

Abb. 11: Definition von dynamischen Auswertungen basierend auf Simulationsagenten

5 Erfahrungen, Potentiale und zukünftige Forschungsthemen

Die mit den vorgestellten Metamodellierungskonzepten einhergehenden Erfahrungen und Einsatzpotentiale mit deren praktischer Anwendung werden in Abschnitt 5.1 beschrieben. Der Abschnitt 5.2 gibt einen Ausblick auf zukünftige Forschungsthemen.

5.1 Erfahrungen und Potentiale

Der Einsatz von ADONIS erfolgt vor allem in Dienstleistungsunternehmen für eine fachliche Abbildung und Untersuchung von Geschäftsprozessen, Produkten, Organisation u.ä. Dabei werden die Metamodellierungsfähigkeiten von ADONIS sehr positiv aufgenommen. Es fällt auf, daß quasi alle ADONIS-Anwender sich bereits seit mehreren Jahren mit Prozessen beschäftigen. Die dabei entstandenen Begrifflichkeiten und (graphischen) Darstellungsformen sind oft sogar unternehmensspezifisch und durch in der Vergangenheit verwendete Werkzeuge oder Kooperationspartner geprägt. In der Regel werden diese Terminologien und Darstellungsformen in ADONIS weiterverwendet. Der auf der IT-Ebene herrschende Standardisierungsdruck, der sich beispielsweise durch die Entwicklung von UML manifestiert hat, ist auf der fachlichen Ebene nicht sichtbar und erscheint auch wenig sinnvoll. Dies liegt vor allem an den unterschiedlichen Einsatzszenarien und Rahmenbedingungen bei der Geschäftsprozeßmodellierung (vgl. auch Kapitel 1).

Weiterhin werden oft ganz spezielle Modellierungstechniken direkt auf die Aufgabenstellungen von Projekten zugeschnitten, beispielsweise für die integrierte, zweistufige Modellierung von Geschäftsprozessen und Workflows bei der Einführung von Workflow-Management-Systemen (Karagiannis et al. 1996) oder für die integrierte Modellierung von Geschäftsprozessen und Legacy Systems. Dies bestätigt die von Oberweis et al. (1998) formulierte These, daß die Entwicklung von allumfassenden Methoden, Modellierungssprachen oder gar Referenzmodellen kaum realistisch ist. Diesbezüglich fällt auf, daß die in der Literatur vorgeschlagenen Modellierungstechniken meist zu kompliziert und theoretisch sind; sie dienen oft eher als „Baukasten", aus dem die für die spezielle Unternehmenssituation relevanten – und leicht verständlichen – Modellierungselemente gewählt werden. Für die Akzeptanz gerade bei einer fachlichen Modellierung muß die Modellierungstechnik schnell und intuitiv verständlich sein. Oft wird bewußt die Modellierung freier gestaltet, indem beispielsweise Kardinalitäten im Rahmen der Metamodellierung nicht definiert werden. Die Konsistenz der Modelle wird „spielerisch" durch die Erstellung simulationsfähiger Modelle sichergestellt. Dies führt zu interessanten Fragestellungen, etwa wie Modellierungsrichtlinien (Becker et al. 1995; Rosemann 1996) so in ein Werkzeug integriert werden können, daß sie nicht zu restriktiv wirken.

Einen weiteren großen Vorteil der vorgestellten Metamodellierungskonzepte sehen wir in der Möglichkeit zur Methodenevolution, d.h. zur Anpassung oder Erweiterung der Methode an geänderte Rahmenbedingungen und Ziele eines Unternehmens. Eine wichtige Voraussetzung dazu ist natürlich die Zuverfügungstellung von Migrationsmechanismen für bereits erstellte Modelle (vgl. Abschnitt 2.4).

Gelegentlich wird das Argument vorgebracht, Werkzeuge wie ADONIS seien zu kompliziert und nicht „fertig", da vor dem Einsatz ein Customizing durchgeführt werde müsse. Diese Argumente greifen unseres Erachtens zu kurz: Der Methoden-Anwender (vgl. Abb. 1) muß die Metamodellierungskonzepte nicht kennen oder beherrschen,[15] im

---

[15] In der Tat ist es so, daß eine Markpositionierung als „Meta-Werkzeug" auf Verständnisprobleme stößt.

Gegenteil, eine ADONIS-Konfiguration ist meist direkt auf das Unternehmen zugeschnitten und in der Regel einfacher als vergleichbare Werkzeuge. Der Vorwurf des „unfertigen Werkzeuges" wird insbesondere durch vorgefertigte Konfigurationen entkräftet.[16] Darüberhinaus sind die Customizing-Fähigkeiten ein Angebot, das Werkzeug an die Rahmenbedingungen und Ziele anzupassen.

In Strahinger (1998) wird u.a. ein (sprachbasiertes) *Metaisierungsprinzip* eingeführt. Dabei ist wichtig zu unterscheiden, welchem Zweck eine Metaisierung dient. Die ersten drei ADONIS- Modellierungsebenen – die Modell-, die Meta- und die $Meta^2$-Ebene – sind für den Modellierer bzw. den Metamodellierer von Interesse (vgl. Abb. 3). Aus Sicht des Software-Engineerings existiert in ADONIS eine weitere, nur intern sichtbare Abstraktionsebene, die $Meta^3$-Modellebene (Metametametamodellebene). Sie wird intern für die Umsetzung der drei darunterliegenden Ebenen genutzt und stellt die Konzepte „Klasse", „Instanz", „Beziehung", und „Attribut" zur Verfügung. Ein vom Grundansatz her ähnliches Konzept findet sich auch in Scheer (1998, S. 120ff). Die dort skizzierte $Meta^2$-Ebene bezieht sich jedoch bereits auf die Software-Entwicklung, als Beispiel werden Operationen des graphischen Modelleditors genannt, wie beispielsweise Objekt anlegen, löschen, verschieben etc. Da sich jedoch die dort vorgestellten Konzepte nicht auf die Modellierungstechnik als Ganzes beziehen, sind für die Einstellung neuer Modellierungstechniken dort Programmänderungen erforderlich.

5.2 Zukünftige Forschungsthemen

Der gesamte Bereich der Modellierung ist derzeit durch eine große Dynamik gekennzeichnet: Es werden neue oder erweiterte Methoden konzipiert und neue Mechanismen und Algorithmen für die Auswertung von Modellen entwickelt. Aus Sicht der Metamodellierung müssen diese Entwicklungen auf das $Meta^2$-Modell bezogen werden (vgl. auch Abb. 10). Bei neuen Modellierungstechniken ist zu prüfen, ob diese durch $Meta^2$-Modell abgebildet werden können oder ob eine Erweiterung der Metamodellierungskonzepte erforderlich ist. Insbesondere können bei neuen Methoden Defizite in ihrer Definition identifiziert werden, beispielsweise genügt eine reine Spezifikation des Metamodells in Entity-Relationship- oder UML-Notation nicht, in der Regel werden unterschiedliche Modelltypen benötigt werden.

Ein großes Potential sehen wir in der botschaftsorientierten Kopplung von Werkzeugen mittels Technologien wie (D)COM oder CORBA. Diese bieten insbesondere auch die Möglichkeit, nicht nur Modellinformationen auszutauschen, sondern auch das jeweils andere Werkzeug zu „steuern", so daß die Werkzeuge aus Benutzersicht zu einem „verschmelzen" (BOC und microTOOL 1997).

Derzeitige Werkzeuge bieten kaum oder nur wenig Unterstützung für das Vorgehensmodell einer Methode (vgl. auch Kapitel 1). Bezogen auf die Einbindung eines Vorgehensmodells in die Modellierung könnte bei der Metamodellierung die Reihenfolge, in

---

[16]Diesen Ansatz verfolgt auch der Hersteller von ADONIS, die BOC GmbH. Es stehen unterschiedlichste branchen- und aufgabenspezifische ADONIS-Konfigurationen zur Verfügung.

der die Modelle und Objekte anzulegen sind, festgelegt werden. Ein anderer Ansatz besteht darin, über APIs eine Kopplung mit Projektmanagement-Werkzeugen zu realisieren.

Als eine weitere wichtige Forschungsaufgabe sehen wir eine noch weitergehende Unterstützung unterschiedlicher Sichten auf Modelle (Frank 1998). Für Prozesse stellen sich eine Reihe von Aufgabenstellungen, beispielsweise die Unterstützung sowohl struktureller Sichten für bestimmte Produkte, Kundengruppen etc. als auch inhaltlicher Sichten insbesondere in Bezug auf die quantitativen Eigenschaften von Modellen, wie Zeiten, Mengen und Kosten (Junginger et al. 1998). Die quantitativen Sichten beinhalten insbesondere auch eine Verknüpfung mit operativen Daten im Sinne eines „Prozeß-Warehouses".

Danksagung

Die hier vorgestellten Konzepte konnten nur in Teamarbeit entwickelt und umgesetzt werden. Wir bedanken uns bei den weiteren Mitarbeitern des ADONIS-Entwicklungsteams der BOC GmbH, insbesondere Ewald Augustin, Florian Bartl, Rainer Denner, Manfred Griesser, Philip Helger, Wolfgang Kaghofer, Robert Mayer, Christoph Mayr, Christoph Prackwieser, Ulrich Scheper und Roland Spitzenberger, für ihr großes Engagement, bei den ADONIS-Anwendern und dem Beratungsteam der BOC GmbH für ihre Anregungen zur Weiterentwicklung von ADONIS und bei Gabriele Kaiser für das Korrekturlesen dieses Papiers.

Literatur

(Becker et al. 1995) Becker, J., Rosemann, M., Schütte, R.: Grundsätze ordnungsgemäßer Modellierung. Wirtschaftsinformatik 37 (1995). 435-445.

(BOC und microTOOL 1997) BOC GmbH, microTOOL GmbH: ADONIS und case/4/0 – Zwei Werkzeuge ergänzen sich. Unterlagen zur ADONIS – case/4/0 Kopplung. Berlin/Wien: September 1997.

(BOC 1999) BOC GmbH: ADONIS Version 3.0. Benutzerhandbuch. Wien: 1999.

(Curtis et al. 1992) Curtis, B., Keller, M.I., Over, J.: Process Modeling. Communications of the ACM 35(9) (1992). 75-90.

(Davenport 1993) Davenport, T.: Process Innovation: Reengineering Work Through Information Technology. Boston: Harvard Business Press 1993.

(Ebert et al. 1997) Ebert, J., Süttenbach, R., Uhe, I.: Meta-CASE in Practice: a Case for KOGGE. Olive, A., Pastor, J.A. (Hrsg.): Advanced Information Systems Engineering. Proceedings of the 9th International Conference CAiSE'97. Barcelona, Catalonia, Spain. Berlin: Springer Lecture Notes in Computer Science (1997). 203-216.

(EIA CDIF 1994) Electronic Industries Association/CDIF Technical Commitee: CDIF CASE Data Interchange Format – Overview. EIA/IS-106 Januar 1994.

(Ferstl und Sinz 1995) Ferstl, O., Sinz, E.: Der Ansatz des Semantischen Objektmodells (SOM) zur Modellierung von Geschäftsprozessen. Wirtschaftsinformatik 37 (1995). 209-220.

(Findeisen 1994) Findeisen, P.: The Metaview System. Department of Computing Science. University of Alberta. Edmonton: 1994.

(Frank 1998) Frank, U.: Zur Anreicherung von Modellierungsmethoden mit domänenspezifischem Wissen: Chancen und Herausforderungen der Unternehmensmodellierung. In (Pohl et al. 1998).

(Hammer und Champy 1993) Hammer, M., Champy, J.: Reengineering the Corporation: A Manifesto for Business Revolution. Harper Collins Publishers 1993.

(Herbst et al. 1997) Herbst, J., Junginger, S., Kühn, H.: Simulation in Financial Services with the Business Process Management System ADONIS. Proceedings of the 9th European Simulation Symposium (ESS97). Passau. Society for Computer Simulation (1997). 491-495.

(Jablonski 1994) Jablonski, S.: Functional and Behavioral Aspects of Process Modeling in Workflow Management Systems. Chroust, G., Benczur, A. (Hrsg.): Workflow Management – Challenges, Paradigms and Products – CON'94. Wien/München: R. Oldenbourg 1994.

(Joos et al. 1998) Joos, S., Berner. S., Glinz, M., Arnold, M.: Stereotypen und ihre Verwendung in objektorientierten Modellen – Eine Klassifikation. In (Pohl et al. 1998).

(Junginger 1996) Junginger, S.: Design der ADONIS-Transformationskomponente. Interner Bericht der BOC GmbH. Wien: März 1996.

(Junginger 1998) Junginger, S.: Eine operationelle Ablaufsemantik für graphenbasierte Prozeßmodellierungsmethoden. BPMS-Bericht. Universität Wien: Juli 1998.

(Junginger et al. 1998) Junginger, S., Kühn, H., Bartl, F., Herbst, J.: Evaluation of Financial Service Organizations with the ADONIS Simulation Agents. Proceedings of the 10th European Simulation Symposium (ESS98). Nottingham. Soc. for Computer Simulation (1998). 582-588.

(Karagiannis 1994) Karagiannis, D.: Die Rolle von Workflow-Management beim Re-Engineering von Geschäftsprozessen. dv Management (März 1994). 109-114.

(Karagiannis et al. 1996) Karagiannis, D., Junginger, S., Strobl, R.: Introduction to Business Process Management Systems Concepts. Scholz-Reiter, B., Stickel, E. (Hrsg.): Business Process Modelling. Springer 1996. 81-106.

(Kaschek 1998) Kaschek, R.: Prozeßontologie als Faktor der Geschäftsprozeßmodellierung. In (Pohl et al. 1998).

(Keller et al. 1992) Keller, G., Nüttgens, M., Scheer, A.-W.: Semantische Prozeßmodellierung auf der Basis „Ereignisgesteuerter Prozeßketten (EPK)". Scheer, A.W. (Hrsg.): Veröffentlichungen des Instituts für Wirtschaftsinformatik. Heft 89. Saarbrücken 1992.

(Leymann und Altenhuber 1994) Leymann, F., Altenhuber, W.: Managing Business Processes as an Information Resource. IBM Systems Journal Vol. 33 No. 2 (1994). 326-348.

(Pohl et al. 1998) Pohl, K., Schürr, A., Vossen, G. (Hrsg.): Tagungsband „Modellierung '98", URL: http://SunSITE.Informatik.RWTHAachen.DE/Publications/CEUR-WS/Vol-9

(Oberweis 1996) Oberweis, A.: Modellierung und Ausführung von Workflows mit Petri-Netzen. Stuttgart/Leipzig: B.G. Teubner-Verlagsgesellschaft 1996.

(Oberweis et al. 1998) Oberweis, A., Pohl, K., Schürr, A., Vossen, G.: Workshopbericht Modellierung '98. In (Pohl et al. 1998)

(Rational 1997) Rational Corp.: UML Notation Guide – Version 1.1. 1. September 1997.

(Rosemann 1996) Rosemann, M.: Komplexitätsmanagement in Prozeßmodellen – Methoden-spezifische Gestaltungsempfehlungen für die Informationsmodellierung. Wiesbaden 1996.

(Rump 1997) Rump, F.: Erreichbarkeitsgraphbasierte Analyse ereignisgesteuerter Prozeßketten. Technischer Bericht. Universität Oldenburg 1997.

(Scheer 1998) Scheer, A.-W.: ARIS – Vom Geschäftsprozeß zum Anwendungssystem. 3. Aufl. Berlin/Heidelberg/New York: Springer 1998.

(Smolander et al. 1991) Smolander, K., Lyytinen, K., Tahvanainen, V.-P., Marttiin, P.: MetaEdit - A Flexible Graphical Environment for Methodology Modelling. Andersen, R., Bubenko, J.A., Sovberg, A. (Hrsg.): Advanced Information Systems Engineering. Berlin: Springer Lecture Notes in Computer Science (1991). 168-193.

(Strahinger 1998) Strahinger, S.: Ein sprachbasierter Metamodellbegriff und seine Verallgemeinerung durch das Konzept des Metaisierungsprinzips. In (Pohl et al. 1998)

(WfMC 1997) WfMC: Workflow Handbook 1997. Lawrence, P. (Hrsg.): Workflow Management Coalition. Chichester: John Wiley & Sons Ltd 1997.

(WfMC 1998) WfMC: Workflow Management Coalition. Interface 1: Process Definition Interchange. Process Model. Document Number WfMC TC-1016-P. Document Status – 7.05 beta. August 1998.

Eine Komponentenarchitektur auf Grundlage eines Enterprise Application Frameworks

Frank Zeidler
agens Consulting GmbH, 25479 Ellerau, Buchenweg 11 – 13
fzeidler@agens.com

„Aus organisatorischer Perspektive gilt es zu erkennen, daß der Begriff Objektorientierung kein Synonym für High-Tech-Produkte ist, sondern sich dahinter eine Geisteshaltung verbirgt, die sich Unternehmen nicht nur für die Datenhaltung zu eigen machen können. Denn es geht mehr um ein anderes Verständnis von der Strukturierung einer Problemlösung als um ein technisches Werkzeug"[1].

Zusammenfassung. Durch diesen Beitrag soll ein Vorschlag aufgezeigt werden, wie verschiedene Modellierungsansätze im Business-Engineering sowie im Software-Engineering vereinheitlicht werden können. Betriebliche Organisationen und die verwendeten Anwendungssysteme werden durch ein zentrales und homogenes Modell spezifiziert. Es wird in der Praxis nur noch ein System modelliert und zur Ausführung gebracht, anstatt wie bisher zwei grundlegend verschiedene Systeme. Das zentrale Organisationsmodell, bestehend aus Class- und State-Charts, wird durch ein Organisations-Managementsystem (OrgMS), basierend auf einem Enterprise Application Framework, modelliert und ausgeführt. Ein solcher Framework bildet die Infrastruktur zur Konstruktion, Ausführung und Wiederverwendung von Komponenten innerhalb des Organisationsmodells.

---

[1] Klotz, U.: Ausweg aus dem Produktivitätsparadoxon - Objektorientierung als Leitbild für EDV und Organisation. Zeitschrift für Organisation (ZfO) Nr. 5 (1993) 404-410.

1 Einleitung und Motivation

Die Anforderungen an die Organisationsentwicklung (dem Business-Engineering) und somit auch an die Softwareentwicklung (dem Software-Engineering) für betriebliche Informationssysteme steigen. In immer kürzeren Abständen muß auf die veränderten Marktverhältnisse reagiert werden. Komponentenbasierte Entwicklung sowohl im Business-Engineering als auch im Software-Engineering soll helfen, trotz verkürzter Entwicklungszeiten die Qualität zu sichern.

Die flexible Anpassungsfähigkeit der Informationssysteme ist für Unternehmen zum entscheidenden Wettbewerbsfaktor geworden. Organisatorische Veränderungen müssen wesentlich stärker in den Informationssystemen berücksichtigt werden, denn der organisatorische Wandel ist zu einer Konstanten geworden. Als Achillesferse hat sich hier die Entwicklungszeit von geeigneten Informationssystemen herausgestellt. In vielen Fällen kommen IT-Abteilungen mit der Durchführung der notwendigen Änderungen nicht nach. Bestehende Softwareentwicklungsprozesse sind für moderne Unternehmungen nicht mehr tragbar. Eine radikale Restrukturierung des Software Engineerings ist nötig. Um organisatorische Systeme effizienter und im wesentlichen effektiver zu gestalten, hat sich zur Zeit der Prozeß des Business-Engineering [HaCh94] etabliert. Die Fachleute sind sich einig, daß das Business-Engineering eine neue Ära in der Managementlehre eröffnet hat [Wen95]. Nicht nur die prozeßorientierte Sichtweise, die dem Business-Engineering inhärent ist, ist neu. Ein weiteres vielfach übersehenes Prinzip charakterisiert das Business-Engineering. Es wird versucht, erstmals ingenieursmäßige Methoden, vornehmlich aus dem Software-Engineering, auf die Strukturierung von Organisationen anzuwenden. Es besteht nun die Möglichkeit, die beiden Entwicklungsprozesse zu einem gemeinsamen Entwicklungsprozeß zu verschmelzen und dadurch wesentlich zu vereinfachen und zu verkürzen. Auf Grundlage eines zentralen Modells in diesem gemeinsamen Entwicklungsprozeß werden Komponenten wiederverwendet oder entwickelt. Eine an organisatorischen Bedürfnissen ausgerichtete komponentenbasierte IT-Architektur gilt als der zur Zeit vielversprechendste Trend in der IT-Industrie.

1.1 Zusammenhänge von Organisationen und Informationssystemen

Die betrieblichen Informationssysteme bilden einen integralen Bestandteil der Organisation einer Unternehmung. Insofern muß der Zusammenhang zwischen beiden Begriffen geklärt werden. Eine Organisation ergibt sich aus der Überdeckung von Informationssystemen, und stellt letztendlich ein System von Informationssystemen dar. Der Begriff des Informationssystems wird dabei nicht auf die reinen EDV-Systeme beschränkt. Die EDV-Systeme unterstützen vielmehr die Funktionen von Informationssystemen, indem sie Subsysteme der organisatorischen Informationssysteme bilden. Ein Informationssystem wird dabei als ein System angesehen, welches den Zweck erfüllt, mit seinem Umsystem hauptsächlich Informationen auszutauschen.

Unter einem System versteht man die Menge der Träger informationsverarbeitender Funktionen, die Menge der Funktionen selbst und die Menge der Informationssorten, die von den Funktionen als Input oder Output verarbeitet bzw. erzeugt werden.

Betriebliche Organisationen und die verwendeten EDV-Systeme können durch eine homogene Systemspezifikation beschrieben und ausgeführt werden. Es wird in der Praxis nur noch ein System entworfen und ausgeführt anstatt wie bisher zwei grundlegend verschiedene Informationssysteme. Der Entwicklungsprozeß des Business-Engineering und des Software-Engineerings wandelt sich viel mehr zu einem homogenen Prozeß des „Convergent-Engineering" [Tay95]. Durch die Integration der Systeme zu einem homogenen Gesamtsystem ergeben sich erhebliche Synergieeffekte in der Verwaltung und Erstellung von betrieblichen Informationssystemen. Allerdings ergeben sich auch Änderungen in der Entwicklung der Systeme. Anwendungssysteme werden in diesem Ansatz wesentlich granularer (in Bausteinen/Komponenten) entwickelt, im Gegensatz zu den bisher relativ monolitischen Anwendungssystemen. Da die Anwendungssysteme in diesem Ansatz Subsysteme der organisatorischen Systeme sind, bedingt die organisatorische Entwicklung die Anwendungsentwicklung. Die Anwendungsentwicklung orientiert sich wesentlich stärker an den fachlichen Aktivitäten der Unternehmensorganisation. Auf der anderen Seite muß die Entwicklung organisatorischer Unternehmenssysteme wesentlich formaler und detaillierter durchgeführt werden als bisher.

Eine Vielzahl der heute verfügbaren Methoden und Werkzeuge beruhen auf dieser Unterscheidung der verschiedenen Systeme (repräsentiert durch Modelle) z. B. Workflow-Managementsysteme zur Ausführung und BPR-Tools zur Analyse und Modellierung von Geschäftsprozessen. Der skizzierte Lebenszyklus und die Verwendung von Modellen wurden an die Ausführungen von Deiters [Dei97] angelehnt.

Im Szenario der Abb. 1.1.a), dem heutigen Stand der Technik, besitzen die betrieblichen Anwendungssysteme eine Vorgangssteuerung, oder es wird ein Workflow-Managementsystem eingesetzt. Eine Vielzahl von BPR-Tools und Workflow-Managementsystemen unterscheiden zwischen den Modellen. Dabei erfolgt die Modellbildung und Analyse mit einem BPR-Tool und führt zum Geschäftsprozeßmodell. Aus diesem läßt sich durch Transformation ein Workflowmodell generieren, welches die Grundlage für die Ausführung mit einem Workflowsystem bildet. Bei diesem

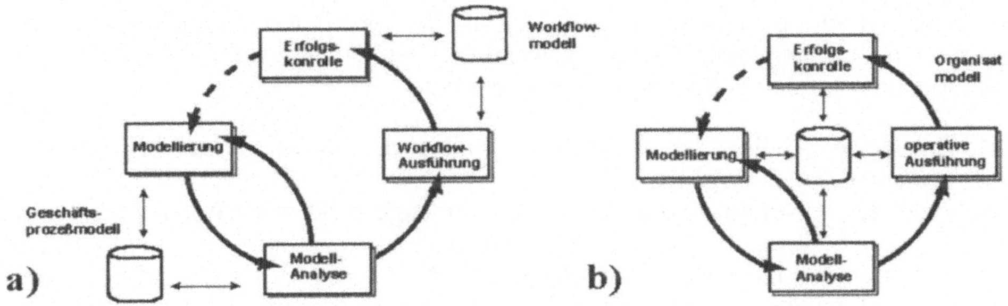

Abb. 1.1 Einsatz von Modellen im Business-Engineering a) mit Geschäftsprozeßmodell und Workflowmodell b) mit zentralem Organisationsmodell

Vorgehen arbeiten verschiedene Werkzeuge in unterschiedlichen Phasen auf getrennten Modellen. Die Unterscheidung von verschiedenen Modellen in verschiedenen Phasen führt zu einer Entwicklung von Anwendungssystemen, die der Erstellung von Software nach dem Wasserfallmodell gleicht. Typische, aus dem Software-Engineering bekannte Probleme sind hierbei die Weitergabe der Informationen zwischen den Beschreibungen in den verschiedenen Phasen sowie potentielle Konsistenzprobleme zwischen zum Teil redundanten Beschreibungen [Web92].

Das zentrale Modell aus Abb. 1.1.b) wird in [Dei97] Prozeßmodell genannt. Hier soll es umfassender als Organisationsmodell bezeichnet werden, da in diesem Modell nicht nur ablauforganisatorische Aspekte beschrieben werden sollen, sondern auch die statischen, aufbauorganisatorischen Aspekte der Unternehmensorganisation, welche in den bisherigen Modellen eine untergeordnete Rolle spielen. Die bisher existierenden Modelle werden dann zu verschiedenen Sichten auf dieses komplexe Organisationsmodell, wie es auch in [Tay95] und in [WeiWo97] gefordert wird. Als neues Paradigma zur Modellbildung komplexer Systeme haben sich in den letzten Jahren die Objektorientierung und darauf aufbauende höhere Konstruktionsprinzipien (Patterns, Components und Frameworks) im Software-Engineering etabliert. Objektorientierte Konzepte und Techniken halten allerdings nur langsam Einzug in das Business-Engineering [JacEr95] oder [Tay95].

Während eines Business-Engineerings werden objektorientierte Modelle der Unternehmensabläufe erstellt und danach um objektorientierte Komponenten der Unternehmensorganisation erweitert. Prozesse könnten dabei als eigenständige Objekte modelliert werden, die Objekte/Komponenten von Organisationseinheiten steuern. Die Dynamik der Prozeßobjekte kann dabei durch Zustands-Übergangs-Diagramme genau festgelegt und kontrolliert werden. Diese in der Praxis bisher wenig verbreitete Technik hat sich bereits als formale Modellierungsmethodik in technischen Systemen bewährt und ist leicht verständlich. Zustände von Prozeßobjekten könnten als Bearbeitungszustände an bestimmten Informationsobjekten, z. B. einer Akte, interpretiert werden.

Die während des Business-Engineerings erstellten Objektmodelle können in eine projektübergreifende fachliche Applikations-Architektur, einen objektorientierten Enterprise Application Framework, integriert werden. Dieser Framework verbindet die Ergebnisse der Modellierung mit den bereits implementierten technischen Komponenten und ermöglicht somit die Ausführung der spezifizierten Objektmodelle und erlaubt eine umfangreiche Wiederverwendung und einen geregelten Einsatz von Komponenten auf einer höheren Abstraktionsebene.

Der Enterprise Application Framework bildet den Kern eines Organisationsmanagementsystems (OrgMS). Es werden zur Wiederverwendung Komponenten angeboten, aus denen ein neues System zusammengesteckt werden kann. Es werden zukünftig keine kompletten Anwendungen mehr entworfen und implementiert, sondern wesentlich kleinere Bausteine, die Komponenten, oder es wird auf bestehende Komponenten aus bereits implementierten Frameworks zurückgegriffen, z. B. IBM-San Francisco, Enterprise Java Beans oder über BAPIs des SAP-R/3 Systems.

2 Ausführbare Objektmodelle

Ausführbare Objektmodelle, unabhängig von ihrem Anwendungsbereich, bestehen, wie auch in [HG96] ausgeführt wird, immer aus einer Art Zustandsautomaten und Modellen, die die Klassen mit ihren Beziehungen darstellen. Weitere Teilmodelle sind nur andere Sichten auf einen Sachverhalt, der bereits in einem dieser beiden Teilmodelle modelliert wurde. Weitere Modelle dienen der Dokumentation des modellierten Systems, was auch die originäre Ausrichtung der UML [UML97] ist, und nicht die Ausführung des modellierten Systems, welches das Ziel des Organisationsmodells ist.

Ein sehr verwandter formaler Ansatz zur Ausführung und Modellierung von Workflows sind State- und Activitycharts [WW97]. Die Methode der State- und Activitycharts ist ein vergleichsweise junger Formalismus. Sie kombiniert die Einfachheit und mathematische Rigorosität von Automatenmodellen mit weitreichenden Möglichkeiten zur Visualisierung [Ha88] und hat gleichzeitig eine mit Prädikat-Transitions-Netzen vergleichbare Ausdrucksmächtigkeit. Sie wurde ursprünglich als Beschreibungssprache für „reaktive Systeme" entwickelt, die ständig auf externe und interne Ereignisse reagieren müssen. State- und Activitycharts sind eine vor allem in technischen Anwendungen bewährte Spezifikationsmethode [Sta94] und halten inzwischen auch Einzug in Workflowsysteme durch das System MENTOR [WeiWo97].

Dieser Ansatz weist zwar Ähnlichkeiten mit dem Ansatz der State- und Activitycharts auf, orientiert sich aber auch an den O-Charts (bzw. Objectcharts) und Statecharts, wie sie in [HG96] oder [CoH92] beschrieben wurden. Statecharts dienen auch hier zur Kontrolle des Verhaltens von Objekten, die in den O-Charts spezifiziert wurden. Dabei enthalten die Statecharts, anders als im State-Activitychart-Ansatz, sowohl den Datenfluß als auch den Kontrollfluß. Weiterhin sind die Activitycharts ersetzt worden durch die ausdrucksmächtigeren Class-Charts, deren Konzepte im wesentlichen aus erweiterten ER-Konzepten bestehen. Damit ist es möglich, auch komplexe strukturelle Aspekte mit diesem Formalismus zu spezifizieren.

2.1 Strukturmodellierung mit Class-Charts

Class-Charts stellen Klassen von Objekten und im wesentlichen ihre strukturellen Beziehungen sowie ihren strukturellen Aufbau dar. Mit Objekten sind in diesem Anwendungsbereich die Geschäftsobjekte gemeint.

Ein *Class-Chart* ist eine Art ER-Diagramm, entsprechend den Objektdiagrammen aus der UML. Die grundlegenden Konzepte von Class-Charts werden als bekannt vorausgesetzt und nicht genauer vorgestellt. Für Details von ausführbaren Objektmodellen wird auf [HG96] verwiesen. In Abb. 2.1 wird ein Modell einer einfachen kleinen Versicherung gezeigt. An diesem rudimentären Beispiel wird die betriebliche Modellierung von Informationssystemen mit objektorientierten Konzepten gezeigt.

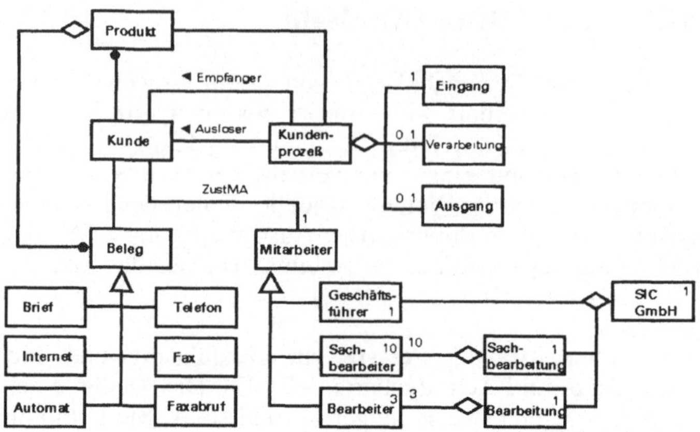

Abb. 2.1 Class-Chart der Simple Insurance Company GmbH (SIC GmbH)

Die SIC GmbH besteht aus einem Geschäftsführer und den Abteilungen Sachbearbeitung und Bearbeitung mit entsprechend vielen Mitarbeitern. Für jeden Kunden der Versicherung existiert genau ein zuständiger Mitarbeiter. Der Kunde hat die Möglichkeit, sogenannte Kundenprozesse auszulösen. Ein solcher Kundenprozeß besteht aus der Eingangsverarbeitung, der eigentlichen Verarbeitung von Kundenanfragen und der Reaktion auf Kundenanfragen durch die Ausgangsbearbeitung. Der Kundenprozeß wird dabei beeinflußt von dem jeweiligen Versicherungsprodukt des Kunden. Der Kunde kann bei der Versicherung sowohl eine Lebensversicherung, eine Haftpflicht- oder auch eine Kfz-Versicherung haben. Je nach Versicherungsprodukt ändert sich die Verarbeitung im Kundenprozeß. Ein Produkt wird in dem Beispiel auch als ein Container für verschiedene Belege angesehen. Durch die Zuordnung der Belege zu einem Produkt wird der Zustand des Versicherungsproduktes dokumentiert, ähnlich wie eine Akte zu einem Versicherungsfall.

2.2 Verhaltensmodellierung mit State-Charts

Das Verhalten der spezifizierten Geschäftsobjekte wird durch State-Charts spezifiziert und kontrolliert, die jeweils für eine Klasse angegeben werden. Die Notation entspricht den Grundelementen der Notation der State-Diagramms aus der UML.

Ein *State-Chart* besteht im wesentlichen aus einer geordneten Abfolge von Zuständen mit definierten Übergängen. Um das Verhalten des Objektes zu beschreiben, werden in den State-Charts zwei verschiedene Konzepte angeboten. Zum einen das Erzeugen und Senden von Ereignissen, zum anderen das direkte Aufrufen von Operationen, welche das Ausführen von Methoden steuern. Operationen sind wesentlich konkreter als Ereignisse, weshalb es keinen Sinn machen würde, eine Operation an alle Geschäftsobjekte zu „broadcasten". Im Gegensatz dazu werden Ereignisse im Objektsystem flexibel und weit verbreitet. Operationen werden im folgenden als Aktivitäten bezeichnet, um einen besseren Bezug zum Business-Engineering herzustellen.

Ereignisse können als Eingabesymbole für einen Zustandsautomaten interpretiert werden, die im Zeitverlauf auf das Objekt einwirken. Ein State-Chart reagiert dann unter bestimmten Bedingungen (E[C]/A Regel) auf diese Ereignisse und führt einen kontrollierten Zustandsübergang durch. Darüber hinaus können Aktionen Anweisungen zum Starten von Aktivitäten oder zur Erzeugung von Ereignissen enthalten.

Die Abb. 2.2 zeigt die State-Charts der Klassen Kundenprozeß, Eingang, Verarbeitung und Ausgang. Die State-Charts sind an den schematischen Basisdarstellungen eines Kundenprozesses der Gothaer Allgemeine Versicherung AG und der All-

Kundenprozeß

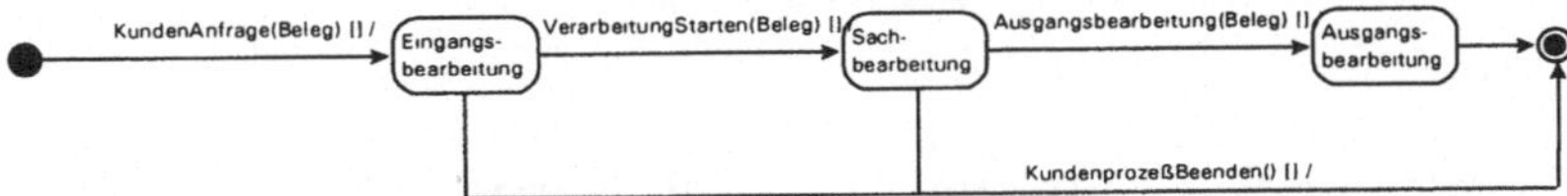

Eingang

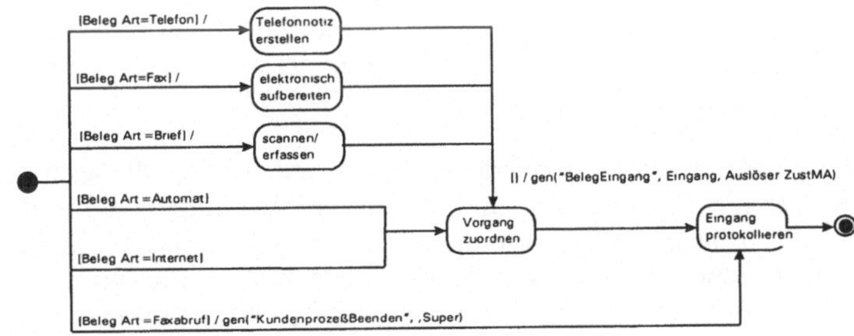

Verarbeitung

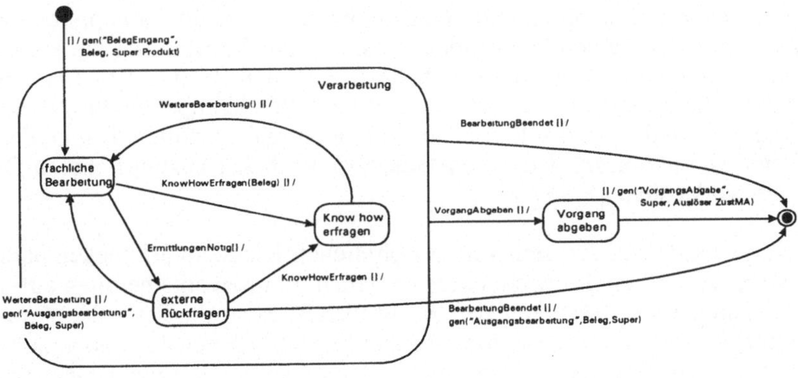

Ausgang

Abb. 2.2 Die State-Charts der wichtigsten Klassen der SIC GmbH

gemeine Versicherungs Software GmbH (AVSG) angelehnt und aus Projekterfahrungen erweitert worden.

Tritt das Ereignis KundenAnfrage mit einem bestimmten Beleg als Parameter ein, schaltet der Kundenprozeß in den Zustand der Eingangsbearbeitung. In diesem Zustand könnte eine Aktivität hinterlegt werden, ein Objekt Eingang zu erzeugen. In dessen State-Chart (s. Abb. 2.2 Eingang) wird die Belegart ausgewertet und entsprechend reagiert. Geschäftsprozesse können, wie hier nur einführend gezeigt wird, formal mit State-Charts modelliert werden. Es ist noch zu überlegen, inwieweit für die technische Ausführung und die Modellierung von Geschäftsabläufen andere Notationen von oder Sichten auf State-Charts eingesetzt werden.

2.3 Frameworks, Components und Patterns

Wird die Objektorientierung auf naive Weise in großen Projekten eingesetzt, entsteht eine kaum zu beherrschende Komplexität in den Modellen. Daher ist der Einsatz von höheren Abstraktionskonzepten im objektorientierten Business-Engineering unabdingbar. Die Konzepte von Frameworks, Components und Patterns haben sich bereits im Software-Engineering etabliert [Pree97] und [Gam97].

Statt individuelle Komponenten wiederzuverwenden, setzen die meisten erfolgreichen Projekte auf die Entwicklung und Wiederverwendung von Frameworks. Frameworks sind das zentrale objektorientierte Konzept für eine geregelte Wiederverwendung von Komponenten. Zur Zeit existiert noch keine einheitliche Definition von Frameworks. Eine oft verwendete Definition [Jo97] ist: „a framework is a reusable design of all or part of a system that is represented by a set of abstract classes and the way their instances interact". Eine weitere übliche Definition [Jo97] ist: „a framework is a skeleton of an application that can be customized by an application developer". Zwischen den beiden Definitionen besteht kein Konflikt, da die erste den Aufbau eines Frameworks beschreibt und die zweite den Zweck. Ein Framework entspricht einer Sammlung verschiedener, individueller Komponenten mit definiertem Kooperationsverhalten und soll eine bestimmte Aufgabe erfüllen. Einige der Komponenten sind so entworfen, daß sie austauschbar sind. Zur ausführlicheren Diskussion von Frameworks siehe [Pree97].

Frameworks unterscheiden sich von gewöhnlichen Klassenbibliotheken dadurch, daß Frameworks zusätzlich die Architektur vorgeben. Frameworks beruhen auf dem Callback-Verfahren und invertieren den Kontrollfluß. Zentrale Teile der Anwendungsarchitektur, so auch die Interaktion zwischen verschiedenen Komponenten, sind bereits im Framework realisiert. Der Entwickler kümmert sich nicht mehr um die Implementierung der Architektur und den Aufruf von speziellen Diensten aus Klassenbibliotheken, sondern ihm wird eine standardisierte Architektur vorgegeben, die er an entsprechenden Stellen erweitern muß. Er teilt dem Framework mit, was in bestimmten Situationen gemacht werden soll und nicht mehr wie etwas getan wird. Es werden zwei Grundkonzepte unterschieden, die den Aufbau von Frameworks verdeutlichen.

Das Charakteristische für *White-Box-Frameworks* ist, daß sie aus einer Reihe von unvollständig spezifizierten Klassen bestehen. Das sind Klassen, die unvollständig spezifizierte Methoden enthalten, sogenannte abstrakte Methoden. Um nun das Verhalten von White-Box-Frameworks zu verändern, wird Vererbung eingesetzt. Die Architektur der Anwendung verbleibt im Framework. Entwickler passen den Framework an, indem sie die Einschubmethoden überschreiben, die dann von anderen Methoden im Framework aufgerufen werden. Um Methoden zu überschreiben, muß ein Entwickler den Entwurf und die Implementierung des Frameworks zumindest bis zu einem gewissen Detaillierungsgrad verstanden haben.

Black-Box-Frameworks sind Frameworks, deren Anpassungskonzept nicht auf unfertigen Klassen, sondern auf einer Anzahl fertiger Komponenten basiert. Änderungen werden durch Komposition dieser Komponenten erreicht, nicht durch die Vervollständigung von Unterklassen, sprich Programmierung.

Komponenten sollen in diesem Beitrag wie Frameworks als eine Sammlung von schematisch zusammengehörigen Klassen verstanden werden. Diese Klassen enthalten die bereits erwähnte Anwendungsspezifikation. Der Framework liefert den wiederverwendbaren Kontext für die einzelne Komponente. Der Framework bietet somit eine standardisierte Möglichkeit für Komponenten z. B. für die Fehlerbehandlung, zum Datenaustausch oder auch für die Interaktion zwischen Komponenten. Ein zweiter Zusammenhang zwischen Frameworks und Komponenten ist, daß durch Einsatz eines Frameworks die Entwicklung neuer Komponenten erleichtert wird. Komponenten können auf bereits definierten kleineren Komponenten aufgebaut werden. Gängige Frameworks sind weder reine White-Box- noch reine Black-Box-Frameworks. Wenn der Framework oft wiederverwendet wird, dann wird automatisch eine Vielzahl von Spezialisierungen entstehen und sich so eine Black-Box-Struktur ergeben. Entsprechend wird die White-Box-Schnittstelle an Relevanz verlieren. So entwickeln sich aus White-Box-Frameworks mit zunehmendem Reifegrad Black-Box-Frameworks.

Ein weiteres objektorientiertes Konzept sind Patterns, die in der OO-Gemeinde immer populärer werden. Der Zusammenhang zwischen Frameworks und Patterns läßt sich wie folgt zusammenfassen: „A pattern describes a problem to be solved, a solution, and the context in which that solution works. It names a technique and describes its costs and benefits" [Jo97]. Patterns sind wesentlich abstrakter als Frameworks. Frameworks sind mehr als nur Ideen für eine Problemlösung, sie sind konkret implementiert. Frameworks sind somit auf einer andern Abstraktionsebene als Patterns. Patterns, sind Elemente, die die Mikroarchitektur eines Frameworks beschreiben. Ein Framework wird idealerweise aus solchen vorgefertigten Patterns aufgebaut.

Die wesentliche Problematik bei der Entwicklung von Frameworks besteht durch das Spannungsfeld zwischen der Wiederverwendung und der Flexibilität in der Anpassung. Wie bereits dargestellt, definiert der Framework die Anwendungsarchitektur und hält diese nur noch an bestimmten Punkten, den sogenannten Hot-Spots, flexibel. Das wiederum beschränkt die Flexibilität der Entwickler. Funktionalität kann nur noch dort angefügt werden, wo die Entwickler des Frameworks dies auch vorgesehen haben. Eine weiterer Schwachpunkt von Frameworks ist, daß diese zur Zeit nur auf

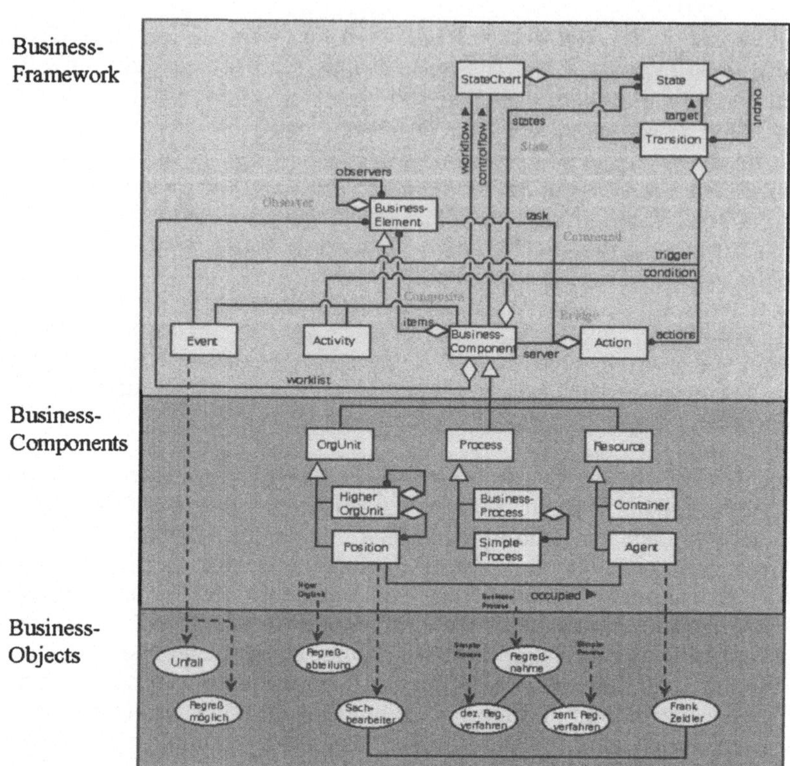

Abb. 3.1   Die Ebenenarchitektur des Enterprise Application Frameworks

technische Aspekte der Implementierung ausgerichtet sind. Im Bereich der Entwicklung von GUI-Anwendungen werden Frameworks bereits erfolgreich eingesetzt. „Fortunately, the next generation of OO application frameworks are targeting complex business and application domains" [Fay97]. Die Konzepte eines solchen domain-specific Frameworks sollen nun einführend in diesem Beitrag vorgestellt werden.

3   Konzepte des Enterprise Application Framework

In [Fay97] werden drei Klassen von domain-specific Frameworks unterschieden. System Infrastructure Frameworks, Middleware Integration Frameworks und Enterprise Application Frameworks. Die Klasse der Enterprise Application Frameworks wird in diesem Beitrag genauer betrachtet. Diese Art von Frameworks betreffen eine weites Spektrum von Anwendungsgebieten (z. B. Telekommunikation, Produktion, Finanzwirtschaft oder Versicherungen und viele mehr, s. a. [Zül97]), und sind die entscheidende Grundlage aller Geschäftsaktivitäten. Relativ zu System Infrastructure und Middelware Integration Frameworks sind Enterprise Application Frameworks teuer in der Entwicklung oder in der Anschaffung. Jedoch können Enterprise Applcation Frameworks einen wesentlichen Return-On-Investment liefern, wenn sie die Entwicklung von Benutzerschnittstellen und Produkten direkt ermöglichen.

Der Enterprise Application Framework, wie er in diesem Beitrag einführend dargestellt wird, ist aus mehreren aufeinander aufbauenden Ebenen zusammengesetzt, die
schematisch in Abb. 3.1 dargestellt sind. Die Ebene Business-Framework bildet den
Kern des gesamten Systems. Darauf aufbauend können Business Komponenten ein-
gerichtet und verwaltet werden. Diese können instanziiert und als ein System von
Business Objects ausgeführt werden. Die einzelnen Ebenen werden nun im Überblick
vorgestellt.

3.1 Bereitstellung der Infrastruktur durch einen Business-Framework

Wie bereits in Abschnitt 1.1 definiert, besteht ein Informationssystem im allgemeinen
aus folgenden Elementen: Den Trägern informationsverarbeitender Funktionen, der
Menge der Funktionen und der Menge der Informationssorten, die von den Funktionen als Input oder Output verarbeitet bzw. erzeugt werden. Im Business-Framework
sind diese Elemente durch die Klasse Business-Element modelliert. Die Spezialisierung zur Klasse Business-Component stellt die Träger der informationsverarbeitenden Funktionen dar, die Klasse Activity die Funktionen und die Klasse Event
die Informationssorten dar, die als Input oder Output verarbeitet werden.

Die Klasse Business-Components stellt eine einheitliche Schnittstelle (oder auch
Protokoll) für zukünftige Komponenten der Unternehmensorganisation bereit. Eine
Komponente stellt wie bereits erwähnt einen komplexen Baustein der Unternehmens-
organisation dar und kann auch aus anderen, einfacheren Komponenten aufgebaut
sein. Komponenten beinhalten weiterhin alle ihre Funktionen und die Input- und
Output-Ereignisse. Eine Komponente ist somit wiederum aus den Elementen eines
Systems aufgebaut und bildet ein vollständiges, eigenständiges Subsystem. Realisiert
wird die Konstruktion dieser Systeme (Komponenten) bestehend aus Subsystemen
(ebenfalls Komponenten) durch das Pattern „Composite" in Zusammenhang mit dem
Pattern „Chain of Responsibility" [Gam97]. Es wird ermöglicht, eine Baumstruktur
von Komponenten und Subkomponenten mit ihren jeweiligen Aktivitäten und Ereignissen aufzubauen. Weiterhin wird es ermöglicht, daß, wenn eine Komponente ein
Ereignis erhält und nicht darauf reagieren kann, dieses an Subkomponenten weiter zu
deligieren, bis eine verantwortliche Komponente gefunden wird.

Das komplexe Verhalten einer Komponente ist in ein State-Chart ausgegliedert, realisiert durch die Beziehung workflow. Das zugeordnete State-Chart definiert das fachliche Verhalten (Arbeitsweise) der Geschäftskomponente. Ein weiteres State-Chart
definiert den allgemeinen Zustand der Komponente, z. B. ob sie gerade bereit, ge-
stoppt oder pausiert. Nach [Jab95] wird dieses Verhalten als Kontrollfluß der Komponente genannt und durch die Beziehung controlflow realisiert. Wird eine Komponente gestartet, fängt diese an sich nach der Spezifikation des zugeordneten State-
Charts zu verhalten und zustandsabhängig werden Aktivitäten aufgerufen und Ereignisse verarbeitet oder erzeugt, wie es bereits in Abschnitt 2.1 erläutert wurde.

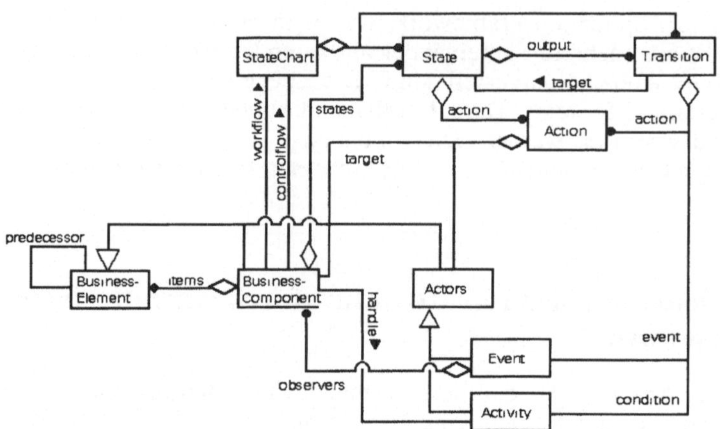

Abb. 3.2   Darstellung der grundlegenden Klassen des Business Frameworks

Das zustandsabhängige Verhalten wird durch das Pattern „State" [Gam97] aus dem Objekt ausgelagert. Das „Bridge" und „Command" Pattern realisieren im wesentlichen eine Aktion, die an einer Transition oder innerhalb eines Zustands ausgeführt wird. Eine Aktion kann in dieser Spezifikation aus Ereignissen, Aktivitäten und Komponenten bestehen. Dies ist eine Erweiterung zu Abschnitt 2.1 und soll an dieser Stelle nicht genauer betrachtet werden. Ein späteres Komponentenobjekt kann somit zur Laufzeit sein Verhalten zustandsabhängig verändern. Die Klassen des Business-Frameworks, die die Spezifikation eines State-Charts umfassen, entsprechen einem Framework nach dem Black-Box Prinzip, da diese Klassen bereits vollständig spezifiziert sind. Weiterhin existieren in dieser Version keine Hot-Spots, an denen der Anwender eventuell Erweiterungen vornehmen kann. Dieser Teil des Frameworks hat zur Zeit mehr die Eigenschaft eines konstanten Metamodells, in dem nur Daten abgelegt werden können, die später zur Laufzeit des Objektsystems verarbeitet werden.

Zur Ausführung eines späteren Objektsystems wird ein ereignisorientierter Beobachtungsmechanismus durch den Framework mit einem veränderten Pattern „Observer" realisiert. Komponenten beobachten bestimmte Objekte der Klasse Event, indem sie sich bei den Ereignisobjekten eintragen (observers), die an den Transitionen (output) der aktuellen Zustände (states) annotiert sind. Tritt ein Ereignis ein, werden alle Beobachterkomponenten informiert, ihren Zustand upzudaten (Abb. 3.3 update()),

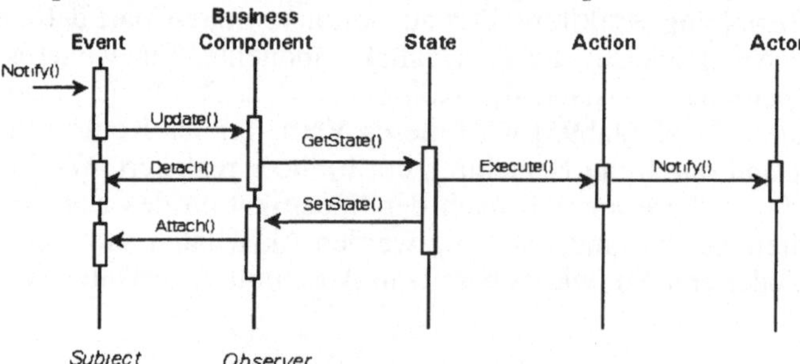

Abb. 3.3   Interaction-Diagramm des Beobachtungsmechanismus

diese können dann zustandsabhängig auf dieses Ereignis reagieren. Das Observer-Pattern ist dahingehend abgeändert worden, das nicht der Zustand des Observers (Business Component) mit dem jeweiligen Subjekt (Event) abgeglichen wird, sondern der Observer selbst weiß, was zustandsabhängig zu tun ist. Es wird an alle Zustände (states) der Komponente ein GetState() aufgerufen. Der Zustand prüft die Bedingung an der Transition und führt die Action aus. Die Action benachrichtigt die Actors mit einem Notify(). Akteure im Framework sind einzelne Aktivitäten oder Ereignisse. Die Klassen Activity und Event stellen jeweils ein Protokoll und im Falle der Klasse Activity eine vorgefertigte Implementierung für alle zukünftigen Aktivitäten im System zur Verfügung. Die vorgegebene Implementierung kann durch Spezialisierung an den entsprechenden Einschubmethoden überschrieben werden. Eine mögliche Aktivität wäre z. B. das Öffnen einer bestimmten Bearbeitungsmaske. An dieser Stelle ist der Business-Framework ein White-Box-Framework. Aber auch ohne Erweiterungen des Frameworks an diesen Punkten wäre ein späteres System als Prototyp lauffähig.

3.2 Konstruktion von Business-Components

Wie bereits erläutert, bildet die Klasse Business-Component den zentralen Hot-Spot im Framework. Bevor der Framework und ein darauf basierendes OrgMS zum Einsatz kommen, müssen die unternehmensspezifischen Eigenschaften und Standards definiert werden. Dies geschieht durch Konkretisierung der Klasse Business-Component. Als Beispiel wurde der Business-Framework aus [Tay95] genommen und weiter verfeinert. Hier wird eine klassische Unternehmensorganisation in drei Bereiche gegliedert: die Aufbauorganisation (OrgUnit), die Ablauforganisation (Process) und die verwendeten Ressourcen (Resource). Organisationseinheiten sind entweder höhere Organisationseinheiten (HigherOrgUnit), wie z. B. Abteilungen, Gruppen oder konkrete Stellen (Position). Höhere Organisationseinheiten bestehen aus weiteren Organisationseinheiten. Stellen sind in diesem Framework elementar. Arbeitsabläufe sind entweder Geschäftsprozesse (Business-Process) oder Teilprozesse (Simple-Process). Verwendete Ressourcen wurden in ausführende Personen oder Systeme (Agenten) und passive Datenobjekte (Container) klassifiziert. Alle Objekte dieser drei Klassenkategorien sind Komponenten und diesen können State-Charts zugeordnet werden und somit nach bereits beschriebenen Verfahren aktiv werden.

In diesem Beispiel wurde nur ein sehr einfaches Modell einer hierarchischen und funktional gegliederten Organisation vorgestellt. In dieser Ebene können nun Komponenten zusammengebaut werden, z. B. ein Profit-Center mit seinen Abläufen und Ressourcen, welches dann später in einem Organisationsmodell als Standard verwendet werden kann. Aber auch moderne und komplexere Organisationsformen, z. B. prozeßorientierte oder produktorientierte Organisationsformen können als Standards spezifiziert werden. Organisatoren können sich dann nur innerhalb der festgelegten Rahmenstruktur bewegen, und vorgeschriebene Abläufe für Abteilungen, z. B. Berichtswesen, QS-Verfahren oder Managementprozesse werden vordefiniert.

Das OrgMS, welches den Framework verwaltet, ermöglicht diese Verfeinerung des Frameworks und regelt, daß z. B. neue Klassen angelegt werden und evtl. Bestandteile des rudimentären Frameworks überschrieben werden (z. B. die Aggregation items wird bei höheren Organisationseinheiten auf weitere höhere Organisationseinheiten oder Stellen eingeschränkt). Es können an dieser Stelle im Framework firmenspezifische Komponenten („Business-Components") entwickelt werden, die im nächsten Schritt verwendet werden. Ein einfaches Beispiel einer solchen Business-Component ist die Organisationseinheit Stelle (Position). Diese Klasse erhält nicht nur alle Eigenschaften einer Business-Component und die von Organisationseinheiten vererbten, sondern bildet auch den durch die WfMS bekannten „Workspace" [Jab95] eines Mitarbeiters mit einer sogenannten „Worklist". Dort werden alle eintreffenden Ereignisse in eine Warteschlange eingereiht und der Stelleninhaber (Agent) wählt das Ereignis aus, auf das er reagieren möchte. Sind die Komponenten, aus denen die Unternehmensorganisation besteht, festgelegt, kann ein spezifiziertes Organisationsmodell zur Ausführung in den Framework eingehängt werden.

3.3 Integration des Organisationsmodells in einem Business-Framework

Das während der Modellierungs- und Analysephasen (Abb.1.1) entstandene Class-Chart des Organisationsmodells (Abb. 2.1) kann auf zwei verschiedene Arten zur Ausführung in den Framework integriert werden. Bei beiden Arten muß eine Zuordnung zu bestehenden Klassen des Frameworks im Class-Chart vorgenommen werden.

1. Durch Einfügen der modellierten Objekte als Instanzen bereits existierender Business-Components. Diese Integration des Class-Charts kann zur Laufzeit erfolgen, da nur Inhalte von bereits definierten Klassen und deren Links neu erzeugt werden. Das Class-Chart würde dann wie ein Object-Chart interpretiert werden und die entsprechenden Instanzen erzeugt. Der Enterprise Application Framework wäre dann ein Black-Box-Framework und hätte den Charakter eines Metamodells.

2. Durch Konstruktion neuer Business-Components (Erweiterung des Frameworks). Es wird die spezifizierte Klasse aus dem Class-Chart als Business-Component neu in den Framework eingefügt (Abb. 3.4, nur Spezialisierungshierarchie dargestellt). Dies geschieht durch Spezialisierung bestehender Klassen. Der Framework wird weiter verfeinert. Die SIC GmbH wäre dann ein Spezialfall einer höheren Organisationseinheit, hätte aber zusätzlich noch weiteres Verhalten und Eigenschaften und Links. Der rudimentäre Framework würde immer weiter verfeinert werden, bis die erste Art der Integration in den Framework immer öfters angewendet werden kann.

Der rudimentäre Enterprise Application Framework würde zwar einige vorgefertigte Business-Components anbieten, könnte dann aber in die Unternehmung „reinwachsen", indem neue firmenspezifische Business-Components konstruiert oder zugekauft werden. Sind die Klassen des Class-Charts in den Framework integriert, kann das

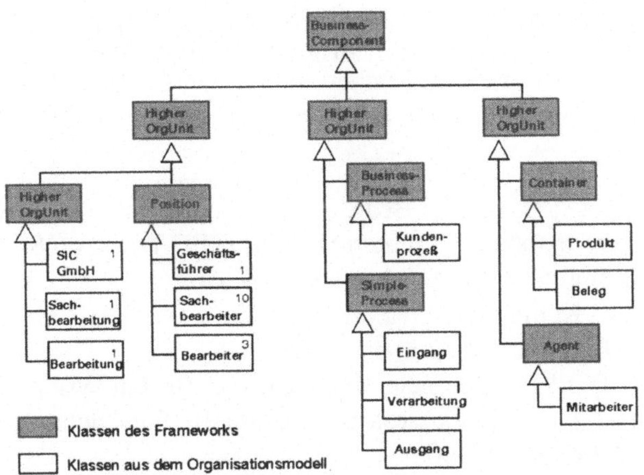

Abb. 3.4 Erweiterung der Klassenhierarchie des Frameworks

Organisationsmodell gestartet werden und das System aus konkreten Geschäftsobjekte fängt an, sich so zu verhalten, wie es in den State-Charts spezifiziert wurde. Zur genaueren Beschreibung von ausführbaren Objektmodellen wird auf [HG96] verwiesen.

4 Nutzen und Ausblick

Es ergeben sich im wesentlichen zwei Vorteile: Erstens erhalten die Betriebsorganisatoren und Fachabteilungen eine formale und unmißverständliche Modellierungssprache, die auch von der DV-Abteilung verstanden wird. Ein gemeinsames Modell, an dem jeder weiterarbeitet kann aufgebaut werden. Einzelne Abteilungen arbeiten nicht mehr an verschiedenen und eigenen Modellen. Die Fachabteilungen und die Betriebsorganisation müssen sich allerdings darauf einstellen, wesentlich detailliertere Organisationsmodelle zu entwerfen, als die bisherigen Organigramme und Flußdiagramme zur Ablaufdarstellung. Der zweite Vorteil ist, daß das Organisationsmodell, entworfen mit diesem Formalismus, ausgeführt werden kann. Dies geschieht durch ein Organisationsmanagementsystem (OrgMS). Ein solches OrgMS ist im wesentlichen eine Vereinigung der Konzepte einer GUI-Entwicklungsumgebung und von Workflowmanagementsystemen. Wie bei den GUI-Entwicklungsumgebungen wird eine Klassenhierarchie mit Komponenten aufgebaut, allerdings auf einem höheren Abstraktionsgrad. Die Entwurfssprache ist auf dieser Abstraktionsebene nicht mehr eine Programmiersprache (Java oder Object-Pascal), sondern die Modellierungssprache bestehend aus Class- und State-Charts. Die DV-Abteilung wird zukünftig keine ganzen EDV-Systeme mehr programmieren, sondern zum einen in Einzelfällen die vorgegebene IT-Architektur des „Enterprise Application Frameworks" anpassen und zum anderen hauptsächlich konkrete Aktivitäten, gefordert von den Fachabteilungen, implementieren. Die DV-Abteilung wird somit besser in die Unternehmensorganisation integriert und auch wesentlich durchschaubarer. Software-Engineering und Business-Engineering laufen wesentlich „verzahnter" ab.

106

Zur Zeit wird ein einfacher Prototyp des OrgMS in Java implementiert. Bis zur Realisierung eines vollständigen OrgMS, in dem Unternehmensbausteine (Business-Components) konstruiert werden können und eine flexible Anpassung der DV-Systeme auf die Unternehmensorganisation möglich ist, ist es noch ein weiter Weg.

Literaturquellen

[CoHa92] Coleman, D.; Hayes, F.; Bear, S.: Introducing Objectcharts or How to Use Statecharts in Object-Oriented Design, IEEE Trans. on Software Engineering, Vol. 18, No. 1, (1992) Januar.

[Curt92] Curtis, B.; Kellner, M. I.; Over, J.: Process Modeling, C. of the ACM, Vol. 35, No. 9, (1992) September.

[Dei97] Deiters, W.: Prozeßmodele als Grundlage für ein systematisches Management von Geschäftsprozessen. Informatik Forschung und Entwicklung, Band 12/2 (1997) 52-60.

[Fay97] Fayad, M. E.: Object-Oriented Application Frameworks. C. of the ACM, Vol. 40, No. 10 (1997) October, 32-38.

[Gam97] Gamma. E.; Helm. R.; Johnson. R.; Vlissides, J.: Design-Patterns. 1. Aufl. Reading: Addison-Wesley 1997.

[Ha88] Harel, D.: On Visual Formalisms, C. of the ACM Vol 13. No.5.

[HaCh94] Hammer. M.; Champy. J.: Business Reengineering. 1. Aufl. Frankfurt: Campus 1994.

[HG96] Harel, D.; Gery, E.: Executable Object Modelling with Statecharts, Proc. 18th Int. Conf. Soft. Eng., IEEE Press (1996).

[Jab95] Jablonsky. S.: Workflow-Management-Systeme. 1. Aufl. Bonn: International Thomson Publishing 1995.

[JacEr95] Jacobson. I.; Ericson. M; et al.: The Object Advantage - Business Process Reengneering with Object Technology. 2. Aufl. Wokingham: ACM Press 1995.

[Jo97] Johnson, R.E.: Frameworks = (Components + Patterns). C. of the ACM Vol.40, No 10 (1997) 39-42.

[Pree97] Pree. W.: Komponentenbasierte Sofwareentwicklung mit Frameworks. 1. Aufl. Heidelberg: dpunkt 1997.

[Tay95] Taylor. D. A.: Business Engineering with Object Technology. 1. Aufl. New York: John Wiley & Sons 1995.

[UML97] UML Notation Guide, www.rational.com/uml.

[Web92] Weber. H.: Die Software-Kriese und ihre Macher. 1. Aufl. Berlin: Springer 1992.

[Wen95] Wenzel. P.: Geschäftsprozeßmanagement mit SAP/R3. 1. Aufl. Braunschweig: Vieweg 1995.

[WW97] Wodtke, D.; Weikum, G.: A Fomal Foundation for Distributed Workflow Execution Based on Statecharts. Proc. Int. Conf. on DB Theory 1997.

[Zül97] Bäumer, D., Gryczan, G., Knoll, R., Lilienthal, C., Züllighofen, H.: Framwork Development. C. of the ACM Vol.40, No 10 (1997) 52-59.

Towards a New Semantics for Mondel Specifications Based on the CO-Net Approach

Nasreddine Aoumeur*   Gunter Saake

ITI, FIN, Otto-von-Guericke-Universität Magdeburg

Postfach 4120, D–39016 Magdeburg

E-mail: {aoumeur|saake}@iti.cs.uni-magdeburg.de

Abstract

We present first results towards a tailored object-oriented (OO) specification model for distributed systems. Referred to as CO-Nets, the model is a variant of object Petri nets. CO-Nets support an integration of object-oriented concepts and constructions into an appropriate form of algebraic Petri nets, two communication patterns for intra- and inter-object interaction enhancing modularity and concurrency without violating the encapsulated aspects, and last but not least the interpretation of the behaviour of the constructed model in rewriting logic allowing validation by rapid-prototyping using rewrite techniques. We assess the suitability of the CO-Nets approach by providing the Mondel specification language with a formal semantics based on it. Mondel has been designed for developing distributed applications and supports a state-oriented style of description, synchronous communication based on the rendez-vous mechanism and a formal semantics based on coloured Petri nets, that we propose to improve using the CO-Nets approach.

1   Introduction and Motivation

Object orientation with its powerful abstraction mechanisms is an accepted paradigm dealing with different software design phases, i.e. analysis, specification / validation, design and implementation for large software systems in general and distributed ones particularly. The object paradigm allows for concurrency and distribution through its message passing mechanism and information hiding, a natural conceptualization of systems as a community of objects

---

*On leave from Oran University, Algeria, supported by a DAAD grant.

and messages very close to the intuitive perception of distributed systems, and an incremental building of complex systems using powerful abstraction mechanisms like object composition, inheritance and interaction.

These advantages resulted in a number of approaches, languages and formalisms for developing large systems in general and distributed ones in particular. Among them we mention especially OOD [Boo91] and OMT [RBP$^+$91] as design methods; TROLL [JSHS96], Maude [Mes93] and Mondel [BBE$^+$91] as specification languages; and HOSA [GD93], rewriting logic [Mes92] and recently DTL [ECSD98] as (algebra-based) formalisms.

The Mondel specification language has the following features: objects as type instances with a persistent identity, multiple inheritance based on subtyping, concurrency with synchronous communication based on the rendezvous mechanism and a state-oriented methodology for developing applications. Mondel specifications have a formal semantics [BB91] using coloured Petri nets [Jen92] allowing the verification of some crucial properties like absence of deadlock, executability of operations.

However, we claim that a more appropriate semantics can be obtained by overcoming the following shortcomings of this formalization:

- In the original formalization, the modeling of net tokens as object instances of the form $< Id, attributes, stack >$, the Id (object identifier) and *attributes* (object attributes with current values) components are intuitive and sound translation ideas. Messages (i.e. operations on objects), however, are modeled as fixed part of the *stack* content, which disallows any form of concurrent processing.

- The separation between object attributes and its 'controlled' internal states, and the modeling of each object internal state as a place seems also to be non-intuitive translation ideas. Indeed, as will be shown later in our approach, the perception of such internal states *just like* the other (stateless) attributes is more natural.

With the aim to cope with these shortcomings, this paper proposes to translate Mondel specifications into the CO-Nets approach that we are currently developing. The CO-Nets approach is intended for modeling and rapid-prototyping of distributed systems with more adequacy to information systems. The CO-Nets model is based on an integration of object-oriented concepts and constructions (including classes as modules, inheritance and interaction) into the ECATNets [BM92] algebraic Petri nets. For rapid-prototyping, CO-Nets behaviour is expressed in rewriting logic, and hence prototypes can be directly generated using rewriting techniques.

The structure of the remaining sections is as follows: in section 2, the main concepts of the CO-Nets approach are described without entering into technical details (a more formal presentation can be found in [Aou99]). In section 3, we explain the basic features of the Mondel language using the vending machine example. In section 4, we illustrate the main ideas of translating Mondel into CO-Nets using this example. Section 5 gives some concluding remarks.

For the rest of the paper we assume the reader is familiar with some basic ideas of algebraic Petri nets and rewriting techniques. Good references for these topics are [EM85, JR91, Rei91] for the algebraic setting and algebraic Petri nets, and [DJ90, Mes92] for rewriting techniques. We use for algebraic descriptions an OBJ notation [GWM$^+$92].

2 The CO-Nets Approach

CO-Nets are an object-oriented approach for developing distributed systems. CO-Nets aim to cover the important phases in developing such systems, particularly the formal specification and the verification / validation phases.

2.1 The ECATNets model

From a syntactical viewpoint, the ECATNets are a form of algebraic Petri nets [Rei91], where places are annotated by multisets of ground algebraic terms[1] for an algebraic signature [EM85]. Input arcs are annotated by two multisets of terms: the enabling tokens IC (for input condition), and the destroyed tokens (DT). Output arcs are annotated by created tokens multisets (CT). Finally, Boolean expressions can be associated with transitions denoted by TC (i.e. transition condition). The generic form of ECATNets [BM92] is depicted in Figure 1(a).

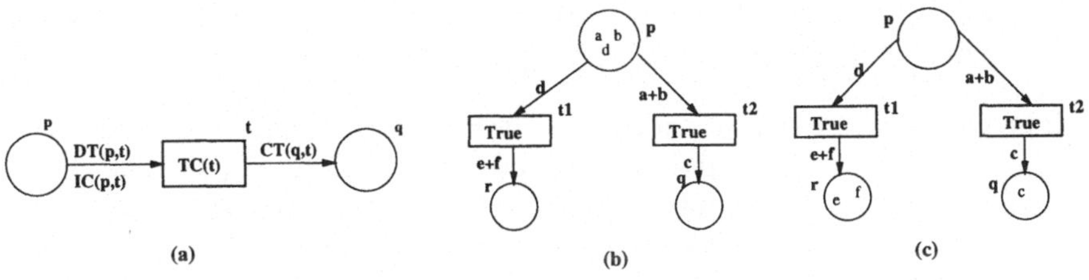

Figure 1: Generic ECATNets and an illustrative example.

---

[1]Denoted as $M(p)$ for each place p.

The behaviour of a given ECATNet is defined as follows. For firing a transition t, $IC(p,t)$ must be included into $M(p)$ (for all input places p) and the condition $TC(t)$ has to be valuated to true. After firing t, there is a deletion of $DT(p,t)$ from each input place and an addition of $CT(t,q)$ to the output places of t. The *formal semantics* of ECATNets is expressed in rewriting logic [Mes92], where the effect of transitions is captured by rewrite rules. The form of such rewrite rules depends essentially on the relation between IC and DT, where three cases are distinguished in [BM92]. We recall the corresponding rewrite rules for these cases after giving some necessary notations.

As described above, the content of each place is a multiset of closed terms w.r.t. a given signature. We denote by $\oplus$ the union operation on multisets[2]. To capture rewrite rules and ECATNets states, we use multisets where the elements are pairs of the form: (*place_name, multiset of terms*). The union operation on this multiset is denoted by $\otimes$. In order to exhibit full concurrency, a distribution law of $\otimes$ over $\oplus$ is defined as an axiom used as 'splitting' from left to right and as 'recombination' from right to left: $(p, mt_1 \oplus mt_2) = (p, mt_1) \otimes (p, mt_2)$, where mt_1 and mt_2 are multisets of terms generated by $\oplus$.

Given a transition t, let $\{p_1, .., p_n\}$ its input places and $\{q_1, .., q_m\}$ its output places. We distinguish four cases:

1. $IC(p,t) = DT(p,t)$, for each $p \in \{p_1, ..., p_n\}$. In this case the rule takes the following form:

   $t : (p_1, IC(p_1, t)) \otimes .. \otimes (p_n, IC(p_n, t)) \Rightarrow$
   $(q_1, CT(q_1, t)) \otimes .. \otimes (q_m, CT(q_m, t)$ if $TC(t)$.

2. $IC(p,t) \cap DT(p,t) = \emptyset$, for each $p \in \{p_1, ..., p_n\}$. In this case the rule takes the form:

   $t : (p_1, IC(p_1, t)) \otimes (p_1, DT(p_1, t)) \otimes .. \otimes (p_n, IC(p_n, t)) \otimes (p_n, DT(p_n, t) \Rightarrow$
   $(p_1, IC(p_1, t)) \otimes (q_1, CT(q_1, t)) \otimes .. \otimes (q_m, IC(q_m, t)) \otimes (q_m, CT(q_m, t)$ if $TC(t)$.

3. $IC(p,t) \cap DT(p,t) \neq \emptyset$, for at least one $p \in \{p_1, .., p_n\}$. It has been shown in [BM92] that this case could be brought to the two shown cases.

4. The first three cases concern the CATNet version [BM92]. For the E(xtended) CATNets, two additional notations have been introduced [BMB93]. Both notations concern the Input Condition. In the first one IC takes the form: $IC(p,t) = {}^{\sim}$*multiset of terms* where ${}^{\sim}$ is a new symbol. The enabling condition in this case means that $IC(p,t)$ has not to be included in $M(p)$. Using the second notation we may have $IC(p,t) = \emptyset$ which simply means that the associated transition may be fired only when its input places are empty. The associated rewrite rules are detailed in [BMB93].

---

[2] In figures, $\oplus$ is denoted as $+$.

Example: For the net depicted in figure 1(b), by applying the first case, we obtain the following rules for the transitions $t1$ and $t2$:

$$t1 : (p, d) \to (r, e \oplus f) \quad t2 : (p, a \oplus b) \to (q, c)$$

The initial state, represented in Figure 1(b), is equivalent to: $(p, a \oplus b \oplus d) \otimes (q, \emptyset) \otimes (r, \emptyset)$. Construction of the next state as depicted in Figure 1(c) may be obtained by the following rewrite sequence:

$(p, a \oplus b \oplus d) \otimes (q, \emptyset) \otimes (r, \emptyset) \Rightarrow (p, a \oplus b) \otimes (p, d) \otimes (q, \emptyset) \otimes (r, \emptyset)$ "By applying the decomposition rules [BM92]" $\Rightarrow (q, c) \otimes (r, e \oplus f) \otimes (q, \emptyset) \otimes (r, \emptyset)$ "By applying concurrently the rewrite rules associated with $t1$ and $t2$" $\Rightarrow (q, c) \otimes (r, e \oplus f) \otimes (p, \emptyset)$ "by applying concurrently the commutativity and the structural axioms of identity [BM92]". $\qquad \square$

2.2 CO-Nets: Structural Aspects

The first idea for representing an object system (i.e. a community of objects) in the ECATNets framework is to regard object states and message instances (i.e. method invocations) as algebraic terms — with adding logical identities to object states and ensuring their uniqueness. Second, such messages and state terms have associated places and their effects — as result of interaction of messages with the receiver objects — correspond to transitions.

However, for modeling more complex systems as interacting components, we need further mechanisms that allow for capturing object-oriented constructions like specialization, object composition and particularly the interaction between different classes. For this aim we propose to make a clear distinction between local properties (i.e. object attributes) hidden from the outside and external ones that can be observed (and may be modified) by other objects. Additionally, we propose to distinguish between internal messages that allow for evolving the object states over the time and external messages used for interaction between different classes.

More precisely, each object state will be regarded as a term of the form $< I | atr_1 : val_1, ..., atr_k : val_k, atbs_1 : val'_1, ..., atbs_s : val'_s >^3$ where I is an observed object identity taking its value from an appropriate abstract data type OId, and $atr_1, .. atr_k$ are *local* attribute identifiers having the actual values $val_1, .., val_k$. The observed part of an object state is $atbs_1, .., atbs_s$ with associated actual values $val'_1, .., val'_s$. Also, we assume that all attribute identifiers (local or observed) range over a suitable sort AID, and associated values

---

[3]This structure is inspired by the Maude language [Mes93] but with an explicit distinction between hidden and observed — from the outside — attributes.

range over the sort $Value$ with $OId < Value$ (i.e. OId as subsort of $Value$) to allow object valued attributes. Also, in order to have more flexibility for object states and to allow to exhibit intra-object concurrency, we introduce an appropriate operator denoted by $\oplus$ for splitting (resp. recombining), if needed, this state into parts. This splitting / recombining operation, reflected by a new axiom in the object-state signature, is particularly important for respecting the encapsulation property when different classes interact.

Messages are viewed as operations with at least one argument of sort OId — a message should involve at least one object as sender or receiver. Each message generator ms_i will be typed by a sort Ms_i. Moreover, we distinguish between local and external messages. The following formal description specifies object states and the class structure using OBJ notation:

```
obj Object-State is
 sort AId .
 subsort OId < Value , Attribute < Attributes,
         Id-Attributes < Object, Local-attributes < Attributes,
         External-attributes< Id-Attributes.
 protecting Value OId AId .
 op _:_ :  AId Value → Attribute .
 op _,_ :  Attribute Attributes → Attributes [associ. commu. Id:nil]
 op < _|_ > :  OId Attributes → Id-Attributes.
 op _⊕_ :  Id-Attributes Id-Attributes → Id-Attributes
         [associ. commu. Id:nil]⁴
 vars Attr:  Attribute ; Attrs₁, Attrs₂:  Attributes , I:OId.
 ax < I|attrs₁ > ⊕ < I|attrs₂ >=< I|attrs₁,attrs₂ > .
endo.
```

$$\text{vars Attr: } \text{Attribute ; } Attrs_1,\ Attrs_2 \text{: Attributes , I:OId.}$$
$$\text{ax } < I|attrs_1 > \oplus < I|attrs_2 >=< I|attrs_1, attrs_2 > \ .$$

```
obj Class-Structure is
```

protecting Object-state, s-atr$_1$,...,s-atr$_n$, s-arg$_{11}$,.., s-arg$_{1k}$,
      ...,s-arg$_{m1}$,...,s-arg$_{ml}$.

sort Id.Cl, Cl, Mes$_{l1}$, . . . ,Mes$_{ip}$

local attributes

op $< {}_-|atr_1 : {}_-, ..., atr_n : {}_- >$: Id.Cl s-atr$_1$ ...s-atr$_n$
   → Local-Attributes.

external attributes

op $< {}_-|atbs_1 :, ..., atbs_k : {}_- >$: Id.Cl s-atbs$_1$ ...s-atbs$_k$
   → External-Attributes.

local messages

op ms$_{l1}$: s-arg$_{l1,1}$ ...s-arg$_{l1,l1}$ → Mes$_{l1}$ . ...

export messages

op ms$_{e1}$: s-arg$_{e1,1}$ ...s-arg$_{e1,e1}$ → Mes$_{e1}$ . ...

import messages

op ms$_{i1}$: s-arg$_{i1,1}$ ...s-arg$_{i1,i1}$ → Mes$_{ip}$ . ...

vars Attr: Attribute ; Attrs-L : Local-Attributes,
    Attrs-E : External-Attributes, I: Id.Cl.

endo.

After this specification, some comments are appropriate. We have three kinds of messages: those that are local to the class; those declared as imported used as services provided by other classes; and those declared as exported being services produced by the concerned class and being used by other classes. The state of a given object is splitted into a local encapsulated part and an observed (possibly modifiable by other classes) part. The local messages of a given class Cl have to include at least two messages: the message destinated for creating a new object state and the message for the deletion of existing object that we denote respectively by Ad_{Cl} and Dl_{Cl}. On the basis of the class description, we define informally the associated CO-Net structure as follows:

- The places of the CO-Net are precisely defined by associating with each message generator one place called message place. Each message place contains message instances sent to objects (and not yet performed). Additionally, we associate with each object sort one (object) place containing the current object states of this class.

- CO-Net transitions reflect the effects of messages on those object states to which they are sent. Also, we distinguish between local transitions that reflect object states evolution, and external transitions modeling the interaction between classes. The conditions to be fulfilled for each kind of these transitions are given below.

- Conditions may be associated with transitions. They involve attribute and/or message parameters variables.

2.3 CO-Nets: Semantical Aspects

Now we focus on the behavioural aspects of such classes. That is, how to construct a *coherent* object society as a community of object states and message instances, and how such a society evolves only into a *permissible* society. By coherence we mean the respecting of the system structure and the uniqueness of object identities. By permission we mainly understand the respecting of the encapsulation property.

2.3.1 Object creation and deletion

For ensuring the uniqueness of object identities in a given class Cl, we propose the following conceptualization:

1. To the associate (marked) CO-Net modeling Cl, a new place of sort $Id.obj$ is added denoted by $Id.Cl$ containing *actual object identifiers* of objects of the place obj.

2. Object creation is modeled through the net depicted in the left hand side of figure 2. The notation $\sim$ captures the intended behaviour (i.e., the identifier Id should not already be in the place $Id.Cl$). After firing this transition, there is an addition of the new identifier to the place $Id.Cl$ and a creation of a new object, $< Id|atr_1 : in_1, ..., atr_k : in_k >$, with $in_1, ..., in_k$ as optional initial attributes values.

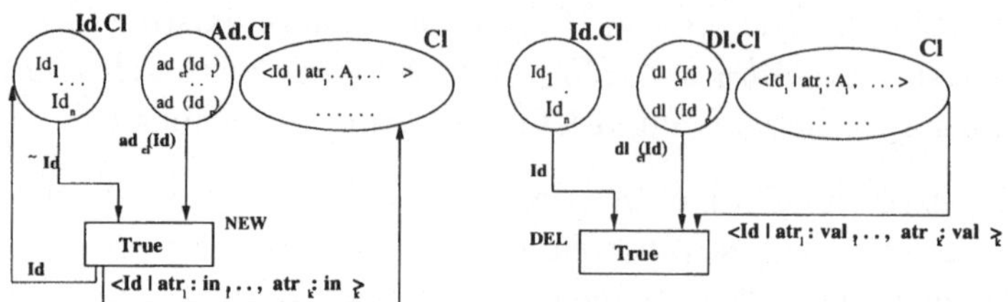

Figure 2: Object creation and deletion using OB-ECATNets

This object creation model can be adapted to specific cases. For example, when restriction conditions should be associated with initial values, the signature of the creation message can be modified to $ad_{Cl} : Id.obj\ s\_atr_1 .. s\_atr_k \rightarrow ad_{Cl}$ allowing to associate conditions with the transition NEW.

As depicted in the right hand of figure 2, the object deletion is modeled following the same principle.

2.3.2 Evolution of Object States

For object state evolution in a given class, a general pattern has to be respected in order to ensure the encapsulation property as well as the preservation of the object identity uniqueness. In order to exhibit maximal concurrency, the resulting evolution schema is depicted in Figure 3. The contact of the relevant parts[5] of some object states of a given Cl — namely $< I_1|attrs_1 >$[6] ;..; $< I_k|attrs_k >$ — with some messages $ms_{i1}, .., ms_{ip}, ms_{j1}, .., ms_{jq}$ — declared as *local or imported* in this class — and under some conditions on the invoked attributes and message parameters results in the following effects:

- The messages $ms_{i1}, .., ms_{ip}, ms_{j1}, .., ms_{iq}$ vanish.

- The state of some (parts of) object states participating in the communication changes, namely $I_{s1}, .., I_{st}$. Such a change is symbolized by $attrs'_{s1}, .., attrs'_{st}$ instead of $attrs_{s1}, .., attrs_{st}$.

---

[5]Such selection is possible due to the 'splitting/combination' axiom that has to be performed in front of each evolution depending on the invoked rewrite rule.

[6]$attrs_i$ is a simplified notation for $atr_{i1} : val_{i1}, .., atr_{ik} : val_{ik}$.

- Some objects are deleted by sending explicit delete messages.

- New messages $ms'_{h1}, .., ms'_{hr}, ms'_{j1}, .., ms'_{jq}$ are sent to objects of Cl.

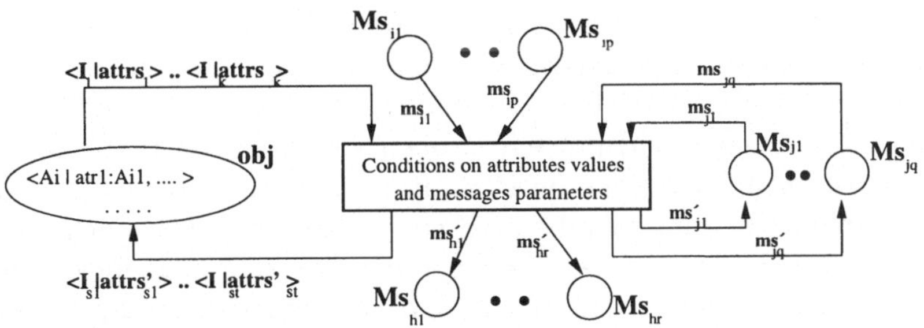

Figure 3: The intra-class CO-Nets interaction Model.

2.3.3 Rewriting rules governing the CO-Nets behaviour

Each CO-Net transition is captured by an appropriate rewriting rule interpreted in rewrite logic. Following the communication pattern in figure 3, the general form of the rewrite rules takes the following form:

$$T : (Ms_{i1}, ms_{i1}) \otimes .. \otimes (Ms_{ip}, ms_{ip}) \otimes (Ms_{j1}, ms_{j1}) \otimes .. \otimes (Ms_{jq}, ms_{jq}) \otimes$$
$$(obj, < I_1|attrs_1 >) \otimes ... \otimes (obj, < I_k|attrs_k >)$$
$$\Rightarrow$$
$$(Ms_{h1}, ms'_{h1}) \otimes ... \otimes (Ms'_{hr}, ms'_{hr}) \otimes (Ms_{j1}, ms'_{j1}) \otimes .. \otimes (Ms'_{jq}, ms'_{jq}) \otimes$$
$$(obj, < I_{s1}|attrs'_{s1} >) \otimes ... \otimes (obj, < I_{st}|attrs'_{st} >)$$
$$if \ Conditions \ and \ M(Ad_{Cl}) = \emptyset \ and \ M(Dl_{Cl}) = \emptyset \ ^7$$

Due to space restrictions, we are not able to present the more advanced constructions of CO-Nets, namely the handling of inheritance and interaction. These can be found in the long version of this paper available from the authors.

3 Mondel

Mondel has been designed particularly for modelling and specifying distributed applications in an object oriented setting. The main features of Mondel include object persistence, multiple inheritance, and rendez-vous communication

---

[7]This condition requires that the creation and the deletion of objects have to performed at first. In other words, before performing this rewrite rules the marking in the Ad_{Cl} as well of the Dl_{Cl} places have to be empty.

between objects. A Mondel object is an instance of a type (i.e., a class in other OO languages) that specifies the properties characterizing all its instances and the operations that can be accepted by the object following its specific behaviour. Each object type is described through three sections:

The attributes section, possibly empty, describes attribute identifiers and their types that are often object-valued. One of the specific features of Mondel is that some attributes, modeling *internal object states*, are implicit and their value depends on the actual procedure being executed (on the object). *The operations section* includes the declaration of operations (called methods in other OO languages) that may be invoked by other objects. Each operation has a fixed number of parameters (objects or values of a predefined type).

The behaviour section describes, through some procedures, the execution of each operation. The Mondel specification philosophy favours *communication* over computation. In other words, type behaviour is specified using a state-oriented style, where internal states are modeled as Mondel procedures. Such communication is made through a rendez-vous between the caller and the callee (*accept* for receiving and ! for sending), where the caller must *wait* until the callee has issued the corresponding *return* statement.

As an example we consider a vending machine [EDB93] which receives a coin and delivers candies. The Mondel specification of the vending machine system consists of one module composed of two types: *Machine* and *User*, as described in Figure 4. The relation between *User* and *Machine* is represented by the attribute m of type *Machine*, defined within the *User* type. The operations *InsertCoin* and *PushAndGetCandy* are specified within the operation clause. Note that these operations are without parameters. The user is initially in a *Thinking* state, and when he decides to buy a candy he inserts a coin. After the coin has been accepted, the user enters the *GetCandy* state, ready to accept a candy. Once a coin is inserted, the machine accepts the coin and then it enters the *DeliverCandy* state. After the user has pushed the button of the machine, it delivers him a candy and it becomes *Ready* again.

4 Translating Mondel into CO-Nets

In this section, we provide Mondel specifications with a clean semantics based on CO-Nets. For this aim, we present how object types including attributes, operations and behaviour are modeled using CO-Nets. Also, for the behaviour section, more emphasis will be laid to the communication aspects; because we estimate that the modeling of the computational aspects using the *define* statement is more trivial. Our translation ideas are illustrated using the vending machine example.

```
 0   unit VMsystem =                      21   type User = object with
 1   type Machine = object with          22   m : Machine ;
 2   operation                           23    behaviour;
 3    InsertCoin ;                        24    Thinking ;
 4    PushAndGetCandy ;                   25   where
 5   behaviour                           26   procedure Thinking =
 6    Ready                              27    m!InsertCoin ;
 7   where                               28    GetCandy ;
 8    procedure Ready =                  29    endproc Thinking ;
 9    accept InsertCoin do
10      return;                          30    procedure GetCandy
11    end;                               31    m!PushAndGetCandy ;
12    DeliverCandy ;                     32    Thinking ;
13   endproc Ready;                      33    endproc GetCandy ;
                                         34    endtype User ;
14   procedure DeliverCandy =           {the vending machine system behaviour }
15   accept PushAndGetCandy do          35    behaviour
16     return;                          36    define Amachine new(Machine) in
17   end;                               37     eval new(User(Amachine)) ;
18    Ready                             38    end ;
19   endproc DeliverCandy               39    endunit VMsystem
20   endtype Machine
```

Figure 4: Example Mondel specification

According to the presented CO-Nets approach, a Mondel specification may be translated into CO-Nets in a straightforward manner. More precisely, with each type we associate an CO-Net (i.e. a class) composed of:

An object state place containing object states having as attributes those declared explicitly plus *the implicit ones* modeling the behaviour states, and which are usually initialized in the beginning of the behaviour section.

As an example, for the machine type we have no explicit attributes. However, each machine is characterized by its state (shortly, *st*) initialized by the value *Ready* that can become *DeliverCandy*. Then, object instances of type machine, modeled by a corresponding *place*, should be declared as follows:

$$\textbf{op} < \_|st : \_ >: Id.machine\ state \rightarrow Machine$$

Id.machine stands for the *Machine* identities sort, and *state* has two values {*Rd, Dv*} (*Rd* stands for *Ready* and *Dv* for *DeliverCandy*). The same principle may be applied to the *User* type, where the machine *m* is an explicit attribute and the *User* state (*su*), *Thinking* (*Th*) or *GetCandy* (*Gt*), is an internal state.

Operation places. For each declared operation, we associate a corresponding place. If an operation is declared as $opr(arg_1, .., arg_n)$, where $arg_1, ..., arg_n$ are types parameters, we associate to it the following OBJ declaration:

$$\textbf{op } opr : arg_1...arg_n \; Id.callee \; Id.caller \rightarrow Msg_i$$

The addition of the identifier sorts of caller and callee is necessary. It allows us to know, when a message is accepted by an object (identified by $Id.callee$), and which object is concerned by the associated *return* (i.e. the $Id.callee$).

According to this, we should also add to each object type sending messages (i.e. containing the primitive '!') a place containing *return* messages:

$$\textbf{op } ret : Id.callee \rightarrow Msg_i$$

Following the above translation ideas, the CO-Net associated with the vending machine can be constructed. The two machine operations, modeled by two corresponding places, are declared as follows. The *InsertCoint* operation is declared as:

$$\textbf{op } ins : Id.machine \; Id.User \rightarrow Msg_1$$

Hence, *ins(u,m)*, means that the *User* u inserts the coin at the machine m. The *PushAndGetCandy* operation is declared analogously.

For the *User* type, we have no explicit operation and then no operations places. However, it contains (two occurrences of) a sent primitive, and therefore we have to conceive a 'return' place that store message instances of the form:

$$\textbf{op } ret : Id.User \rightarrow Msg_3$$

A transition is associated with each procedure. According to the two CO-Nets communications patterns, each procedure describing a state change of an object can be easily captured by a transition. Particularly, the rendez-vous communication is modeled as follows:

- An object changes its state by accepting some operation. This is captured by a suitable transition that expresses the contact of *OpName* with the associated *object state* — both modeled as tokens into their associated places — under the (transition) condition *PureExpr*. The result of firing such transition (token creation) is described by the statement *stat*.

  For example, we take the ready procedure from the machine type as described in Figure 4 in lines **8** to **13**. This procedure is captured by the transition **AC_Is**, as depicted in the associated net below, that takes as input places the **ins**(ertCoin) and the **Mc** (i.e., machine) places and as output ones the **Mc** and the **Ret** (i.e., return) places. More precisely, the contact of $ins(u,m)$ with $< m|st : Rd >$ results in the change of the machine state to $< m|st : Dv >$ and sending an acknowledgement to the *User* u that the message is accepted, expressed by $ret(u)$.

- The same reasoning may be applied to a statement of the form: *PureExpr ! OpName[PureExprList)]*. More explicitly, the caller *Id.caller* sends the message *OpName(Id.Callee, PureExpr, PureExprList)* to the object place associated with *OpName*. This fact is captured by a transition that takes as input place the caller object place and as output place *OpName*.

The procedure *Thinking* described in the *User* type in lines **26** to **29** is captured by the transition **Th** with input place **User** which sends the message $ins(u,m)$ to the machine. But according to the *rendez-vous communication principle*, the **User** must *wait* until the acceptance of such a message (i.e. the firing of the transition **Ac-Is** : accept-insert).

In order to make this waiting state *explicit*, we propose to add to the *User* states two other values, namely $wt1$ (i.e. wait1) and $wt2$ (wait2). $wt1$ expresses that the *User*, after he send an $ins(u, m)$ message, is in a waiting state before he enters the *GetCandy(Gc)* state (i.e. before receiving the associated *return* expressed by the firing of the transition **Ac-Is**). $wt2$ expresses the waiting to enter the *Thinking(Th)* state as modeled by the transition **Ac-Ps** (short for accept-push) (i.e. waiting for the accepting of the message $push(u,m)$).

Note that these intuitive suggestions should be taken into account in each similar case. In other words, for each send primitive occurrence (i.e., each ! operation) one should associate a waiting value. We can also, as done in [BB91], model all wait occurrences as one and associate with *each return* a corresponding place. However, in this case the number of places may become unmanageable.

All for all, the structural and the behavioural (i.e. the associated CO-Nets) aspects of the vending machine are described in Figures 5 and 6.

Because of space restrictions, we cannot present the handling of subclasses and the prototyping of objects in this paper. We have to refer to the extended version of this paper available from the authors.

5   Conclusion

In this paper, we proposed the CO-Nets approach as a formal model for concurrent OO systems. The approach is based on an integration of OO concepts

120

```
obj MU-state is                          Imported Messages .
 protecting string .                      op ins : Id.User Id.machine → Msg1 .
 sort st-user, st-mc,                     op push : Id.User Id.machine → Msg2 .
        Id.machine, Id.User .             vars m:Id.machine
 subsort Id.machine, Id.User < String .  endo
 op Rd, Dv : → St-mc .                   obj User is
 op Th, Gc, wt1, wt2 : → St-user .        protecting MU-state .
endo                                      sort User return .
Machine and User states                  op < _|su : _, mc : _ >
 obj Machine is .                              St-user Id.machine → User.
 protecting MU-state .                    Imported Messages .
 sort Machine Msg1 Msg2 .                 op ret : Id.User → return .
 op < _|st : _ > Id.machine St-mc         vars u:Id.user
        → Machine .                       endo
```

Figure 5: Type declarations as result of transformation.

and constructions into the ECATNets model, which is a form of high level
Petri nets combining the strengths of Petri nets with those of abstract data
type. Some key advantages of CO-Nets include the modelling of simple and
multiple inheritance in a straightforward way; the characterization of two communication patterns for intra-class as well as inter-class evolution promoting
intra- and inter-object concurrency and preserving the encapsulation property;
the interpretation of the model into rewriting logic allowing the generation of
rapid-prototypes using rewriting techniques and particularly the Maude language [Mes93].

As a case study for the assessment of the adequacy of the proposed model
we have shown how Mondel specifications can be easily and naturally translated into the CO-Nets framework. Moreover, due to the CO-Nets semantics,
some of the Mondel properties can be verified either through graphical animation or by symbolic deduction using rewriting techniques. However, we have
to investigate in more detail which properties are particularly verifiable using
these techniques. Additionally, we plan to adapt the analysis techniques developed for coloured Petri nets and its object-oriented extensions developed in
[Lak95].

Due to space restrictions, we had to skip the aspects of subtyping and
prototyping in this paper. The reader is referred to an extended version which
will be made available as technical report and which can be ordered from the
authors.

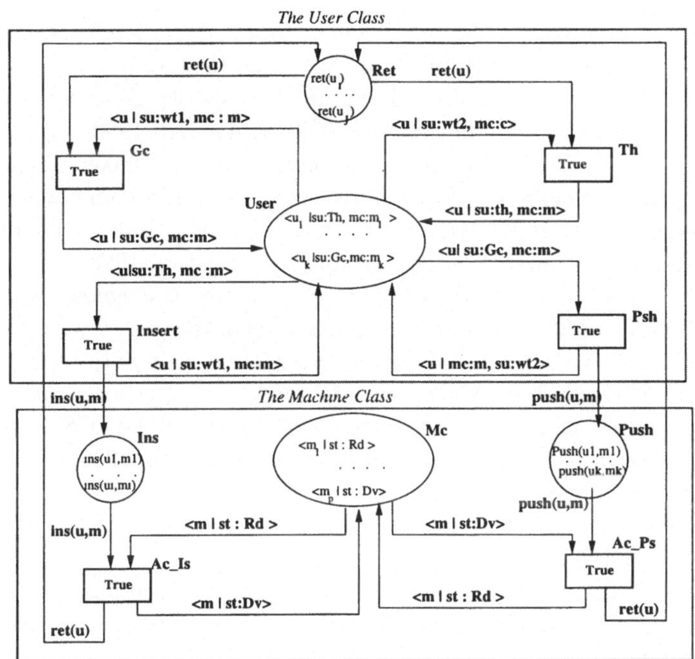

Figure 6: Modeling the VMachine using CO-Nets

References

[Aou99] N. Aoumeur. Towards an Object Petri Net Based Framework for Modelling and Validating Distributed Systems. To appear as Preprint, Fakultät für Informatik, Universität Magdeburg, 1999.

[BB91] M. Barbeau and G.v. Bochmann. Formal Verification of Mondel Specification Using a Coloured Petri Nets Techniques. Publication N 784, Département d'informatique et de Recherche Opérationnelle, Université de Montréal, 1991.

[BBE+91] G.v. Bochmann, M. Barbeau, M. Erradi, M. Lecome, P. Mondain-Mondel, and N. Williams. Mondel: An Object Oriented Specification Language. Publication N 748, Département d'informatique et de Recherche Opérationnelle, Université de Montréal, 1991.

[BM92] M. Bettaz and M. Maouche. How to Specify Non Determinism and True Concurrency with Algebraic Term Nets. volume 655 of *LNCS*, pages 164–180, 1992.

[BMB93] M. Bettaz, M. Maouche, Soualmi, and S. Boukebeche. Protocol Specification using ECATNets. *Reséaux et Informatique Répartie*, 3(1):7–35,

1993.

[Boo91]   G. Booch, editor. *Object Oriented Design With Applications*. The Benjamin/Cummings Publishing Company, Inc., 1991.

[DJ90]   J. Dershowitz and J.-P. Jouannaud. Rewrite Systems. *Handbook of Theoretical Computer Science*, 935(6):243–320, 1990.

[ECSD98]   H.-D. Ehrich, C. Caleiro, A. Sernadas, and G. Denker. Logics for Specifying Concurrent Information Systems. In J. Chomicki and G. Saake, editors, *Logics for Databases and Information Systems*, chapter 6, pages 167–198. Kluwer Academic Publishers, Boston, 1998.

[EDB93]   M. Erradi, R. Dssouli, and G.v. Bochmann. A Framework for Dynamic Evolution of Distributed Systems Specifications. *Reséaux et Informatique Répartie(Networking and Distributed Computing)*, 3(1), 1993.

[EM85]   H. Ehrig and B. Mahr. *Fundamentals of Algebraic Specifications 1: Equation and Initial semantics*, volume 21 of *EATCS Monographs on Theoretical Computer Science*. Springer, Berlin, 1985.

[GD93]   J.A. Goguen and R. Diaconescu. Towards an Algebraic Semantics for the Object Paradigm. In *Proc. of 10th Workshop on Abstract Data Types*, 1993.

[GWM+92]   J.A. Goguen, T. Winkler, J. Meseguer, K. Futatsugi, and J.P. Jouannaud. Introducing OBJ. Technical Report SRI-CSL-92-03, Computer Science Laboratory, SRI International, 1992.

[Jen92]   K. Jensen. Coloured Petri Nets: Basic Concepts, Analysis Methods and practical Use - Volume 1 : Basic Concepts. *EATCS Monographs in Computer Science*, 26, 1992.

[JR91]   K. Jensen and G. Rozenberg. *High-level Petri Nets*. Springer-Verlag, 1991.

[JSHS96]   R. Jungclaus, G. Saake, T. Hartmann, and C. Sernadas. TROLL – A Language for Object-Oriented Specification of Information Systems. *ACM Transactions on Information Systems*, 14(2):175–211, April 1996.

[Lak95]   Lakos, C. From Coloured Petri Nets to Object Petri nets. In *Proc. of 16th Application and Theory of Petri Nets*, volume 935 of *Lecture Notes in Computer Science*, pages 278–287. Springer-Verlag, 1995.

[Mes92]   J. Meseguer. Conditional rewriting logic as a unified model for concurrency. *Theoretical Computer Science*, 96(1):73–155, 1992.

[Mes93]   Meseguer, J. A Logical Theory of Concurrent Objects and its Realization in the Maude Language. In G. Agha, P. Wegner, and A. Yonezawa, editors, *Research Directions in Object-Based Concurrency*, pages 314–390. The MIT Press, 1993.

[RBP+91]   J. Rumbaugh, M. Blaha, W. Premerlani, F. Eddy, and W. Lorensen. *Object Oriented Modeling and Design*. Prentice Hall, Englewood Cliffs, 1991.

[Rei91]   W. Reisig. Petri Nets and Abstract Data Types. *Theoretical Computer Science*, 80:1–30, 1991.

Paradigmenunabhängige Konzepte für die Dialogverwaltung in Informationssystemen

Wolfram Clauß Jana Lewerenz* Kati Seelig

Brandenburgische Technische Universität Cottbus
Lehrstuhl Datenbanken und Informationssysteme
Postfach 101344, 03013 Cottbus

{clauss, jl, ks}@informatik.tu-cottbus.de

Zusammenfassung

In klassischen Entwurfstechniken für Datenbankanwendungen werden Aspekte der Benutzerinteraktion nicht genügend unterstützt. Diese Arbeit stellt einen Ansatz und eine Architektur für die Integration der Interaktionsspezifikation in die Anwendungsbeschreibung vor. Dabei setzen wir eine strikte Trennung durch zwischen der Funktionalität der Interaktion, die den alleinigen Gegenstand der eigentlichen Spezifikation bilden soll, und der Repräsentation, die auf der Grundlage von Styleguides erst während der Laufzeit automatisch erzeugt wird. Das Ergebnis ist eine hohe Flexibilität selbst im Hinblick auf unterschiedliche Interaktions*paradigmen* wie graphische Schnittstellen, Frage-Antwort-Dialoge, einfache menübasierte Oberflächen usw.

1 Einführung

Diese Arbeit bewegt sich im Rahmen des Projektes *Co-Design* – Methoden und Werkzeuge zur Entwicklung verteilter Transaktionssysteme. Das Ziel des Projektes ist die Unterstützung einer integrativen Entwurfstechnik zur Entwicklung von komplexen, verteilten und interaktiven Anwendungen von Informationssystemen. Zur Umsetzung dieser Entwurfstechnik wird eine Entwicklungs- und Ausführungsumgebung realisiert, die der Erhöhung der Produktivität des Entwurfs dient. Schlüssel dabei ist die Zusammenfassung bisher weitgehend getrennt zu bearbeitender Teilbereiche des Systementwurfs: Struktur, Verhalten *und* Interaktion.

Diese Arbeit geht *nicht* auf die Inhalte der Interaktionsspezifikation ein, sondern auf Modell und Architektur für die *Verarbeitung* von Interaktionsspezifikationen. Unser

---

*Unterstützt durch die DFG, Berlin-Brandenburger Graduiertenkolleg „Verteilte Informationssysteme", GRK 316.

Argument ist, daß die Inhalte in wesentlichem Umfang sowohl von der Art der Anwendung als auch von den zur Verfügung stehenden Plattformen (in einem viel weiteren Sinn als üblicherweise angenommen) abhängt. Sinn des Co-Design-Systems ist, eine Architektur für die Modellierung von Anwendungen in solch heterogenen Umgebungen bereitzustellen.

Gliederung. Dieser Artikel legt besonderes Augenmerk auf die abstrakte Realisierung der Benutzerinteraktion. Im weiteren Teil des Abschnitts 1 werden zum einen die Rolle der Interaktion mit den Benutzern sowie Schwierigkeiten, die sich bei ihrer Realisierung ergeben, dargelegt. Zum anderen skizzieren wir die Co-Design-Philosophie, in die Interaktionsentwurf und -realisierung dann eingebettet werden, und gehen auf verwandte Arbeiten im Bereich der Benutzerinteraktion ein. Im Abschnitt 2 werden der Grundaufbau und die Architektur der Co-Design-Entwicklungsumgebung im allgemeinen und der Interaktionsrealisierung im besonderen erläutert. Der Übersetzungsmechanismus, der zur tatsächlichen Umsetzung der Interaktion eingesetzt wird, wird im Teil 3 dargestellt.

1.1 Motivation

Die Entwicklung von benutzerunterstützenden Schnittstellen für Datenbankanwendungen ist wichtig, damit auch Anwendern ohne fundierte Vorkenntnisse die Arbeit mit einer Datenbank möglich wird. Benutzerschnittstellen ermöglichen die Maskierung der zugrundeliegenden Datenstrukturen, einen geringeren Lernaufwand, eine aufgabenangepaßte Benutzerführung und -unterstützung und damit die Nutzung der Datenbank auch durch Nichtexperten.

Eine Umfrage [MR92] hat ergeben, daß durchschnittlich ca. 45% der Entwurfszeit und ca. 50% der Implementationszeit eines Systems für die Erstellung von Nutzerschnittstellen verwendet werden, in Einzelfällen auch wesentlich mehr. Angesichts einer immer steigenden *Paradigmenvielfalt* in Bezug auf Interaktionsmechanismen mögen diese Zahlen in Zukunft sogar noch steigen. Existierende Werkzeuge und Entwurfsmethodiken sind derzeit nicht in der Lage, so grundsätzlich verschiedene Interaktionsparadigmen wie hochauflösende graphische Interfaces, Kommunikation über 2-Zeilen-Displays (z.B. Mobiltelefone), Menüoberflächen oder sogar natürliche Sprache auf der Grundlage einer gemeinsamen Spezifikation anzusprechen. Dieses Ziel verfolgt der im Rahmen des Co-Design-Projektes verfolgte Ansatz zur funktionalitätsorientierten Interaktionsspezifikation und zur automatischen Erzeugung von den aktuell gegebenen Paradigmen angemessenen Interaktionsrepräsentationen.

Das Projekt DENDA. Als Veranschaulichung für die Vielzahl der Probleme, die bei der Anwendungsentwicklung mit gängigen Konzepten und Werkzeugen entstehen, soll das Projekt DENDA (Dynamic ENvironmental DAtabases) dienen.

Hier wird die Umwelt- und Forschungsdatenbank für das Innovationskolleg „Bergbaufolgelandschaften" der BTU Cottbus entwickelt, einem interdisziplinären Forschungsverbund mit derzeit 18 Teil- bzw. Zusatzprojekten. Ziel der Datenbank ist die Ermöglichung eines raschen und einfachen Informationsaustausches zwischen den verschiedenen Fachdisziplinen sowie die Unterstützung und Vereinfachung der Arbeit der Projektmitarbeiter. Dabei handelt es sich außerhalb des Teilprojekts DENDA um Nichtinformatiker ohne fundierte Kenntnisse in klassischen Datenbankanfragesprachen. Die folgende Auflistung faßt die wichtigsten Erfahrungen aus dem Projekt DENDA zusammen.

- Die vorhandenen Werkzeuge zur Entwicklung von Oberflächen unterstützen meist nur eine geringe Anzahl von Zielplattformen und Systemparametern. Unterschiedliche *Interaktionsparadigmen* werden durchweg nicht betrachtet.

- Datenbank und Oberfläche lassen sich *nicht durch ein einheitliches Modell* darstellen. Änderungen an der Datenstruktur bzw. dem Oberflächenaufbau müssen per Hand analysiert und übertragen werden.

- *Inkonsistenzen bei Änderungen der Struktur* sind schwer zu lokalisieren und oft nur vom Fehlverhalten des Programms ableitbar.

- *Styleguides*, die zur Umsetzung von allgemeinen Prinzipien der Software-Ergonomie [Her94], der Interaktionsgestaltung sowie sonstiger Gestaltungsrichtlinien (Corporate Identity u.ä.) dienen, fließen nicht automatisch in die Oberflächenentwicklung ein.

Die dargestellten Probleme treten sicher nicht in vollem Umfang in jedem der verfügbaren Entwurfswerkzeuge auf. Sie sind allerdings symptomatisch für eine mangelnde Unterstützung hoher Produktivitäts- und Qualitätsanforderungen an den Anwendungsentwurf. Vor allem komplexe Anwendungen stellen ihre Entwickler vor große Probleme und lassen Wartung und Erweiterung extrem aufwendig werden.

1.2   Co-Design – Integrativer Entwurf

Die Erfahrungen mit DENDA und den genutzten Werkzeugen dienen als Motivation dafür, Wege zu finden, die Entwicklung von Datenbankanwendungen produktiver zu gestalten und ihre Qualität zu verbessern, insbesondere (auch) in Hinblick auf die Nutzerinteraktion. Der herkömmliche Zugang, Oberflächen auf eine vorhandene Datenbank aufzusetzen, ist nicht optimal, da er tiefgreifende Wechselwirkungen zwischen den Datenstrukturen, den unterstützenden Prozessen und ihrer Benutzung über die Nutzerschnittstelle vernachlässigt. Besonders wenn für die Anwendung Effizienz gefordert ist, muß beim Entwurf der Datenstrukturen und der Prozesse die Darstellung und die Informationsgewinnung über die Oberfläche rechtzeitig mit einbezogen werden [CT97].

Der oft bereits intuitiv realisierte integrative Entwurfszugang (das „Im-Hinterkopf-Haben" von Anwendungsszenarien) scheitert schnell bei größeren Projekten. Solche Umgebungen erfordern einen systematischen Zugang. *Co-Design* bezeichnet die parallele, aufeinander abgestimmte, also optimierte Entwicklung von Struktur, Verhalten und Oberfläche von Datenbankanwendungen. Die Abstraktion von konkreten implementations- und gestaltungsspezifischen Details ermöglicht die Konzentration auf die Funktionalität der Anwendung. Co-Design stellt (a) die korrekte Integration von Struktur, Verhalten und Oberflächen und (b) die konsistente Benutzbarkeit auf verschiedenen Plattformen *und* unter verschiedenen Gestaltungsrichtlinien sicher. Für den konzeptionellen Entwurf wird ein Gesamtmodell verwendet. Zur Erhöhung der Entwurfseffizienz stehen dem Entwickler generische System- und Anwendungsmuster auf unterschiedlichen Abstraktionsniveaus zur Verfügung.

In diesem Artikel betrachten wir insbesondere den Aspekt der Realisierung von Nutzerschnittstellen für Datenbankanwendungssysteme. Interaktionsprozesse (Dialoge) stellen gewissermaßen *dynamische Sichten* auf das Gesamtsystemverhalten dar [CLT97]. Dieser Bereich beleuchtet einige Probleme, die charakteristisch für die Umsetzung einer integrativen Entwurfsstrategie sind.

1.3 Verwandte Arbeiten

Grundsätzlich muß sich die Interaktionsmodellierung mit drei Aspekten befassen: dem *Ablauf* der Interaktion (Dialogfluß), dem *Inhalt* (beteiligte Daten) sowie der Interaktions*form* (letztendliche Darstellung auf dem Bildschirm, über eine Sprachausgabe usw.). Zahlreiche existierende Ansätze nutzen unterschiedlichste Methoden zur Modellierung der einzelnen Aspekte: z.B. Transitionsnetze/Automaten, Grammatiken oder Ereignissteuerungen zur Ablaufmodellierung [Gre86]; unterschiedlichste Datenmodelle zur Inhaltsspezifikation; explizite Präsentationsmodelle oder Regeln zur Präsentationsfestlegung zur Definition der Erscheinungsform.

Das GENIUS-Projekt [BFJ96] benutzt beispielsweise ER-Diagramme und Dialognetze zur Beschreibung von Dialoginhalt und -ablauf. Zur Zuordnung von Repräsentationsformen werden Regeln herangezogen, die sich an den strukturellen Eigenschaften der Daten orientieren. Das Projekt ist auf die Herstellung von maskenorientierten Nutzerschnittstellen ausgerichtet.

Das im Zusammenhang mit Smalltalk propagierte MVC-Paradigma [KP88] verwendet eine ereignisgesteuerte Ablaufkontrolle (Controller). Durch die direkte Zuordnung von Darstellungsformen (Views) zu den Inhalten (Model) ist die MVC-Methode eher unflexibel im Hinblick auf das Ansprechen unterschiedlicher Interaktionsparadigmen.

Eine Reihe anderer Forschungsprojekte [BHLV95, PCOM99, SLN92] kombinieren ebenfalls verschiedene Modelle zur Beschreibung der einzelnen Interaktionsaspekte. Charakteristisch ist allerdings, daß die Zuordnung von Repräsentationen zu Inhalten weitestgehend statisch erfolgt und somit kaum offen gegenüber dem Einbinden andersartiger Interfacesysteme ist. Von den oben vorgestellten Ansätzen geht einzig GENIUS mit *Regeln*, die eine Abbildung auf Interface-Elemente vornehmen, einen Schritt in diese Richtung.

Mit der Co-Design-Methodologie verfolgen wir die Philosophie, einerseits einen integrativen Entwurf umzusetzen, andererseits aber auch eine Trennung zwischen reiner Funktionalität und konkreten Darstellungsformen vorzunehmen. Im Kontext der Interaktion bedeutet dies, sich im Entwurf auf Interaktionsinhalt und -ablauf zu konzentrieren. Übersetzungmechanismen können dann anhand verschiedener Styleinformationen Repräsentationen (Interaktionsformen) auf unterschiedlichsten Zielsystemen erzeugen – von hochauflösenden graphischen Nutzerschnittstellen bis zu simplen 2-Zeilen-Displays.

2   Einbettung der Dialogverwaltung in die Co-Design-Entwicklungsumgebung

Der konzeptionelle Entwurf erfolgt auf der Basis eines Gesamtmodells für die Modellierung der Struktur, des Verhaltens und der Benutzeroberflächen. In diesem Modell wird auf der Grundlage mathematischer Methoden ein strukturierter Entwurfsprozeß realisiert.

Anforderungen an ein Entwurfsmodell. Bei der Entwicklung einer integrativen Modellierungssprache mußte die Forderung nach Integration von Struktur und Verhalten sichergestellt werden. Dabei traten gegensätzliche Anforderungen auf den verschiedenen Entwurfsebenen auf:

- *angemessene Ausdrucksstärke*, um soweit wie möglich die Vorteile der verschiedenen Darstellungsmöglichkeiten einzelner Plattformen zu nutzen,

- *Anwendungsbezogenheit* durch der Anwendungsumgebung entsprechende komplexe Konstrukte,

- *Benutzerverständlichkeit* durch intuitive Verständlichkeit und Nutzbarkeit.

Um eine hohe Flexibilität beim Entwurf zu erhalten, wird keine eindeutige Modellierungssprache mit einer festen Semantik entwickelt, sondern eine „programmierbare" Semantik bevorzugt [CLS99]. Für spezifische Entwerfer in spezifischen Anwendungsprojekten und für spezifische Plattformen können so angemessene Beschreibungsmittel bereitgestellt werden.

128

Architektur des Co-Design-Prototypen. Abbildung 1 zeigt die Architektur der
Co-Design-Entwicklungsumgebung. Die Entwicklungsumgebung ermöglicht den
Entwurf einer integrierten und abstrakten (d.h. ausschließlich funktionsorientier-
ten) Anwendungsspezifikation. Anschließend werden keine ausführbaren Dateien
erzeugt, sondern die Anwendung wird in der Entwicklungsumgebung unmittelbar
ausgeführt. Änderungen der Spezifikation können somit direkt das Verhalten der
laufenden Anwendung beeinflussen.

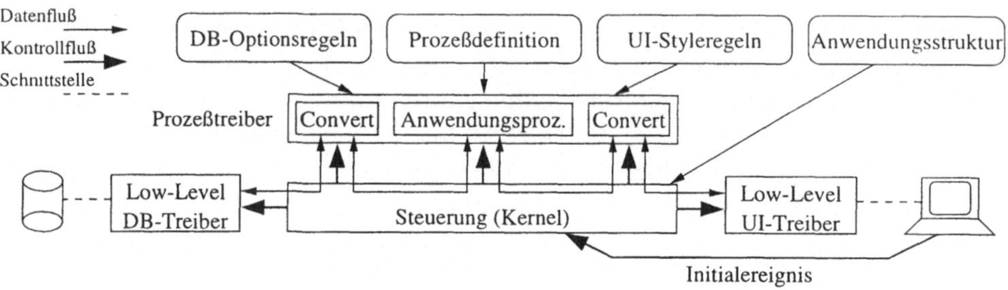

Abb. 1: Architektur

Die *Anwendungsbeschreibung* enthält die Anwendungsstruktur sowie die Prozeßdefinition. Sie ist frei von Implementationsdetails und insbesondere von Belangen
der Oberflächengestaltung. Ein natürlicher Bestandteil der Prozeßspezifikation ist
jedoch die funktionale Definition der Interaktionsprozesse. Sie beinhaltet die Charakterisierung der beteiligten Daten sowie der in der Interaktion darzustellenden
(anwendungsbezogenen) Zusammenhänge zwischen den Daten [CL99].

Datenbankoptionsregeln bzw. *Userinterfaceoptionsregeln* legen fest, wie der Daten-
zugriff bzw. die Datenpräsentation zu erfolgen hat. Zu den DB-Optionen gehören
die Spezifikation des zugrundeliegenden Datenmodells, die Anfragesyntax, entsprechende Transformationsregeln und Informationen zur Optimierungsunterstützung.
UI-Optionen können hingegen z.B. die Charakterisierung des Benutzers oder globale Styleguides enthalten.

Der *Prozeßsteuerung* obliegt die Verwaltung der Prozesse, d.h. der Interaktions-
und der reinen Berechnungsprozesse. Sie hält die in der Anwendungsspezifikation beschriebene Verbindungsstruktur, überprüft die Ausführbarkeit von Prozessen
anhand von definierten kausalen Abhängigkeiten und übernimmt das Starten der
Prozesse mit den entsprechenden Eingangsdaten.

Der *Prozeßtreiber* ist dann für die Ausführung der Prozesse verantwortlich. Er ist
aus Gründen der Flexibilität als Termersetzungssystem realisiert. Die Regeln für
die Anwendungsprozesse (Berechnungsprozesse) werden aus der Prozeßdefinition entnommen. Die Prozeßsteuerung veranlaßt das Einlesen der Termersetzungsregeln aus der Prozeßdefinition sowie des zu ersetzenden Eingangsdatenbaums.

Datenbank- und Interaktionstreiber, die für die Ausführung von Datenbankzugriffen bzw. für die Ansteuerung von Userinterfacesystemen verantwortlich sind, werden durch eine Schachtelung von Convertern („virtuelle Treiber" als Schnittstellenabstraktion) um einen Low-Level-Treiber umgesetzt (siehe unten).

Termersetzer. Berechnungsprozesse und virtuelle Treiber werden durch Termersetzer realisiert. Alle Ersetzungsschritte des Termersetzungssystems werden auf (logischen) Baumstrukturen, dem eigentlichen internen Datenmodell, durchgeführt. Sämtliche Daten, die zur Laufzeit von Prozessen konsumiert oder produziert werden, sind Bäume, deren kanonische Darstellung einer Grundgrammatik entspricht. Auch sämtliche Spezifikationen in den DB-Optionen und den UI-Optionen sowie die Prozeßdefinitionen sind durch die Grundgrammatik erzeugbar. Bis auf den Unterschied kanonischer Darstellungen der Input- und Outputdaten (und selbst der Termersetzungsgrammatiken) sind die Struktur und Ausdrucksfähigkeit des hier verwendeten Termersetzungsmechanismus im wesentlichen identisch zu bekannten getypten (homomorphen) Ersetzungssystemen, z.B. TXL [CHP91].

Termersetzer wurden unter anderem gewählt, weil es sich um ein relativ einfaches, jedoch Turing-vollständiges Berechnungsmodell handelt. Außerdem lassen sich datenbanktypische Integritätsbedingungen leicht in Regeln abbilden, und Termersetzer sind algebraischen Typspezifikationen sehr nahe. Aufgrund ihrer innewohnenden Generizität sind sie universeller als viele andere, fest vordefinierte Sprachen. Zur Prozeßausführung sind natürlich auch andere Verfahren einsetzbar. Wesentlich ist, daß die Prozeßdefinition (ebenso wie die Darstellungsoptionen) *manipuliert werden kann*, um die geforderte Dynamik der Interaktion realisieren zu können.

Allgemeiner Treibermechanismus. Die zielsystemabhängigen Bestandteile der Anwendung – Dialogsteuerung und Datenbankzugriff – werden wie oben angedeutet durch mehrere Komponenten realisiert. Diese Vorgehensweise dient der leichteren Erweiterbarkeit an (häufig veränderliche) Umgebungseigenschaften.

- Die plattformunabhängige Definition der Interaktionsprozesse respektive der Speicherungsprozesse wird durch eine Schachtelung entsprechender *virtueller Systemtreiber* (Converter) mit Steuerinformationen angereichert, welche die konkrete Ausführung festlegen. Es werden (dynamisch zur Laufzeit) anwendungsnahe Prozeßspezifikationen in systemnahe, d.h. zielplattformabhängige, Spezifikationen transformiert und dabei optimiert. Diese Transformation erfolgt kaskadierend durch verschiedene virtuelle Treiber, welche ebenfalls Termersetzer beinhalten, die durch den Prozeßtreiber ausgeführt werden.

- Die Regeln, nach denen die virtuellen Treiber die Spezifikationen transformieren, und zusätzliche die Transformation beeinflussende Daten (Styleinformationen, Optimierungsoptionen etc.) steuern diesen Prozeß. Diese Informationen können allerdings ihrerseits manipuliert werden, beispielsweise um Interaktionsprozesse an die Präferenzen eines Benutzers anzupassen.

- Die Low-Level-Treiber für Interfaces bzw. Datenbanken übernehmen die Ansteuerung der jeweiligen konkreten Systeme. Diese Treiber realisieren die Interaktion mit dem eigentlichen Userinterface-Managementsystem (z.B. X/Motif) bzw. die spezifischen, plattformabhängigen Datenbankzugriffe.

- Im Anschluß werden, wenn erforderlich, die im Low-Level-Treiber akquirierten Daten in der Treiberhierarchie in das Format (das Abstraktionsniveau) der Anwendung zurücktransformiert. Die virtuellen Treiber verhalten sich somit wie eine Folge abstrakter Zielsysteme (*protocol stack*).

Zusätzlich gibt es noch einen initialen Zugriff vom Userinterface zur Steuerung. Meldet sich ein Anwender an, wird daraufhin eine neue Instanz des Steuerungsprogramms gestartet. Die Steuerung aktiviert dann zum Beispiel den einleitenden Userprozeß zur Authentifizierung. Es kann konkurrierende (parallele) Steuerprozesse geben.

Dialogrealisierung. Eine wesentliche Aufgabe der Co-Design-Entwicklungsumgebung ist die automatischen Umsetzung der Nutzerinteraktion für verschiedene Paradigmen. Voraussetzung dafür ist, daß die Anwendung sich prinzipiell auf das jeweilige Userinterfacesystem funktional abbilden läßt, d.h. sie überhaupt *sinnvoll ausführbar* ist. Es ist weiterhin möglich, daß gleichzeitig mehrere Anwender auf verschiedenen Userinterfaceplattformen mit ein und derselben Anwendung arbeiten.

Die Paradigmenunabhängigkeit wird durch eine flexible Dialogrealisierung erreicht. Die anwendungsorientierte Spezifikation des Dialoges wird schrittweise und unter Berücksichtigung der speziellen Eigenschaft der Userinterfaceschnittstelle in eine zielplattformabhängige Spezifikation transformiert [CL99]. Sie wird wie oben bereits ausgeführt durch eine hierarchische Struktur von virtuellen Treibern realisiert.

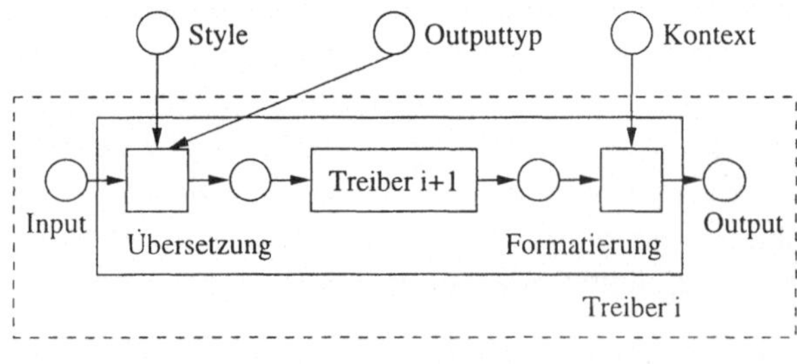

Abb. 2: Treiber

Treiberhierarchie. Die Treiberhierarchie kann als Baum aufgefaßt werden, dessen Blätter die Low-Level-Treiber für unterschiedliche Zielsysteme darstellen. Beim Durchlaufen dieser Hierarchie wird die ursprünglich abstrakte Spezifikation an das Zielsystem angepaßt. Die Zielspezifikation beschreibt dann auf einer vollständig schnittstellenspezifischen Ebene, welche Ein- und Ausgaben in welcher Form erfolgen sollen. Letztendlich werden die Anforderungen der Anwendung Schritt für Schritt auf der Basis der Eigenschaften der Schnittstelle umgesetzt. In der Abbildung 2 wird ein Ausschnitt aus der Treiberhierarchie dargestellt.

Der *Input* für einen Treiber beinhaltet die Beschreibung der auszugebenden Daten. Dazu gehören die Daten selbst und zusätzliche die Daten beschreibende Informationen (z.B. Typinformationen, Unterscheidung wichtiger und weniger wichtiger Daten, in der Ausgabe zu repräsentierende Zusammenhänge zwischen Daten usw.).

In der *Styleinformation* ist dann festgelegt, wie diese Daten zu behandeln sind. Bietet eine textuelle Schnittstelle zum Beispiel verschiedene Fonts für die Darstellung an und ist genügend Platz vorhanden, könnten die weniger wichtigen Daten in einem kleinen Font ausgegeben werden. Besteht diese Möglichkeit nicht oder der Platz ist nicht vorhanden (zum Beispiel bei der Ausgabe auf einem kleinen LCD-Display), werden die Daten alternativ über Verweise oder im Extremfall überhaupt nicht verfügbar gemacht.

Außerdem wird der *Outputtyp* hinzugenommen. Das ist der Typ der Daten, die der Benutzerprozeß für die nachfolgenden Systemkomponenten produzieren soll, genaugenommen also die Eingaben des Anwenders. Genauso wie die Ausgabe von Informationen an den Nutzer realisiert wird, werden die Eingabemöglichkeiten für den Nutzer unter Berücksichtigung des Kontextes angepaßt. Die Gestaltung der Dialoge ist somit abhängig von

- den konkreten Input*werten* für die Treiber,

- den Output*typen* einschließlich eventueller Integritätsbedingungen,

- der Festlegung der Interfaceoptionen (Style),

- der aktuellen Zielplattform und

- dem Akteur des Dialoges.

In Zusammenhang mit der Verarbeitung der Outputtypen ergeben sich interessante Parallelen zu Arbeiten, die sich mit der Generierung von Programmierumgebungen befassen [Koo94]. Hier kann der (strukturierte) Text, der aus der Editierumgebung heraus an diverse Tools übergeben werden kann, als Term eines komplexen Outputtyps in unserem Sinne aufgefaßt werden. Die Editierumgebung entspricht einem hochstrukturierten Interaktionsprozeß, der zur Erfassung entsprechender Outputdaten instantiiert wird. Wir möchten jedoch darauf hinweisen, daß (ganz im Gegensatz zu diesen Arbeiten) in unserem Ansatz neben der reinen Funktionalität, die durch den Interaktionsprozeß realisiert wird, gerade auch die automatische Anpassung ihrer Repräsentation an unterschiedlichste Darstellungsfähigkeiten einzelner Interfacesysteme eine wichtige Rolle spielt.

Entwicklungsebenen. Für die Dialogrealisierung ergeben sich mehrere Entwicklungsebenen, die die Flexibilität und den Grad der Wiederverwendbarkeit erhöhen:

- Definition der Treiber auf verschiedenen Abstraktionsebenen
- funktionaler Inhalt der Dialoge (Teil der Anwendungsbeschreibung)
- Erscheinungsbild der Dialoge (Styleinformationen)

Diese verschiedenen Spezifikationen können von mehreren unterschiedlichen Entwicklern vorgenommen werden. Der Anwendungsexperte legt den Inhalt der Dialoge fest. Ein Systementwickler definiert die Interfacetreiber und ein Software-Ergonom legt die Gestaltungsrichtlinien für die Realisierung der Dialoge fest.

Umsetzung komplexer Dialoge. Komplexe Dialoge sind durch eine *wechselseitige* Interaktion zwischen System und Nutzer gekennzeichnet. Sie werden durch die Verknüpfung mehrerer elementarer oder weiterer komplexer Prozesse realisiert. Sie bestehen mindestens aus einem (z.B. zyklisch gestartetem) Interaktionsprozeß.

Zur Erhöhung der Produktivität des Entwicklungsprozesses ist es generell sinnvoll, komplexe Prozesse und Objekte, die oft gebraucht werden, vorzudefinieren und in einer Bibliothek anzubieten. Der Anwendungsentwickler kann zusätzlich selbst solche syntaktischen Abkürzungen definieren (durch einen gewöhnlichen Makromechanismus).

Ebenso können Makros mit variabler Interpretation in Abhängigkeit vom Zielsystem (semantische Makros) zur Verfügung gestellt werden. Neben der elementaren Umsetzung einer solchen Teilspezifikation können so auch gezielt geeignete Zielsystemstrukturen angesprochen werden (z.B. um Integritätsprüfungen auf Benutzereingaben unmittelbar im Interface auszuführen). Spezielle Fähigkeiten von Zielplattformen können so ausgenutzt werden.

Ein weiterer Schritt zur Optimierung des Entwurfs ist die *automatische* Umsetzung komplexer Strukturen in solche semantischen Interface-Makros. Durch eine Analyse der Anwendungsspezifikation können geeignete Muster entdeckt und durch plattformabhängige Konstrukte ersetzt werden [CLS99].

3 Treiber für konkrete Interfacesysteme

Beim Entwurf von Informationssystemen müssen die Anforderungen der Anwendung in die Konstrukte der Zielplattform übersetzt werden. Die Zielplattformen haben gewöhnlich – aufgrund ihrer unterschiedlichen Fähigkeiten – unterschiedliche und sehr spezifische Schnittstellensprachen. Bei Userinterfacesystemen sind nicht nur die Sprachen unterschiedlich, sondern auch die Paradigmen, nach denen die Kommunikation zwischen Mensch und Maschine erfolgt. So verwendet – zur Vermittlung gleichen *Inhalts* – ein Fenstersystem ganz andere *Methoden* der Kommunikation als ein natürlichsprachliches System, eine einfache Kommandozeile oder die Menüführung auf einem Handy-Display.

Zur Realisierung der Plattformunabhängigkeit müssen die Konzepte der verschiedenen Plattformen herausgearbeitet, verallgemeinert und in einer abstrakten Spezifikationssprache [CL99] zur Verfügung gestellt werden. Aus dieser abstrakten Sprache heraus erfolgt die Übersetzung in plattformspezifischere Protokolle. Es würde dabei keinen Sinn ergeben, für jedes reale System einen komplett selbständigen Mechanismus zu entwerfen. Ein modularer Aufbau, der Gemeinsamkeiten unterschiedlicher Paradigmen ausnutzt, ist notwendig. Er ermöglicht eine schrittweise Umsetzung der Anforderungen der Anwendung in jeweils plattformabhängigere Spezifikationen. Grundlegende Eigenschaften von Interfacesystemen sind zum Beispiel:

- Dynamik der Ausgabe: keine Veränderbarkeit (z.B. Ausdruck) vs. Manipulation einzelner Zeilen, Objekte…

- Komplexität und Widerrufbarkeit der Eingabe: Eingaben aus einzelnen Zeichen, abgeschlossenen Einträgen oder hochkomplexen Manipulationen

- Graphikfähigkeit: Graphikfreiheit, ASCII-Graphiken, Videoanimationen…

- Darstellungsdimension: 2-Dimensionalität, „2 $^1/_2$"-Dimensionalität (überlappende Fenster), 3-Dimensionalität

- Unterstützung von Typen: Komfortabilität bei der Arbeit mit diskreten Mengen niedriger bzw. hoher Mächtigkeit, Text, Mengen mit pseudo-kontinuierlicher Semantik, Sprache, Bildern…

- Steuerung der Interaktion: benutzergesteuerte vs. systemgesteuerte Interaktion bzw. hybride Techniken

Um die Erzeugung von Oberflächen für bestimmte Interfacesysteme zu unterstützen, ist natürlich eine gründliche Erfassung der jeweiligen Eigenschaften erforderlich. Auch Möglichkeiten der Emulation von Eigenschaften oder ganzer Zielsysteme bestehen auf dieser Basis. Details einzelner Systeme sollen allerdings nicht Gegenstand dieses Beitrags sein.

Virtuelle Treiber. Eine von zwei Aufgaben der virtuellen Treiber besteht, wie oben ausgeführt, in der Erzeugung des eigentlichen Treiberinputs, der vom Low-Level-Treiber des jeweiligen Zielsystems interpretiert wird. Die Transformation erfolgt in drei Schritten. Als erstes werden die Daten, die an den Benutzer ausgegeben werden sollen, in ein Teilprogramm übersetzt. Als zweites wird – entsprechend dem Typ der vom Benutzer zu erfassenden Daten – das Eingabeprogramm für Daten dieses Typs erzeugt. Im dritten Schritt werden die Teilprogramme der Ausgabe und der Eingabe zu einem Programm zusammengefügt, um die bidirektionale Interaktion durchzuführen. Diese drei Teilschritte werden von verschiedenen Termersetzern ausgeführt.

Der Begriff „Programm" darf an dieser Stelle nicht in die Irre führen. Es ist möglich, jedoch keineswegs notwendig, daß der generierte Datenbaum, welchen ein virtueller Treiber an seine untergeordneten Komponenten übergibt, ein Programm im engeren Sinne eines klassischen Programmierparadigmas ist. Im einfachsten Fall tut der virtuelle Treiber *nichts* – dann würden Inputwert und Outputtyp gerade das Programm darstellen. Besteht das Interface nur aus einer Glühbirne, so kann deren Programm auch nur „Ein" oder „Aus" lauten. (Allerdings könnte ein entsprechender Treiber ein komplexeres Interface, z.B. ein Morsegerät mit der Möglichkeit zur Ausgabe von Zeichenketten, *simulieren*.)

Typunterstützung. Unsere implementierten Treiber unterstützen beispielsweise (momentan) folgende elementare bzw. strukturierte Typen:

- Diskrete Typen geringer Mächtigkeit: **1**-Typ (einelementige Menge), **2**-Typ (Boolesche Werte) usw.

- Diskrete Typen größerer Mächtigkeit (natürliche und ganze Zahlen etc.)

- Text (Zeichenketten mit oder ohne Steuerzeichen) als Spezialfall

- Pseudo-kontinuierliche Typen (Gleitkommazahlen u.ä.)

- Strukturierte Typen (Produkt- und Verbundtypen, Listen, Multimengen und Mengen in einheitlicher Repräsentation, Bäume beliebiger Arität)

Diese Typen werden durch entsprechende Termersetzungsregeln umgesetzt. Die Auswahl der unterstützten Typen kann leicht entsprechend ergänzt werden, insbesondere auch um zusätzliche zusammengesetzte Typen. Die virtuellen Treiber der geeigneten Abstraktionsstufe sind dazu nur mit den erforderlichen Ersetzungsregeln modular zu erweitern.

Realisierung der Ausgabe an den Benutzer. Input für den (oder die) Termersetzer, der die Ausgabe realisieren soll, ist einfach der Datenbaum, also ein konkreter Wert in einem (statisch) bekannten Typ. Erzeugt wird daraus ein Steuerprogramm für die Ausgabe der Daten. Exemplarisch sind im folgenden einige Möglichkeiten für die Ausgabe in einem fensterbasierten Interfacesystem aufgeführt:

- Ein **1**-Typ erfordert nicht unbedingt eine Darstellung. Trotzdem wäre die Ausgabe einer – das Eintreten des durch das Datum verkörperten Ereignisses mitteilenden – Ausschrift o.ä. (allerdings konstant für jeden Aufruf) möglich.

- Die Ausgabe eines **2**-Typs hängt stark von seiner tatsächlichen Verwendung ab. Entsprechend der benutzten Sprache und der aktuellen Domäne sind Textausgaben wie „Ja" vs. „Nein", „Female" vs. „Male", die Anzeige einer Checkbox im Zustand `checked` vs. `unchecked` usw. denkbar.

- Zahlen, Text etc. werden im allgemeinen auf die naheliegende Art und Weise dargestellt. Im Einzelfall kann das Interfacesystem auf Ausgaben in anderer Form, zum Beispiel als Diagramme, zurückgreifen.

- Zur Ausgabe einer Liste können alle Listenelemente nacheinander ausgegeben werden. Mit den Regeln des Termersetzers wird die Liste in eine Sequenz von Ausgaben ihrer Elemente umgewandelt. Unter Umständen ist alternativ eine Listbox verwendbar. Das ist der Fall, wenn ein solches Konstrukt generell verfügbar und auf den Elementtyp der Liste anwendbar ist, d.h. wenn über die einzelnen Einträge der Listbox der jeweilige Elementtyp darstellt werden kann.

Die Unbestimmtheit dieser Beispiele soll die Vielfalt möglicher Anwendungskontexte verdeutlichen. Offensichtlich bestehen in vielen Fällen unterschiedliche Möglichkeiten zur Ausgabe bestimmter Typen. Die Wahl einer Alternative geschieht dann anhand der in den Termersetzer einfließenden Styles, welche die Semantik der Anwendungsobjekte, die Präferenzen der Benutzer, allgemeine Gestaltungsrichtlinien sowie technische Merkmale des Interfacesystems (Aufstellung der vorhandenen Systemfähigkeiten wie oben beschrieben) enthalten.[1]

Unterstützung der Eingabe durch den Benutzer. Im Gegensatz zur Ausgabe an den Benutzer liegt hier natürlich noch kein Wert, welcher ja erst eingelesen werden soll, sondern nur eine Typinformation vor. Dieser Typ ist der Input für den Termersetzer zur Erzeugung des Eingabeprogramms.

Bei den unterstützten Typen kann die Eingabe durch den Benutzer so realisiert werden, daß die Benutzereingabe unmittelbar im vom Nachfolgeprozeß erwarteten Typ zur Verfügung steht, d.h. der Ausgabebaum nicht nachträglich auf ein entsprechendes Format transformiert werden muß. (Erforderlich hierzu ist natürlich die entsprechende Leistungsfähigkeit sowohl des UIMS als auch seines Low-Level-Treibers.)

---

[1]Als konkretes Beispiel betrachten wir – in sehr vereinfachter Form – die formatierte Ausgabe eines Textes (Liste von Zeichen) auf Papier. Ein äußerer virtueller Treiber transformiert die Liste von Zeichen in eine Liste von Absätzen, welche Listen von Worten, welche Listen von Zeichen (ohne Whitespaces) sind. Ein untergeordneter Treiber ist nun für die Ausgabe des solchermaßen strukturierten Textes zuständig: unter Verwendung von Styleinformationen (Schriftart, -größe, Papierbreite, Ränder) werden die Listen von Worten in Listen von Zeilen transformiert und an einen „Zeilendrucker" übergeben. Dieser ist ein weiterer virtueller Treiber, welcher anhand seiner Styleinformationen (Schrifthöhe, Seitenhöhe, Umgang mit sogenannten Schusterjungen etc.) die Liste von Absätzen in eine Liste von Seiten transformiert. Die entstehende Struktur Seiten:Zeilen:Zeichen kann nun an einen Low-Level-Treiber gegeben werden, welcher z.B. den entsprechenden Postscript-Quelltext erzeugt und an einen Drucker sendet.

Die folgenden Beispiele beziehen sich wieder auf Treiber für fensterbasierte Zielsysteme.

- Die Eingabe des **1**-Typs kann zum Beispiel durch das „Anklicken" eines Buttons oder durch einen Tastendruck erfolgen. Dazu muß entweder der entsprechende Button erzeugt werden bzw. das System auf die Entgegennahme des Tastendrucks vorbereitet sein.

- Analog können für mehrwertige diskrete Typen geringer Mächtigkeit mehrere Buttons bzw. entsprechende Tastenkombinationen verwendet werden. Ebenfalls stehen oft Menüs oder *radio buttons* zur Verfügung.

- Zahlen, Text usw. werden – im allgemeinen – wiederum auf die übliche Art und Weise erfaßt (durch Eingabefelder bzw. -masken). Alternative Eingabemöglichkeiten zum Beispiel für Zahlen bestehen in der Verwendung von Slidern und ähnlichem.

- Zur Realisierung der Eingabe einer Liste wird – gewöhnlich – ein Eingabezyklus für die einzelnen zu lesenden Werte im Treiberprogramm erzeugt.[2] Beachtenswert hierbei ist, daß dieser Eingabezyklus sowohl vom Low-Level-Treiber interpretiert (unter Aufruf einzelner Aktionen des Zielsystems) als auch (in ein entsprechendes Programm der Zielsystemsprache) kompiliert werden kann – mit u.U. drastisch verschiedenen Ergebnissen, was das Erscheinungsbild, selbstverständlich jedoch nicht den Inhalt der Kommunikation angeht.

Verbindung von Eingabe und Ausgabe. Ein weiterer Termersetzer verbindet die Ausgabesteuerung mit der Eingabesteuerung. Für die Zusammenführung von Eingabe und Ausgabe gibt es zumindest zwei sinnvolle Möglichkeiten: die komplette Ausgabe an den Benutzer vor dem Erfassen der Eingabedaten vorzunehmen oder Aus- und Eingabe miteinander zu verschränken.

Im einfachen Fall werden Ausgabe und Eingabe zu einer Sequenz aus zwei Teilen zusammengeführt, d.h. zuerst wird die Ausgabe und dann die Eingabe von Daten durchgeführt. Diese Technik wird für atomare oder schwach strukturierte Typen verwendet.

Andererseits kann es sein, daß zum Beispiel die Ausgabe schon so komplex ist, daß eine Wiederholung für das Verständnis des Benutzers erforderlich ist (z.B. da

---

[2]Der betreffende Termersetzer wandelt beispielsweise einen Typbaum $List(\alpha)$ in einen Programmbaum $prg(1(case(readalternatives(next(), done()), return(cons(call(2), call(1))), return(nil()))), 2(seq(msg(), \alpha)))$ um, welcher vom gleichen Ersetzer noch bezüglich α transformiert wird – so daß ggf. auch Listen von Listen etc. bearbeitet werden. Eine tiefere Treiberstufe ist dann für die Ausgestaltung von $next$, $done$ und msg, etwa durch Ausgabe geeigneter Hilfe-Texte in der vom Benutzer eingestellten Sprache, zuständig, kann aber auch den Programmbaum als ganzen weiter umgestalten, falls erforderlich.

die Ausgabe, ganz banal, nicht vollständig auf den Bildschirm paßt). Ebenso werden Aus- und Eingabe gemischt, wenn der vom Benutzer zu erfassende Eingabetyp stark strukturiert ist und der Benutzer gelegentlich wieder an den Kontext erinnert werden sollte.

Low-Level-Treiber. Der Low-Level-Treiber bildet die unterste Schnittstelle zum Userinterfacesystem. Es handelt sich dabei um einen Interpreter, der die Steueranweisungen in seiner Eingabe analysiert und ausführt. Diese systemabhängigen Steueranweisungen waren zuvor durch u.U. mehrere umgebende virtuelle Treiber aus Anwendungsinformationen erzeugt worden und enthalten die miteinander kombinierten Aus- und Eingabeanweisungen für die Benutzerkommunikation.

Schnittstelle zur Dialogrealisierung. Der Inputbaum für den Low-Level-Treiber steht für den Ablauf der Interaktion mit dem Nutzer. Dieser Termbaum beinhaltet konkrete, auf dem anzusprechenden Interfacesystem ausführbare Anweisungen (z.B. `stringausgabe 'abc',tms-rmn,12pt,rot auf blau,fett`). Der Ausgabebaum, der schrittweise während der Interaktion erzeugt wird, steht für die Eingabe(n) des Nutzers. Der *Ausgabe*baum muß einen bestimmten, in der Anwendungsbeschreibung definierten Typ haben, der dadurch erzwungen wird, daß der *Programm*baum die dem Typ entsprechende Grammatik (auf dieser Ebene besteht die genannte Analogie zur Arbeit von Koorn [Koo94]) erfüllt.

4 Zusammenfassung und Ausblick

Der hier vorgestellte Ansatz ist eine Möglichkeit, die Entwicklung von interaktiven Datenbankanwendungen flexibler zu gestalten. Die geforderte Plattformunabhängigkeit, jeweils in bezug auf die Unterstützung mehrerer Datenbankmanagementsysteme und vor allem verschiedener Userinterfaceplattformen, wird durch die Co-Design-Entwicklungsumgebung realisiert. Besonderes Augenmerk muß auf die Unterstützung von Interfaceplattformen mit unterschiedlichen Designparadigmen gelegt werden.

Die Arbeit im Rahmen des Projektes DENDA (und weiterer Anwendungsprojekte) hatte gezeigt, daß vorhandene Werkzeuge den Entwicklungsprozeß nicht annähernd optimal unterstützen. Es hat sich herausgestellt, daß ein integrativer Ansatz bei größeren Projekten notwendig ist. Ein integratives Gesamtmodell ermöglicht die einheitliche Abbildung von Struktur, Verhalten und Interaktion.

In der Co-Design-Entwicklungsumgebung wird die Anbindung an die Schnittstellen der Zielplattformen für eine Datenbankanwendung durch Treiber verschiedener Abstraktionsstufen realisiert. Eine wichtige Arbeitsrichtung ist nun die Entwicklung von virtuellen Treibern höherer Stufe für eine intelligente Unterstützung der

Mensch-Maschine-Kommunikation in interaktionsintensiven Datenbankanwendungen. Unabhängig von der Benutzerinteraktion werden diese Techniken auch auf der Seite der Datenbankzugriffe eingesetzt, um die Integration heterogener Datenmodelle zu erreichen.

Literatur

[BFJ96] Bullinger, H.-J., Fähnrich, K.-P., Janssen, Ch.: Ein Beschreibungskonzept für Dialogabläufe bei graphischen Benutzungsschnittstellen. **Informatik Forschung und Entwicklung 11(2)** (1996) 84–93.

[BHLV95] Bodart, F. et al.: A model-based approach to presentation: A continuum task analysis to prototype. **Eurographics Workshop on Design, Specification, and Verification of Interactive Systems**, 1995.

[CHP91] Cordy, J., Halpern-Hamu, C., Promislov, E.: TXL: A rapid prototyping system for programming language dialects. **Computer Languages 16(1)** (1991) 97–107.

[CL99] Clauß, W., Lewerenz, J.: Abstract interaction specification for information services. Angenommen zur **IMMM'99**.

[CLS99] Clauß, W., Lewerenz, J., Srinivasa, S.: Modeling concepts and translations for interactive information systems. URL: http://www.informatik.tu-cottbus.de/~jl/publ/ps/cls98.ps, 1999 (zur Veröffentlichung eingereicht).

[CLT97] Clauß, W., Lewerenz, J., Thalheim, B.: Dynamic dialog management. **ER'97 Workshop on Behavioral Models and Design Transformations**, 1997.

[CT97] Clauß, W., Thalheim, B.: Abstraction layered structure-process codesign. **8th International Conference on Management of Data**, 1997.

[Gre86] Green, M.: A survey of three dialogue models. **ACM Transactions on Graphics 5(3)** (1986) 244–275.

[Her94] Herczeg, M.: Software-Ergonomie – Grundlagen der Mensch-Computer-Kommunikation. Bonn: Addison-Wesley 1994.

[Koo94] Koorn, J.: Generating uniform user-interfaces for interactive programming environments. Dissertation, Universität Amsterdam, 1994.

[KP88] Krasner, G., Pope, S.: A cookbook for using the Model View Controller user interface paradigm in Smalltalk-80. **J. Object-Oriented Programming 1(3)** (1988) 26–49.

[MHC+96] Myers, B. et al.: Strategic directions in human-computer interaction. **ACM Computing Surveys 28(4)** (1996) 794–809.

[MR92] Myers, B., Rosson, M.: Survey on user interface programmic. **CHI'92**, 1992.

[PCOM99] Puerta, A. et al.: MOBILE: User-centered interface building. **CHI'99**, 1999.

[SLN92] Szekely, P., Luo, P., Neches, R.: Facilitating the exploration of interface design alternatives: The HUMANOID model of interface design. **CHI'92**, 1992.

Spezifikation von unsicherem Wissen in einem erweiterten Expertisemodell

K. Christoph Ranze, Heiner Stuckenschmidt
Technologie-Zentrum Informatik, FB 3
Universität Bremen
Postfach 33 04 40, 28334 Bremen
{kcr,heiner}@tzi.de

1 Zusammenfassung

Formale Modelle der Expertise gewinnen immer größere Bedeutung im Bereich des Knowledge Engineering. Der Aufbau dieser Modelle ist geprägt durch die Unterscheidung zwischen Domäne, Inferenz, und Kontroll- oder auch Aufgabenwissen. Diese Arbeit stellt einen Ansatz vor, der es ermöglicht, mit Hilfe eines am KADS-Ansatz orientierten Modell der Expertise explizit Unsicherheiten im modellierten Wissen darzustellen. Es entsteht ein paralleles Unsicherheitsmodell, das durch explizite Referenzierung mit den Elementen des Expertisemodells verbunden ist. Die Verarbeitung des unsicheren Wissens wird in die Inferenzebene des Expertisemodells integriert, in dem entsprechenden Ergebnisse, die durch spezielle Inferenzen im Unsicherheitsmodell berechnet werden, durch eine Interpretation in Axiome übersetzt werden. Ein wesentliches Merkmal des Ansatzes ist die Fokussierung auf die konzeptuelle Modellierung von unsicherem Wissen.

2 Ausgangspunkt

Mittelpunkt des skizzierten Ansatzes ist ein allgemeines konzeptuelles Schema, das ein Expertisemodell um die Möglichkeit erweitert, unsicheres Wissen explizit darstellen und verarbeiten zu können. Ausgangspunkt für die Konzeption sind die Arbeiten von Kyburg [7], die ein Modell der Interaktion von Beobachtungen in der Umwelt mit generalisiertem Wissen eines menschlichen Akteurs beschreiben. Das Modell sieht eine Bewertungsebene vor, welche eine Schnittstelle zwischen realer Umwelt und generalisiertem Wissen darstellt, indem es die Unsicherheit von Beobachtungen und getroffener Schlußfolgerungen individuell bewertet. In dem hier vorgestellten Ansatz wird Expertenwissen als eine Sammlung von mehr oder weniger sicherem (heuristischem) Wissen angesehen. Für die Darstellung des sicheren Wissens wird auf ein herkömmliches Expertisemodell zurückgegriffen (Kap. 2.1). Unsichere Aspekte des Wissens können unterschiedlichster Natur sein.

Neben physikalisch oder subjektiv begründeten Wahrscheinlichkeiten spielen hier vor allem vages und unscharfes Wissen eine wesentliche Rolle. Für eine Verarbeitung von solchem Wissen sind in der Vergangenheit eine Vielzahl von Kalkülen entwickelt worden, denen die Auffassung gemein ist, Unsicherheit als explizite Bewertungen von Hypothesen darzustellen. Es fehlen diesen Ansätzen jedoch meist die konzeptuellen Strukturierungsmittel, die den modernen Ansätzes des Knowledge Engineering zugrunde liegen.

Daraus begründet sich der beschriebene Ansatz. Sicheres Wissen wird zunächst mit Hilfe eines logikbasierten Expertisemodells abgebildet. Die Modellierung von heuristischem Wissen erfolgt, in dem seine Struktur mit Hilfe der Terminologie des Expertisemodells, konkrete Ausprägungen mit entsprechenden Bewertungen hingegen in einem parallelen Unsicherheitsmodell repräsentiert wird. Unsicheres Wissen wird dabei als „Lücke" im sicheren Wissen betrachtet. Hierbei steht die konzeptuelle Modellierung sowohl der statischen aus auch der dynamischen Aspekte des heuristischen Wissens in diesen „Lücken" im Mittelpunkt der Betrachtungen. Diese Kombination von modellbasiertem Wissen der logikbasierten Spezifikation des Problemlösungsprozesses und dem heuristischen Bewertungswissen des Unsicherheitsmodells entspricht der in [10] getroffenen Unterscheidung zwischen "tiefem" modellbasierten und "flachem" heuristischen Wissen.

Der Mechanismus, unsicheres und sicheres Wissen parallel zu repräsentieren und durch unsichere Inferenzen „Lücken" im sicheren Wissen zu schließen, erfordert drei Entwicklungsschritte, die im folgenden zunächst kurz vorgestellt und anschließend detailliert diskutiert werden:

- **Festlegung der verwendeten Terminologie:** Die Elemente des Unsicherheitsmodells werden explizit mit Aussagen des Expertisemodells verbunden, so daß klar wird, welche Bedeutung die Instantiierung dieser Elemente im Bezug auf den Problemlösungsprozeß besitzt.

- **Inferenz im Unsicherheitsmodell:** Im Unsicherheitsmodell modellierte Bewertungen unterschiedlicher Ausprägungsmöglichkeiten der Elemente werden verwendet, um die Bewertungen gesuchter Aussagen bezüglich des gesamten Problemlösungsprozesses zu berechnen.

- **Semantische Interpretation der Ergebnisse:** Anhand der berechneten Bewertungen wird entschieden, welche der möglichen Hypothesen als plausibel anzusehen ist. Das entsprechende Element wird mit dem gewählten Wert instantiiert und die so beschriebene Aussage in das Expertisemodell eingefügt.

Abb. 1 zeigt den Aufbau des Gesamtmodells, der sich aus dem Konzept eines Bewertungsmodells für symbolisches Wissen ergibt.

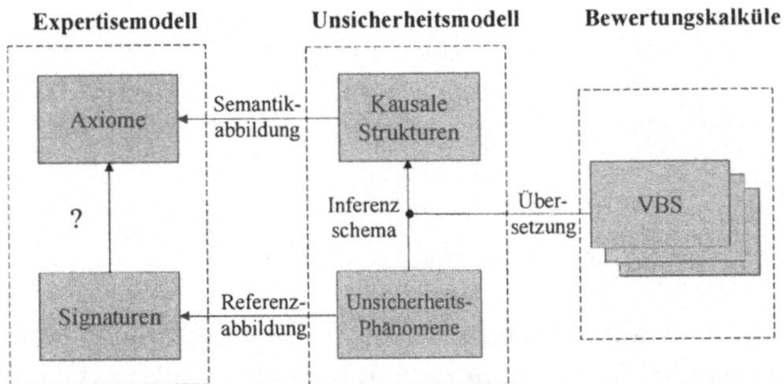

Abb. 1: Architektur des kombinierten Modells sicherer und unsicherer Expertise

Expertisemodell und Unsicherheitsmodell sind durch zwei Abbildungen miteinander verbunden. Die Referenzabbildung verbindet die Variablen des Unsicherheitsmodells mit der Terminologie der Expertisemodells. Die Semantikabbildung übersetzt die Ergebnisse der Inferenz im Unsicherheitsmodel in Aussagen über den Problemlösungsprozeß und macht diese im Expertisemodell zugänglich. In den folgenden Abschnitten werden die einzelnen Elemente dieses Schemas genauer beschrieben.

2.1 Das Expertisemodell

Die Basis des Ansatzes bildet ein herkömmliches Expertisemodell. Bei der Modellierung von Expertise hat sich seit Abschluß der KADS-Projekte eine Unterteilung des Wissens in die drei Bereiche Domänenwissen, Inferenzwissen und Aufgabenwissen durchgesetzt [13]. Diese Unterteilung ermöglicht die Wiederverwendung einzelner Modellteile in verschiedenen Kontexten. Modelle einer bestimmten Domäne können unabhängig voneinander bei der Lösung unterschiedlicher Aufgaben verwendet werden.

2.1.1 Domänenwissen

Das Domänenmodell beschreibt die statischen Aspekte eines Weltausschnittes. Der modellierte Ausschnitt bildet die Grundlage für mögliche Schlußfolgerungsprozesse. Die Beschreibung des Weltausschnittes geschieht über einen bestimmten Satz von Modellierungsprimitiven, mit deren Hilfe komplexere Strukturen definiert werden.

Sei *ABB(A, B)* die Menge aller Abbildungen von A nach B. Ein Domänenmodell *DOM = (K, I, W, Attr, R)* ist gegeben durch

I. eine Menge K von Konzepten

II. eine Menge I von Instanzen dieser Konzepte

III. eine Menge W von Werten

IV. eine Menge $Attr \subseteq \mathbf{ABB}(I, W)$ von Attributen

V. eine Menge $R \subseteq I^n$ von Relationen.

Diese Elemente können auf unterschiedliche Weise beschrieben werden. Der wohl gängigste Ansatz ist die Übersetzung in eine formale Logik (z.B. in [1]).

2.1.2 Inferenzwissen

In Abhängigkeit von dem zu lösenden Problem werden elementare Inferenzoperationen auf den Elementen des Domänenmodells definiert, welche die einzelnen Schritte des Problemlösungsprozesses bilden. Diese Inferenzen werden auch als *knowledge sources* (*KS*) bezeichnet, da sie neues Wissen erzeugen. Infererenzen werden als atomar angesehen und werden zunächst durch die Beschreibung der Relation zwischen In- und Outputparametern definiert. In- und Output sind formal generische Parameter und werden zur Laufzeit mit Wissen aus der Domäne gefüllt. Sie werden durch Metaklassen, beschrieben, die festlegen, welche Rolle ein Parameter im Inferenzprozeß spielt und welche Typen von Domänenwissen die Rolle einnehmen können. Die Metaklassen unterteilen sich in Input- und Outputrollen. Zusätzlich kann durch statische Rollen Domänenwissen beschrieben werden, welches die Beziehung zwischen In- und Outputrollen beeinflußt, ohne direkt beteiligt zu sein. Sei $\mathbf{MAP}(A, B)$ die Menge aller Abbildungen von A nach B. Ein Inferenzmodell $\mathbf{INF} = (\ IR,\ SR,\ OR,\ KS)$ ist gegeben durch

I. eine Menge IR von Inputrollen

II. eine Menge SR von statischen Rollen

III. eine Menge OR von Outputrollen

IV. eine Menge $KS \subseteq \mathbf{MAP}\,(2^{IR} \times 2^{SR},\ OR)$ von Inferenzoperationen.

Inferenzen (*knowledge souces*) können ebenfalls durch formale Logiken beschrieben werden [1], auch wenn die Beschreibung wie in [18] im allgemeinen über einfache Prädikatenlogik hinausgeht.

2.1.3 Aufgabenwissen

Neben der Festlegung der Verarbeitungsschritte gehört zum Problemlösungsprozeß die Kontrolle der Abfolge einzelner Schritte. Dieses Kontrollwissen wird in Form eines Aufgabenmodells dargestellt. In diesem wird die zu erfüllende Gesamtaufgabe schrittweise in Teilaufgaben zerlegt. Eine Aufgabe enthält jeweils Angaben über direkte Teilaufgaben und deren Abfolge. Außerdem ist jeder Aufgabe ein Ergebnis zugeordnet. Die Ergebnisse der Teilaufgaben werden jeweils zu einem Gesamtergebnis kombiniert. Ein Aufgabenmodell $TASK = (\,T,\,Subtask,\,E,\,goal)$ ist gegeben durch

I.   eine Menge T von Aufgaben

II. die Teilaufgabenrelation $Subtask \subseteq T \times T$

III. eine Menge E von Aufgabenergebnissen

IV. eine Abbildung $goal\colon T \to E$, die jeder Aufgabe ein Ergebnis zuordnet.

Die formale Beschreibung des Aufgabenmodells wird im allgemeinen nicht durch eine deklarative Semantik und in manchen Fällen überhaupt nicht realisiert. Daß dies jedoch mit Hilfe dynamischer Logik durchaus möglich ist, wird unter anderem in [18] gezeigt.

3   Das Unsicherheitsmodell

Herkömmliche Ansätze zur Beschreibung komplexer Problemlösungsprozesse in Form von Expertisemodellen besitzen meist keine Möglichkeit zur expliziten Darstellung und Behandlung von unsicherem Wissen. Vorhandene Formalismen, die dies leisten, sind wiederum meist auf ein bestimmtes Kalkül festgelegt und bieten kaum Unterstützung bei der Modellierung und Bewertung von Wissen. Um diese Lücken zu schließen, wurde im Projekt ModE-U [17] basierend auf dem Konzept bewertungsbasierter Systeme [15] und kausaler Theorien [9] ein formales Unsicherheitsmodell entwickelt, welches es erlaubt, unabhängig von einem konkreten Kalkül Unsicherheit in Domänen- und Verarbeitungswissen zu beschreiben [12]. Die Repräsentation von unsicherem Wissen erfolgt in diesem Unsicherheitsmodell auf zwei Ebenen. Zum einen bilden Variablen mit atomaren Wertemengen die Hypothesenmengen zu solchen Konzepten, deren Struktur zwar im Expertisemodell als Terminologie definiert ist, deren Konkretisierung jedoch aufgrund eines heuristischen Charakters nicht genau spezifiziert werden kann. Terminologie und Variablen sind über Referenzen verbunden. Die Heuristik des Wissens wird über die explizite Angabe von Bewertungen zu einzelnen Elementen der Wertemenge modelliert. Die zweite Ebene des Unsicherheitsmodells enthält die Modellierung

144

von unsicheren Inferenzen, die auf den miteinander verbundenen Variablen und ihren Bewertungen arbeiten.

3.1 Bestehende Ansätze

Der Ansatz einer expliziten Bewertung der Unsicherheit einer Hypothese ist weit verbreitet und wird im Kontext aller Unsicherheitsformen eingesetzt. Hierfür wurden verschiedene mathematische Modelle entwickelt. Neben der klassischen Wahrscheinlichkeitstheorie [2] entstand beispielsweise die Dempster-Shafer Evidenztheorie [14] zur Beschreibung von Unvollständigkeit, und die Fuzzy-Set [19] bzw. Possibilitätstheorie [4], um Ungenauigkeit auszudrücken. Bezüglich einer allgemeineren Beschreibung von Unsicherheit bestehen ebenfalls einige Ansätze, von denen die beiden unten genannten im Projekt ModE-U als Basis des Unsicherheitsmodells verwendet wurden.

Bewertungsbasierte Systeme nach Shenoy [15] sind eine Form wissensbasierter Systeme, in dem Wissen durch Variablen und spezielle Funktionen, den Bewertungen, repräsentiert wird. Die Bewertungsfunktionen ordnen Belegungen von Variablen bestimmte Wahrheitswerte, zum Beispiel aus dem Intervall [0,1], zu. Dabei werden Variablen durch Kleinbuchstaben und Bewertungen durch die jeweils gleichen Großbuchstaben repräsentiert (G ist demnach die Bewertungsfunktion der Variablen g). Ist g eine Variable, so bezeichnet W_g die Menge der möglichen Ausprägungen dieser Variablen. Eine Bewertung kann dabei eine einzige Variable, aber auch mehrere Variablen bewerten. Die Bewertung einer einzigen Variablen repräsentiert dabei eine Evidenz (d.h. eine Festlegung der Wahrheitswerte für die Ausprägungen der Variablen), Bewertungen mehrerer Variablen dienen der Darstellung von Zusammenhängen zwischen Aussagen. Hierdurch können Regeln oder kausale Zusammenhänge dargestellt und für die Inferenz verwendet werden. Inferenz erfolgt in bewertungsbasierten Systemen mit Hilfe von speziellen Operatoren.

Das Kausalitätsmodell nach Pearl [9] zur Darstellung von unsicherem Wissen sieht die Ausprägungen der Variablen des kausalen Modells als das Ergebnis der Anwendung einer Funktion auf andere Variablen des Modells. Die Menge aller Variablen im Modell unterteilt sich dabei in interne Variablen V_i, deren Werte prinzipiell bestimmt werden können, und externe Variablen U_i, die sich einer Betrachtung entziehen und daher nur in Form einer Verteilung von Unsicherheitsbewertungen modelliert werden. Ein Element ist somit gegeben durch $V_i = f(\mathbf{pa}_i, \varepsilon)$. Hierbei steht $\mathbf{pa}_i$ für eine Menge von Elementen des Modells, von denen die Ausprägung von V_i abhängt; ε bezeichnet die Unsicherheitsbewertung für die im Bezug auf V_i relevanten externen Variablen. Faßt man diese Strukturgleichungen zur

Bestimmung aller internen Variablen eines Modells zusammen, so erhält man eine kausale Theorie, die vollständig durch die Gleichungen beschrieben wird [8] [9].

3.2 Verwendung der Ansätze in Expertisemodellen

Herkömmliche logikbasierte Ansätze zur Spezifikation wissensbasierter Systeme stellen kaum Möglichkeiten zur Verfügung, die von Unsicherheit betroffenen Merkmale sowie die Einbindung dieser Merkmale in eine Inferenzstruktur zu beschreiben. Die direkten Möglichkeiten, Unsicherheit bestimmter Merkmale in klassischer Logik auszudrücken, bietet die Verwendung von Disjunktion und Existenzquantor. Diese ermöglichen es, unterspezifiziert Domänen und nichtdeterministische Verarbeitungsschritte zu beschreiben. Eine direkte Bewertung des Grades der Unsicherheit einzelner Terme einer Disjunktion, bzw. möglicher Objekte einer existentiell quantifizierten Variablen ist jedoch nicht möglich. Es kann daher nicht entschieden werden, welcher der Terme den wirklichen Zustand am besten wiedergibt. Eine explizite Bewertung von unsicherem Wissen kann lediglich als Teil des Problemlösungsprozesses beschrieben werden.

Bewertungsbasierte Systeme leisten genau diesen Bewertungsschritt durch die Bestimmung von Bewertungsfunktionen über den möglichen Ausprägungen von Variablen. Bewertungsfunktionen können dabei beliebig sein, vorausgesetzt, es existieren entsprechende Operatoren zur Definition eines Inferenzschemas. Die Modellierung von Unsicherheit besteht also aus der Zuweisung von Wahrheitswerten (zum Beispiel aus [0,1]) zu alternativen Ausprägungen einer oder mehrerer Variablen. Zusätzlich sind konkrete Operatoren auf den Wahrheitswerten festzulegen. Diese Operatoren müssen die Eigenschaften von Konjunktion und Disjunktion aufweisen.

Die Struktur eines bewertungsbasierten Systems kann bezüglich unsicherer Inferenz derart ausgenutzt werden, daß immer nur 'benachbarte' Bewertungen kombiniert werden. Zwei Bewertungen sind dabei benachbart, wenn sie Verbindung zu einer gemeinsamen Variablen haben. Trotz dieser Struktur ist es jedoch nicht möglich, eine Reihenfolge für die Kombination anzugeben. Im Gegensatz zu einem bewertungsbasierten System enthält ein kausales Modell gerichtete Beziehungen der beteiligten Variablen. Mit ihrer Hilfe können Inferenzstrategien festgelegt werden, die die Reihenfolge der Kombination von der Richtung der Verbindung abhängig machen. Die Wahl der Strategie ergibt sich aus den Eigenschaften kausaler Beziehungen. Da ein Grund stets vor einem Effekt auftritt, ist es eine geeignete Strategie, die Variablen, die den Grund repräsentieren, stets vor der den Effekt darstellenden Variablen zu berechnen.

3.3 Elemente des Unsicherheitsmodells

Die grundlegenden Strukturen von unsicherem Domänenwissen sind relativ leicht zu finden, da sie sich direkt aus dem Konzept des bewertungsbasierten Systems ergeben. Die wesentlichen beschreibenden Elemente sind hier die Variablen v mit den dazugehörigen Ausprägungen W_v. Diese bilden eine Hypothesenmenge, welche die ‚wahre' Ausprägung der Variablen enthält. Zum anderen bilden die Bewertungsfunktionen der einzelnen Variablen wichtige Elemente, da sie mit der Bewertung der einzelnen Hypothesen die Grundlage für die unsichere Inferenz bilden. Hypothesenmenge und Bewertungsfunktion einer Variablen bilden zusammen ein grundlegendes Modellierungselement für unsicheres Domänenwissen, welches im folgenden als Unsicherheitsphänomen bezeichnet wird. Ein Unsicherheitsphänomen UP ist ein Paar

$$UP = (W_v, V)$$

so daß W_v eine Hypothesenmenge und V eine Bewertungsfunktion auf dieser Hypothesenmenge ist.

Kausale Zusammenhänge zwischen den Variablen der Unsicherheitsphänomene werden analog zu Pearls Kausalitätsmodell durch Strukturgleichungen der Form $V_i = f_i(\mathbf{pa}_i, \varepsilon_i)$. beschrieben. An die Stelle der Variablen v_i tritt ein Unsicherheitsphänomen, dessen Ausprägung zu bestimmen ist. Die Menge $\mathbf{pa}_i$ enthält ebenfalls Unsicherheitsphänomene, von denen das zu gesuchte abhängt. Die Stelle der Abweichung ε nimmt ein Wert ψ aus der Wahrheitswertemenge Ψ ein, der das Ergebnis einer Bewertungsfunktion auf allen beteiligten Phänomenen darstellt.

Die eigentliche Erweiterung von Pearls Modell besteht jedoch in der Ersetzung der Funktionen f_i durch konkrete Abbildungen, die auf der Grundlage der Ausprägungen der Phänomene in $\mathbf{pa}_i$ und dem Wahrheitswert ψ die Verteilung der Wahrheitswerte auf der Wertemenge der Variablen V_i bestimmen. Hierzu werden zwei Arten von Abbildungen verwendet. Zur Darstellung von Zusammenhängen in der Domäne werden sogenannte Operatoren definiert, die logische Zusammenhänge zwischen Domänenkonzepten modellieren. Auf der Inferenzebene werden unsichere Inferenzoperationen, sogenannte *uncertain knowledge sources,* verwendet, die elementare Schlußfolgerungsprozesse unter Unsicherheit darstellen. Sei UP die Menge aller Unsicherheitsphänomene, dann ist ein Operator auf UP gegeben durch die Abbildung.

$$OPS:\ UP^n \times \Psi \to UP$$

OPS bezeichnet die Menge aller Operatoren. Ψ ist dabei eine Menge von Wahrheitswerten ψ_i, die die Unsicherheit des kausalen Zusammenhangs bewertet. Standardmäßig ist *OPS* gegeben durch

$$OPS = \{ \wedge, \vee, \neg \}$$

Die Auswahl der konkreten Operatoren orientiert sich an den Anforderungen hinsichtlich einer angemessenen Beschreibung der Domäne auf der einen, und der Bedeutung von Operationen im Bezug auf die Berechnung von Unsicherheitsbewertungen auf der anderen Seite. Konjunktion, Disjunktion und Negation bieten sich als Basisoperatoren an, da diese vielfältige Modellierungsmöglichkeiten bereitstellen, und ihre Bedeutung im Bezug auf Bewertung von Unsicherheit bereits untersucht wurde [3].

Inferenzen erzeugen Wissen, das bis dahin nicht verfügbar ist. Dieses erzeugte Wissen wird ebenfalls durch ein Unsicherheitsphänomen beschrieben. Hat man das (unsichere) Ergebnis einer Inferenz derart definiert, kann man eine Inferenz innerhalb des Unsicherheitsmodells wiederum als Funktion modellieren. Sie bildet eine Menge von Unsicherheitsphänomenen, die den Input-, bzw. statischen Rollen der Inferenz entsprechen, auf ein weiteres Unsicherheitsphänomen ab. Dieses Phänomen stellt die Outputrolle der Inferenz dar. Sei *UP* die Menge der Unsicherheitsphänomene, dann ist eine *uncertain knowledge source* gegeben durch eine Abbildung

$$UKS\colon UP^n \times \Psi \to UP$$

Dabei bezeichnet *UKS* die Menge aller *uncertain knowledge source*s. Formal entspricht eine *uncertain knowledge source* einer um einen Funktionsparameter erweiterten Strukturgleichung.

4 Inferenz im Unsicherheitsmodell

Im Rahmen von ModE-U wurde ein Inferenzschema für das Unsicherheitsmodell entwickelt, welches es ermöglicht, im Problemlösungsprozeß des Expertisemodells benötigte Teilergebnisse, die von unsicherem Wissen abhängen, zu approximieren und so Lücken im Problemlösungsprozeß zu schließen [11]. Das entwickelte Schema hat einen generellen Charakter und läßt sich daher durch unterschiedliche Kalküle instantiieren. Eine Instantiierung des Schemas auf der Basis von Dreiecksnormen [3] wurde bereits entwickelt und prototypisch implementiert. Aufgrund der Eigenschaften des Unsicherheitsmodells ist es darüber hinaus möglich, unsichere Inferenz durch vorhandene graphbasierte Mechanismen wie

148

Bayessche Netze [8] oder Instantiierungen bewertungsbasierter Systeme [16] auszuführen.

4.1 Das Inferenzschema

Werden die Bewertungsfunktionen im Unsicherheitsmodell auf das Intervall [0,1]
als Wertemenge beschränkt, so können Dreiecksnormen [3] als Inferenzoperationen verwendet werden. Diese bilden Verallgemeinerungen der logischen Operatoren Konjunktion (T), Disjunktion (S) und Negation (N). Die Berechnung der Hypothesenbewertung für ein Element der Hypothesenmenge eines Unsicherheitsphänomens erfolgt in drei Schritten, die im folgenden beschrieben werden.

Schritt 1: Aggregation Der erste Schritt besteht in der Aggregation von Bewertungen der relevanten, miteinander verbundenen Variablen. Er ist notwendig,
um die Gesamtbewertung einer Konfiguration (Wertebelegung) dieser Variablen zu erhalten. Die Art der Umsetzung der Aggregation mit Hilfe von Dreiecksnormen hängt von den in den Strukturgleichungen verwendeten Funktionen ab. In den meisten Fällen stellt die Aggregation jedoch eine Konjunktion
dar und wird daher mit Hilfe einer T-Norm (T) realisiert. Eine Ausnahme bildet
die explizite Definition eines Operators als Disjunktion. In diesem Fall wird die
Aggregation mit Hilfe einer T-Conorm (S) durchgeführt. Die Parameter bestehen in beiden Fällen aus den Bewertungen von Hypothesen, von denen jeweils
eine aus der Hypothesenmenge einer relevanten Variablen stammt. Der Aggre-
gationsoperator hat also stets so viele Parameter wie relevante Variablen vorhanden sind.

Schritt 2: Sequentielle Kombination Hat man die Bewertung einer Konfiguration durch die Aggregation der einzelnen Hypothesenbewertungen bestimmt, so
kann man durch sequentielle Kombination den kausalen Einfluß dieser Konfiguration auf die Bewertung einer Hypothese der Zielvariablen bestimmen.
Durch die Anwendung einer T-Norm auf die Bewertung einer Konfiguration
und der entsprechenden Kausalitätsbewertung erhält man eine untere Schranke
für den kausalen Einfluß der Konfiguration. Dieser zweite Schritt entspricht
ebenfalls der Kombination von Bewertungsfunktionen in einem bewertungsbasierten System.

Schritt 3: Parallele Kombination Zur endgültigen Bestimmung der Hypothesenbewertungen einer Zielvariablen müssen in einem letzten Schritt die kausalen Einflüsse aller Konfigurationen kombiniert werden. Die auch als parallele
Kombination bezeichnete Berechnung wird durch die Anwendung einer T-
Conorm auf die im vorigen Schritt berechneten Bewertungen aller kausalen

Einflüsse vorgenommen. Der Schritt ist notwendig, da aufgrund bestehender Unsicherheit nicht feststeht, welche Konfiguration der relevanten Variablen vorliegt..

Der Vorgang der Berechnung einer Hypothesenbewertung mit Hilfe von unsicheren Inferenzen entspricht damit dem Verarbeitungsschema eines bewertungsbasierten Systems. Hierdurch läßt sich der vorgestellte Berechnungsvorgang und seine Verwendung als Grundlage für eine unsichere Inferenz rechtfertigen.

5 Verbindung der Modelle

Die Verbindung des Expertisemodells mit dem Unsicherheitsmodell erfolgt über zwei Abbildungen (siehe Abb.1). Auf der einen Seite werden die unsicheren Wissenselemente über eine Referenzabbildung an die entsprechenden Konzepte des Expertisemodells angebunden und legen so die Terminologie des Gesamtmodells fest (statische Sicht). Auf der anderen Seite müssen die Ergebnisse unsicherer Inferenzen an das Expertisemodell zurückgegeben werden. Dieser Schritt wird durch eine semantische Abbildung realisiert (dynamische Sicht).

5.1 Die Referenzabbildung

Auf der Ebene des Domänenwissens geschieht die Verbindung über die Unsicherheitsphänomene. Dabei wird jedes Phänomen auf einen Ausschnitt des Domänenmodells abgebildet, der aus einem *object* und einem *link* (vgl. abstraktes Domänenmodell in [1]) besteht. Die beiden Teile der Verbindung werden jeweils durch eine eigene Funktion realisiert. Während die Funktion *ref[obj]* die Verbindung zu Konzepten oder Instanzen des Expertisemodells herstellt, verweist *ref[link]* auf Attribute oder Boolsche Funktionen über dem jeweiligen Objekt. Das Ergebnis ist eine Referenz, die das Phänomen mit einem Ausdruck über ein Objekt in Verbindung bringt.

Sei UP ein einfaches Unsicherheitsphänomen und Θ die Menge aller Boolschen Funktionen auf den Konstrukten des Expertisemodells, dann ist die Domänenreferenz *ref[dom]* gegeben durch

$$ref[dom](UP) = (ref[obj](UP), ref[link](UP))$$

Dabei ist W_{UP} so definiert, daß *ref[link]* eine Funktion ist, die sicherstellt, daß

$$ref[obj](UP) \rightarrow h \Rightarrow h \in W_v$$

150

für ein beliebiges *h* gilt.

Durch die verschiedenen Möglichkeiten der Zuordnung läßt sich, wie in dem Beispiel angedeutet, ein breites Spektrum von Modellierungskonzepten des Expertisemodells im Unsicherheitsmodell darstellen. Voraussetzung für eine konsistente Beschreibung ist jedoch eine Wahl der Hypothesenmenge und die entsprechende Referenzabbildung, die sicherstellt, daß sinnvolle Aussagen über die Domäne entstehen. Von dieser wird gefordert, daß die Hypothesenmenge Elemente enthält, die auch im Wertebereich des durch *ref[link](UP)* referenzierten Konzeptes liegen, so daß durch die Auswahl einer beliebigen Hypothese ein Ausdruck entsteht, welcher der Terminologie des Expertisemodells entspricht.

Bei der Referenzierung der Inferenzen werden die Unsicherheitsphänomene, die als Parameter dienen, ebenso wie die Folgerung auf die entsprechenden Rollen der Inferenz im Expertisemodell abgebildet. Der Bezug zum Inferenzmodell muß hierbei sicherstellen, daß sich die Inferenzstruktur auch im kausalen Unsicherheitsmodell widerspiegelt. Dies ist durch die Abbildung der Funktionsparameter auf die Inputrollen sowie des Ergebnisses auf die Outputrolle sichergestellt. Im Gegensatz zum ursprünglichen Modell wird hierbei nicht zwischen den Rollen und ihrem Inhalt unterschieden, da dies dem zugrunde liegenden kausalen Schema widersprechen würde.

Sei *UKS(p₁, ..., pₙ, ψ)* eine *uncertain knowledge source*, dann ist deren Quellenreferenz eine Abbildung *ref[inf]*, so daß gilt

$$ref[inf](UKS){:}ref[inf](p_1) \times ... \times ref[inf](p_n) \rightarrow ref[inf](e_{UKS})$$

Verweise auf das Aufgabenmodell können sich teilweise mit den Quellenreferenzen überschneiden, da jede elementare Aufgabe durch eine bestimmte Inferenz implementiert wird [13], so daß Inferenzen auch als elementare Aufgaben angesehen werden können [18]. Elementare Aufgaben werden daher im Unsicherheitsmodell nicht dargestellt. An ihre Stelle treten die Inferenzen, durch die sie implementiert werden. Hergestellt wird die Verbindung zum Aufgabenmodell durch sogenannte Aufgabenreferenzen *ref[task]*. Diese bilden *uncertain knowledge sources* auf Aufgaben, sowie deren Ergebnisse auf die entsprechenden Ergebnisse der Aufgaben ab.

5.2 Die Semantikabbildung

Im letzten Schritt des in Kap.2 beschriebenen Ansatzes zum Umgang mit Unsicherheit in Expertisemodellen muß das Ergebnis der Inferenz im Unsicherheitsmodell an das Expertisemodell zurückgegeben werden. Dies kann auf allen Modellebenen durch Unsicherheitsphänomene geschehen, die als Schnittstellen agieren. Um ein Phänomen als Schnittstelle zwischen den Modellen benutzen zu können, muß dessen Bedeutung im Kontext der Expertise definiert werden. Dies geschieht durch die Übersetzung des Phänomens in ein Axiom, das in die Theorie des Expertisemodells eingefügt wird. Da ein Unsicherheitsphänomen UP verschiedene alternative Hypothesen repräsentiert, besteht seine Semantik $sem(UP)$ aus den Bedeutungen, welche die einzelnen Hypothesen besitzen, sobald sie als wahr betrachtet werden. Diese Bedeutungen $sem(x_i)$ werden durch eine Disjunktion aggregiert. Durch die Festlegung der Semantik eines Unsicherheitsphänomens als Disjunktion der enthaltenen Hypothesen läßt sich die Bedeutung des Ergebnisses einer unsicheren Inferenz leicht beschreiben. Hierfür wird der Inferenzprozeß als ein Verfahren zur Auswahl der ‚plausibelsten' Hypothese aus den alternativen Möglichkeiten der entsprechenden Variablenbelegung aufgefaßt. Im einfachsten Fall ist diese 'akzeptierte' Hypothese diejenige, die nach der Ausführung der Inferenz die höchste Bewertung aufweist. Andere Ansätze zur Bestimmung akzeptierter Hypothesen finden sich in [6]. Das Ergebnis der Inferenz wird an das Expertisemodell übergeben, indem die Semantik des Unsicherheitsphänomens durch die der akzeptierten Hypothese ersetzt wird. Die beschriebene Hypothese wird als Annahme bezeichnet. Formal besteht folgender Zusammenhang. Sei UP ein Unsicherheitsphänomen und $x \in W_{UP}$, dann darf x angenommen werden, falls gilt:

$$assumption(UP,x) \Rightarrow V_{UP}(x) = max\{\, V_{UP}(y) \mid y \in W_{UP} \,\}$$

Der Einfluß einer Annahme auf das Expertisemodell ergibt sich durch die Ersetzung des Axioms $sem(UP)$ durch $sem(x)$.

5.3 Spezifikationssprachen für unsichere Expertise

Für die Unterstützung der Analyse und Spezifikation von unsicherem Expertenwissen, kann das konzeptuelle Schema zur Erweiterung bestehender Spezifikationssprachen für wissensbasierte Systeme genutzt werden. Das Schema läßt sich auf Spezifikationssprachen anwenden, die sich am KADS-Expertisemodell orientieren, da es auf der Verwendung individueller Übersetzungsabbildungen zwischen dem formalen Modell der zu erweiternden Sprache und dem entwickelten Unsicherheitsmodell beruht [17]. Die Referenzabbildung verbindet die Variablen des Unsicherheitsmodells mit der Terminologie der Spezifikationssprache, die dann wiederum genutzt wird, um die Ergebnisse unsicherer Inferenz im Unsicherheitsmodell in Aussagen (Assertionen) des Expertisemodells zu übersetzen. Durch die Verwendung des formalen Modells der jeweiligen Spezifikationssprache lassen sich diese Aussagen in das spezifizierte Expertisemodell übernehmen. Eine konkrete Umsetzung, mit der die Anwendbarkeit des Schemas gezeigt werden konnte, erfolgte mit der Sprache $(ML)^2$ [18] als Ausgangspunkt. Zur Einfügung unsicherer Teilmodelle in ein $(ML)^2$-Modell wurde dabei die Modularität der Sprache ausgenutzt, um zu vermeiden, daß sichere und unsichere Teile vermischt werden. Da die Bausteine einer $(ML)^2$-Spezifikation logische Theorien sind, wurde das Unsicherheitsmodell ebenfalls in Theorien auf Domänen-, Inferenz- und Aufgabenebene aufgeteilt. In [17] wird eine Übersicht zu dem Sprachansatz FLUE gegeben.

6 Diskussion

Das in dieser Arbeit vorgestellte Konzept stellt einen allgemeinen Ansatz für die explizite Integration von unsicherem Wissen in solche Expertisemodelle dar, die statisches und dynamisches Problemlösungswissen im Sinne des KADS-Ansatzes unterscheiden. Dabei sind zwei Ergebnisse hervorzuheben.

Eine erste Beobachtung ist, daß zunächst nur schwache Anforderungen an den Ursprung und die Formen der Unsicherheit gestellt werden, die mit dem vorhandenen Wissen verbunden sind. So sind neben Wahrscheinlichkeiten auch unscharfe oder vage Aussagen abbildbar. Die Leistungsfähigkeit des Ansatzes hängt dabei von den im Inferenzmechanismus zur Verfügung stehenden Bewertungskalkülen ab, die für eine korrekte Berechnung der entsprechenden Unsicherheitsphänomene adäquat sein müssen. In Kapitel 4 wurde skizziert, wie Dreiecksnormen, die ein allgemeines Kalkül zur Verarbeitung von unsicherem Wissen darstellen, in eine unsichere Inferenz zu integrieren sind. Die Verwendung anderer Kalküle für z.B. vages Wissen erfordert jeweils die Einbindung entsprechender Kalküle in ein solches Schema. Eine Verwendung verschiedener Kalküle nebeneinander ist dabei unter bestimmten Bedingungen möglich. Das vorgestellte Unsicherheitsmodell wird dabei als Schnittstelle zwischen den logikbasierten Wissensrepräsentationen eines Expertisemodells und den zur Verarbeitung des unsicheren Wissens notwendigen (numerischen) Kalkülen verstanden.

Darin wird ein weiteres Merkmal des Ansatzes deutlich. Das Unsicherheitsmodell wird als Konzeptualisierungsrahmen verstanden, in dem Wissenselemente, „Lükken" repräsentiert werden, die nicht als sicheres Wissen im Expertisemodell abgebildet werden können. Es werden nur solche Elemente im Unsicherheitsmodell abgebildet, zu denen mehrere (bewertbare) Hypothesen vorhanden sind. Sichere und unsichere Elemente sind über Referenzen miteinander verbunden und bilden auf diese Weise ein hybrides Wissensmodell.

Die Nutzbarkeit dieses Ansatzes ist dadurch gekennzeichnet, daß die statischen Teile des Unsicherheitsmodells die Basis für entsprechende Spezifikationssprachen bilden können, mit deren Hilfe die Akquisition und Konzeptualisierung von unsicherem Wissen ermöglicht wird (wie in Kapitel 5.3. beschrieben). Ziel einer solchen Sprache ist es, durch implementierungsunabhängige, konzeptuelle Modellierung sowohl eine Qualitätssicherung als auch eine Wiederverwendung des abgebildeten Wissens zu erreichen. Die dynamischen Anteile des Unsicherheitmodells können hingegen genutzt werden, um operationale Spezifikationen der Schlußfolgerungsprozesse auf unsicherem Wissen zu konzeptualisieren. Hier liegen sowohl Vor- als auch Nachteile des Ansatzes. Zum einen erlaubt der Mechanismus die explizite Festlegung von Verarbeitungsschritten auf unsicherem Wissen in einer konzeptuellen Darstellung und bietet dabei die Möglichkeit, das Akzeptieren von Hypothesen direkt zu steuern. Auf der anderen Seite erzwingt diese konzeptuelle Sicht eine explizite Darstellung jedes einzelnenVerarbeitungsschrittes, was bei größeren Teilmodellen aufwendig wird.

7 Literatur

[1] Aben, M.: *Formal methods in knowledge engineering*. PhD thesis, SWI, University of Amsterdam, Amsterdam. 1995.

[2] Bayes, T.: An essay towards solving a problem in the doctrine of chance. *Philosophical Transactions*, 3:370 – 418. Reproduced in: Deming. W. E and Haffner, R. (eds.) Two Papers by Bayes. New York. 1963.

[3] Bonissone, P. and Decker, K.: Selecting uncertainty calculi and granularity: An experiment in trading-off precision and complexity. In Kanal, L. and Lemmer, J., editors, *Uncertainty in Artificial Intelligence*. North-Holland. 1986.

[4] Dubois, D. and Prade, H.: *Possibility Theory: An Approach to Computerized Processing of Uncertainty*. Plenum Press. 1988.

[5] Fensel, D. and van Harmelen, F.: A comparison of languages which operationalise and formalise KADS models of expertise. *The Knowledge Engineering Review*, 9:105 – 146. 1994.

[6] Kyburg, H.: Probabilistic acceptance. In: *Proceedings of the 13th International Conference on Uncertainty in Artificial Intelligence*. Morgan Kaufmann 1997.

[7] Kyburg, H. E.: *Science and Reason*. Oxford Univ. Press, New York, 1990.

[8] Pearl, J.: *Probabilistic Reasoning in Intelligent Systems: Networks of Plausible Inference*. Morgan Kaufmann Series in Representation and Reasoning. Morgan Kaufmann, San Mateo, 1988.

154

[9] Pearl, J.: Structural and probabilistic causality. In Shanks, D., Holyoak, K., and Medin, D., editors, *The Psychology of Learning and Motivation*, volume 34: Causal Learning, 393 – 435. Academic Press, San Diego, 1996.

[10] Prerau, D., Adler, M., and Gunderson, A.: Eliciting and using experimental knowledge and general expertise. In Hoffman, R., editor, *Psychology of Expertise*. Springer Verlag. 1992.

[11] Ranze, K.C. and Stuckenschmidt, H.: Bridging gaps in models of expertise. In Dix, J. and Hölldobler, S., ed., *Inference Mechanisms in Knowledge-Based Systems: Theory and Applications, Fachberichte Informatik.* Nr. 19/98, 33 – 59. Universität Koblenz-Landau. 1998.

[12] Ranze, K. C. and Stuckenschmidt, H.: Modelling uncertainty in expertise. In Cuena, J., editor, *IT&KNOWS Information Technologies and Knowledge Systems, Proceedings of the XV. IFIP World Computer Congress*, volume 122 of *Serial Publication of the Austrian Computer Society*, 105 – 118, Vienna/Budapest. 1998.

[13] Schreiber, G., Wielinga. B., Breuker, J., ed.: *KADS: A Principled Approach to Knowledge-based System Development*. Academic Press. London. 1993

[14] Shafer, G.: *A Mathematical Theory of Evidence*. Princeton Univ. Press. 1976.

[15] Shenoy, P.: Valuation-based systems: A framework for managing uncertainty in expert systems. In Zadeh, L. and Kacprzyk, J., editors, *Fuzzy Logic for the anagement of Uncertainty*. Wiley and Sons. 1989.

[16] Shenoy, P. and Shafer, G.: An axiomatic framework for bayesian and belief-function propagation. In *Proceedings of AAAI Workshop on Uncertainty in AI*, 307 – 314. 1988.

[17] Stuckenschmidt, H. and Ranze, K. C.: A specification language for uncertain knowledge models. In *Proceedings of the Pacific Rim Knowledge Acquisition Workshop PKAW-98*, Singapore. 1998.

[18] van Harmelen, F. and Balder, J. R.: $(ML)^2$ A formal language for KADS models of expertise. *Knowledge Acquisition Journal*, 4(1). 1992.

[19] Zadeh, L.: Fuzzy sets. *Information and Control*, 8:338 – 353. 1965.

UML-basierte Modellierung von Multimediaanwendungen

Stefan Sauer   **Gregor Engels**

Universität-GH Paderborn, Fachbereich Mathematik/Informatik, 33095 Paderborn
{sauer | engels}@uni-paderborn.de

Zusammenfassung

Der Entwicklungsprozeß von Multimediaanwendungen sollte ebenso wie der herkömmlicher Softwaresysteme eine Analyse und einen Entwurf beinhalten. In dieser Arbeit diskutieren wir, inwiefern die Modellierung der Struktur und des dynamischen Verhaltens einer Multimediaanwendung über die Modellierung herkömmlicher Software hinausgeht. Wir zeigen, daß Aspekte der Benutzungsschnittstelle und das Zeitverhalten integraler Bestandteil der Modellierung sein sollten. Als Ergebnis stellen wir die objektorientierte Modellierungssprache OMMMA-L vor, die auf der Unified Modeling Language (UML) aufbaut. Die Struktur- und Verhaltensdiagramme von UML wurden analysiert und gemäß der Charakteristika von Multimedia adaptiert bzw. erweitert. Im Klassendiagramm werden die Medientypen und die logische Struktur der Anwendung modelliert. Als Verhaltensdiagramme werden spezialisierte Sequenz- und Zustandsdiagramme eingesetzt. Mit dem Layoutdiagramm wird ein neuer Diagrammtyp hinzugefügt, der die integrierte und anschauliche Beschreibung der visuellen Darstellung und interaktiver Benutzereingaben einer Multimediaanwendung erlaubt. Neben der Vorstellung der einzelnen Diagrammtypen geben wir ein aus dem Metamodell zu UML abgeleitetes OMMMA-L-Metamodell an, in dem das Zusammenspiel der Modellelemente aus den verschiedenen Diagrammen spezifiziert wird.

1 Einleitung

Multimediaanwendungen sind interaktive Softwaresysteme, in denen Objekte verschiedener *Medientypen* kombiniert und zusammen verwendet werden. Generell können zwei Klassen von Medientypen unterschieden werden:

- *diskrete Medientypen*: zeitunabhängige Medien, die keine zeitliche Ausdehnung besitzen und deren Darstellung zu jedem Zeitpunkt dieselbe ist, z.B. Text, Bild oder Grafik,

- *kontinuierliche Medientypen*: zeitabhängige Medien, die ein eigenes Zeitverhalten besitzen und deren Darstellung sich über die Zeit verändert, z.B. Animationen, Video oder Audio.

156

Unter einer Multimediaanwendung verstehen wir im folgenden eine Anwendung, die mindestens zwei Medienobjekte kombiniert und ein zeitabhängiges Verhalten besitzt. Dies können Anwendungen sein, die kontinuierliche Medientypen verwenden, oder auch eine Abfolge von diskreten Medienobjekten, die ein vordefiniertes zeitliches Verhalten aufweisen wie z.B. eine festgelegte Folge von Bildern in einer Diapräsentation, in der jedes Bild für eine bestimmte Zeitperiode angezeigt wird. Typische Multimediaanwendungen sind Lehr-/Lernsysteme, Kiosksysteme, multimediale Produktkataloge, Präsentationen oder Lexikonanwendungen.

In der Zukunft werden interaktive Multimediaanwendungen eine weit verbreitete Form von Softwaresystemen darstellen. Mit Hilfe integrierter multimedialer Elemente können Anwendungsprogramme verständlicher gestaltet werden. So ist es z.B. vorteilhafter, in einem Lexikon Einträge zu berühmten Komponisten mit Musikbeispielen zu versehen oder in einer Lehranwendung über einen Computertomographen ein Video über dessen Einsatz und Funktionsweise abzuspielen als diese Information textuell oder mit einzelnen Bildern wiederzugeben. Multimedia bietet sich also insbesondere dann an, wenn die zu präsentierende Information selbst multimedialer Natur ist. Aber auch allein zur Benutzerführung kann Multimedia Vorteile haben, da es natürliche Interaktionsformen mit simulierten Laborinstrumenten (vgl. [BDS+98]) und Geräten beispielsweise über Drehregler oder Zeigerinstrumente nachbilden kann. Wie bei der herkömmlichen Softwareentwicklung sind deshalb Konzepte, Techniken, Methoden und Werkzeuge für die Realisierung von Multimediaanwendungen zu entwickeln, die den speziellen Anforderungen multimedialer Systeme Rechnung tragen und dabei ein methodisches Vorgehen unterstützen.

Der Stand der Technik ist, daß Multimediaanwendungen unter Verwendung von spezialisierten Frameworks oder mit Hilfe von Autorensystemen erstellt werden. In beiden Fällen wird keine explizite Unterstützung einer Entwurfsphase geboten. Die Erstellung multimedialer Software wird in einigen Entwicklungsumgebungen und Programmiersprachen durch spezielle Frameworks und Klassenbibliotheken zur Einbindung multimedialer Elemente (z.B. Java Media Framework, XFantasy [Göt94], MET++ [Ack96], MME [Din94]) unterstützt. Diese zu verwenden bleibt allerdings erfahrenen Programmierern vorbehalten. In der Regel werden Multimediaanwendungen heutzutage mit Hilfe von *Autorensystemen* wie Director und Authorware von Macromedia oder Toolbook von Asymetrix erstellt. Autorensysteme orientieren sich in ihrer Funktionalität an den speziellen Aspekten multimedialer Anwendungen und verwenden Metaphern, die aus der Medienproduktion bekannt sind. Autorensysteme sind interaktive Werkzeugumgebungen, die eine schnelle Ad-hoc-Anwendungserstellung im Sinn eines Prototyping mit Hilfe direktmanipulativer Interaktionsformen ermöglichen. Falls die gewünschte Funktionalität der Anwendung die im Werkzeug vordefinierten Möglichkeiten übersteigt, steht in der Regel eine Skriptsprache mit einfachen Programmierkonstrukten zur Verfügung, mit der weitergehende Funktionalität programmiert werden muß. Der Vorteil der Unterstützung einer schnellen prototypischen Erstellung einer Multimediaanwendung ist gleichzeitig auch ein Nachteil. Autorensysteme ermöglichen die unmittelbare Erstellung eines Softwaresystems, ohne zunächst einen geeigneten Entwurf zu entwickeln [DEM+98].

In einem qualitativ hochwertigen Softwareentwicklungsprozeß kommt vor allem der *Anforderungsanalyse* und dem *Entwurf* große Bedeutung zu. Besonders die Entwurfsphase ist Voraussetzung für eine saubere und möglichst fehlerfreie Implementierung. Entsprechend muß eine *Modellierungsssprache* verwendet werden, die eine integrierte Modellierung aller relevanten Aspekte unterstützt. Derartige Modellierungssprachen basieren heutzutage in der Regel auf dem objektorientierten Paradigma. Die Objektorientierung bietet ein einheitliches Konzept zur Softwareentwicklung und bringt zahlreiche Vorteile wie beispielsweise die integrierte Beschreibung von Struktur und Dynamik mit sich. In den letzten Jahren sind verschiedene *objektorientierte Modellierungssprachen* entstanden. Eine der neuesten und sicherlich bedeutendsten dieser Sprachen ist die *Unified Modeling Language* (UML) [Rat97, BRJ98]. UML ist inzwischen OMG-Standard und industrieller Quasistandard bei der Softwareentwicklung. Die Modellierungssprache erlaubt die Beschreibung sowohl von Software als auch von Geschäftsprozessen und gestattet somit die einheitliche Behandlung von Anwendungssystemen und den Prozeßmodellen für deren Entwicklung.

Leider unterstützt die UML nicht alle Aspekte einer multimedialen Anwendung auf angemessene Weise (vgl. Abschnitt 3). Insbesondere die Modellierung des Aspekts der Benutzungsschnittstelle wird in den von UML angebotenen Diagrammsprachen nicht explizit unterstützt. Andere Konzepte der UML sind noch nicht ausgereift oder wenig anschaulich und erschweren aus unserer Sicht den Modellierungsprozeß für Multimediaanwendungen unnötig.

Das Ziel dieser Arbeit ist deshalb, die objektorientierte Modellierungssprache OMMMA-L vorzustellen, die auf der Unified Modeling Language (UML) aufbaut. Hierzu werden wir zunächst in Abschnitt 2 die einzelnen Aspekte einer Multimediaanwendung herausarbeiten. Den Kern der Arbeit bildet Abschnitt 3, wo als Erweiterung zu UML die Sprache OMMMA-L (Object-oriented Modeling of MultiMedia Applications - the Language) zur Modellierung der verschiedenen Aspekte einer Multimediaanwendung vorgestellt wird. Abschnitt 4 beschließt diese Arbeit mit einer Zusammenfassung und einem Ausblick auf aktuelle und zukünftige Forschungs- und Entwicklungstätigkeiten.

2 Aspekte multimedialer Anwendungen

Ein wesentliches Merkmal von multimedialen Anwendungen ist die Komposition diverser Aspekte. Zu diesen Aspekten gehören neben den inhaltlichen Anforderungen an die Gestaltung der Anwendung die verwendeten Medientypen, das vorgegebene zeitliche Verhalten, die interaktiv gesteuerte Ablaufstruktur der Anwendung sowie die Gestaltung der Benutzungsschnittstelle einschließlich der räumlichen Anordnung von Objekten auf der Präsentationsfläche. Hinzu kommen Aspekte wie die Anbindung von Datenbanken zur Ablage multimedialer Daten und der Zugriff auf vorhandene verteilte Ressourcen in einem Netz, also zum Beispiel die Verbindung zum Internet. Diese Aspekte müssen beim Entwurf einer Multimediaanwendung Berücksichtigung finden. In dieser Arbeit beschränken wir uns auf den inhaltlichen, den räumlichen und den (interaktiven) zeitlichen Aspekt.

Inhaltlicher Aspekt. Die logische Struktur einer Multimediaanwendung muß spezifiziert werden können. Sie ist der Ausgangspunkt jeder Softwareentwicklung. Bei multimedialen Anwendungen beinhaltet diese Spezifikation neben der strukturellen Beschreibung der Anwendungsobjekte und ihrer Beziehungen auch deren Zuordnung zu Instanzen spezieller Medientypen. Hierbei machen wir bewußt einen Unterschied zwischen einem inhaltlich begründeten Anwendungsobjekt und einem Medienobjekt, da es in einer Multimediaanwendung möglich ist, den gleichen inhaltlichen Zusammenhang mittels verschiedener Medien darzustellen. Aus diesem Grund werden Medienobjekte nicht als Spezialisierung von Anwendungsobjekten angesehen.

Räumlicher Aspekt. Die visuelle Präsentation von Medienobjekten ist integraler Bestandteil einer Multimediaanwendung. Dies beinhaltet das graphische Layout sowie die absolute oder relative Plazierung einzelner Objekte. Die räumliche Anordnung der Multimediaobjekte betrifft ihre Lage in einem virtuellen Raum und ihre Abbildung auf eine Projektionsfläche, z.B. den Bildschirm. Die Layoutbeschreibung muß explizit und auf Spezifikationsebene sein, um eine einheitliche Darstellung verschiedener Anwendungsobjekte zu unterstützen.

Zeitliche Komposition. Die zeitliche Anordnung der Multimediaobjekte ist einerseits durch definierte Ablaufstrukturen der Anwendung und andererseits durch die Interaktion mit dem Benutzer, z.B. die Veränderung von Abspielvorgängen oder die Auswahl von Alternativen, bestimmt. Entsprechend müssen zeitliche Relationen zwischen Medienobjekten wie Sequenzialisierung oder Synchronisation beschrieben werden. Diese können relativ zu anderen Medienobjekten (intermedial) oder absolut auf einer metrischen Zeitachse (intramedial) angegeben werden. Insbesondere bei kontinuierlichen Medientypen muß die laufende Synchronisation mit einer realen Uhr in hohem Maß gewährleistet sein, um z.B. bei Videofilmen unnatürliche Bewegungsabläufe (Jitter) zu vermeiden. Vordefinierte zeitliche Abläufe und Beziehungen, z.B. Synchronizität, sollten anschaulich anhand einer Zeitrepräsentation abgetragen werden. Eine Anwendung kann dabei aus nebenläufigen Teilen bestehen. Benutzerinteraktionen oder aufgetretene Ereignisse, deren zeitliches Auftreten nicht a priori bekannt ist, erfordern dynamische Reaktionen einer Anwendung. Alternativen in der Ablaufdynamik der Anwendung müssen modelliert werden können. Schließlich sollen diese Aspekte konsistent zueinander sein und zu einer integrierten Spezifikation der Anwendung kombiniert werden.

Im folgenden wird erläutert, inwieweit die objektorientierte Modellierungssprache UML geeignet ist, die integrierte Modellierung dieser Aspekte zu unterstützen und wo Erweiterungen in OMMMA-L vorzunehmen sind.

3 Die objektorientierte Multimedia-Modellierungssprache OMMMA-L

In diesem Abschnitt stellen wir die Diagrammsprachen von OMMMA-L basierend auf UML vor und gehen auf ihre Kombination für eine konsistente Modellierung von Multimediaanwendungen ein. Wir geben auszugsweise ein Metamodell für OMMMA-L an, das auf dem UML-Metamodell aufbaut.

3.1 Modellierung von Multimedia

Die Modellierungssprache UML [Rat97, BRJ98] besteht aus einer Menge von Diagrammsprachen, die zur Spezifikation verschiedener Aspekte eines Systems geeignet sind. Die Diagrammarten lassen sich in vier Gruppen einteilen: Use-Case-Diagramme, Strukturdiagramme, Verhaltensdiagramme und Implementierungsdiagramme. In dieser Arbeit konzentrieren wir uns auf die statische Struktur und das dynamische Verhalten von Multimediaanwendungen. Die Struktur wird in einem Klassendiagramm beschrieben. Zur Spezifikation des Verhaltens der Objekte eines Systems besitzt UML diverse Verhaltensdiagramme: Sequenzdiagramm, Kollaborationsdiagramm, Zustandsdiagramm und Aktivitätendiagramm.

Sowohl der inhaltliche Aspekt als auch Teile des zeitlichen Verhaltens können mit Hilfe von UML modelliert werden. Auch in [BDS+98] werden multimediale Laborsimulationen mit Hilfe von Klassen-, Sequenz- und Zustandsdiagrammen modelliert und dann im Autorensystem Director implementiert. Allerdings sind nach unserer Einschätzung weitergehende Konstrukte nötig, um detailliert das zeitliche Zusammenspiel unterschiedlicher Medienobjekte zu beschreiben. Dane-

160

ben bietet UML keine explizite Unterstützung zur Modellierung des räumlichen Aspekts an. Schließlich enthält die Beschreibung von UML in [Rat97] wenig konkrete, pragmatische Hinweise, wie die Diagrammsprachen in einer sinnvollen Kombination einzusetzen sind. Dies alles war Ausgangspunkt und Motivation für uns, UML zu erweitern und pragmatische Richtlinien zu entwickeln, wie multimediale Anwendungen modelliert werden sollten.

Multimediaanwendungen sind interaktiv und haben einen wesentlichen Schwerpunkt auf der multimedialen Benutzungsschnittstelle. Die von uns entwickelte Modellierungssprache OMMMA-L (Object-oriented Modeling of MultiMedia Applications - the Language) orientiert sich deshalb wie MET++ [Ack96] und XFantasy [Göt94] an Softwarearchitekturen aus dem Bereich der Modellierung von Benutzungsschnittstellen. Die bereits aus diesen Modellen bekannte Trennung von logischem Modell der Anwendung, Steuerung und Präsentation (vgl. z.B. MVC [KP88] oder PAC [Cou97]) haben wir aufgegriffen und um eine Dimension zur Darstellung von Objekten der unterschiedlichen diskreten und kontinuierlichen Medientypen erweitert.

Anwendungsmodell. Die logische Struktur der Anwendung stellt einen eigenständigen Aspekt dar und ist i.a. der Ausgangspunkt bei der Entwicklung einer Multimediaanwendung. Sie ist insbesondere aus softwaretechnischer Sicht bedeutsam. Die logische Dimension dient zur Darstellung des Wissens aus Sicht eines Experten und ist vom konkreten Anwendungsgebiet abhängig. Assoziationen zwischen Klassen von Anwendungsobjekten, Strukturierungen, Kompositionsbeziehungen und mögliche Navigationsstrukturen können hier modelliert werden.

Medienhierarchie. Das wesentliche Kriterium zur Differenzierung der Medientypen ist deren Zeitabhängigkeit. Die Dimension der Medientypen basiert auf einer Generalisierungshierarchie verschiedener diskreter und kontinuierlicher Medientypen, wie sie auch in verschiedenen Frameworks zu finden ist (vgl. z.B. [GT96]). Auch in unserem Ansatz kann eine solche Medientyphierarchie im Klassendiagramm spezifiziert werden. Framework- oder Bibliotheksklassen können geeignetenfalls wiederverwendet werden.

Präsentation. Die Präsentation hat eine zeitliche und eine räumliche Ausprägung, die miteinander kombiniert sind (raumzeitlich). Die Präsentation wird in die visuelle Darstellung und die Audiopräsentation auf einem oder mehreren Kanälen differenziert. Der visuellen Präsentation, die den sichtbaren Teil der Benutzungsschnittstelle darstellt, werden die Präsentationsobjekte einer Anwendung zugeordnet. Diese können hierarchisch komponiert werden, z.B. ein Fenster mit verschiedenen Schaltflächen, Eingabefeldern und Anzeigen. Präsentationsobjekte können in Interaktionobjekte und Visualisierungsobjekte differenziert werden je nachdem, ob sie Benutzerinteraktionen erlauben.

Steuerung. Die Ablaufsteuerung ist für das zeitliche Verhalten von Anwendung und Präsentation verantwortlich. System- und interaktive Benutzerkontrolle erfolgen durch ein Ereignismodell. Die Spezifikation der tatsächlichen Steuerungsabläufe erfolgt im Zustandsdiagramm der Anwendung. Bei der Modellierung des Anwendungsverhaltens unterscheiden wir zwischen *unterbrechbarer* und *nicht unterbrechbarer* dynamischer Ablaufstruktur. Nicht unterbrechbare Ablaufstrukturen sind vordefinierte Kontrollflüsse, die weder durch den Benutzer noch durch eine andere Systemeinheit unterbrochen werden können. Unterbrechbare Ablaufstrukturen bestehen aus Systemzuständen, an denen eine Unterbrechung als Reaktion auf eingetretene Situationen erlaubt ist, und Transitionen zwischen diesen Zuständen.

Als Beispiel einer Multimediaanwendung verwenden wir in dieser Arbeit eine Lexikonanwendung mit Einträgen zu klassischen Komponisten. Ein Komponisteneintrag besteht aus verschiedenen Komponenten. Eine textuelle Beschreibung wird als Hypertext angezeigt. Die Hyperlinks erlauben das Anzeigen oder Abspielen bestimmter Medienobjekte. Es können Bilder und Notenblätter angezeigt und Musikstücke oder Videos abgespielt werden. Diesen Anwendungsobjekten sind Medienobjekte zugeordnet. Der Bildschirmaufbau für die visuelle Darstellung und die Interaktionsmöglichkeiten der Benutzerführung sollen für alle Einträge einheitlich sein. Auf dem Bildschirm werden verschiedene Informations- und Steuerungskomponenten plaziert. Die Steuerung der Anwendung bietet mehrere Interaktionsformen. Mit Hilfe einer Buchstabenleiste kann der Anfangsbuchstabe des Komponistennamens per Mausklick selektiert werden. Ein animierter Pfeil zeigt die aktuelle Buchstabenposition an. In einem Textfenster mit Scrollbar wird entsprechend auf den ersten Namen mit diesem Anfangsbuchstaben gesprungen. Dort kann der Komponist direkt ausgewählt werden. Eine Bild-/Musiksteuerung gestattet die Kontrolle der abgespielten kontinuierlichen Medien. Ein Endeknopf und Knöpfe zum Vorwärts- und Rückwärtsblättern zwischen den Einträgen komplettieren das System.

3.2 Klassendiagramm

Das Klassendiagramm bildet aus datenorientierter Sicht das Kernstück eines Anwendungsmodells. Klassendiagramme werden in objektorientierten Modellierungssprachen zur Beschreibung der statischen Struktur einer Anwendung eingesetzt. In ihnen werden die vorhandenen Typen und Klassen, deren interne Struktur und mögliche Beziehungen zwischen Instanzen dieser Klassen dargestellt. Die

Sprachkonstrukte für das Klassendiagramm werden unverändert aus UML in OMMMA-L übernommen. Im Klassendiagramm werden zwei statische Aspekte der Multimediaanwendung modelliert:

- eine *Medientyphierarchie*, die alle verfügbaren Medientypen umfaßt, deren konkrete Klassen mit den eigentlichen Medienobjekten instanziiert werden,

- das *logische Modell* der Anwendung, welches die Struktur der Anwendungsklassen und deren Beziehungen zueinander in der Anwendungsdomäne wie z.B. komponierte Anwendungseinheiten (Szenen) beinhaltet.

Anwendungsobjekte stehen zu Medienobjekten der Medientyphierarchie in Beziehung. Vordefinierte Klassen können wiederverwendet und gegebenenfalls weiter spezialisiert werden. In Abb. 3.1 ist das Klassendiagramm der Lexikonanwendung angegeben. Auf der linken Seite befindet sich eine Medientyphierarchie, rechts die Anwendungsstruktur, welche die Komposition der Multimediaapplikation aus komplexen Komponisteneinträgen spezifiziert. Den jeweiligen Anwendungsklassen (z.B. Film) werden Medientypen (z.B. Audio, Video) zugeordnet.

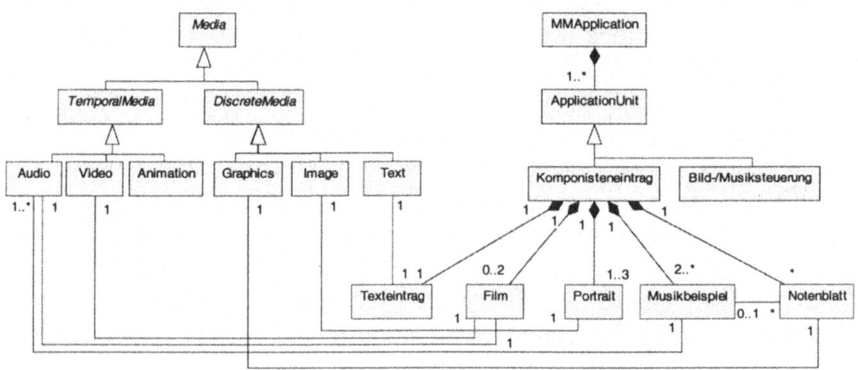

Abb. 3.1: Klassendiagramm zur Beispielanwendung

3.3 Layoutdiagramm

Das neu eingeführte Layoutdiagramm beschreibt die räumliche Anordnung der visuellen Objekte auf der Benutzungsschnittstelle in intuitiver Weise. Das Layout ist Teil der Präsentation. Wir verfolgen damit die Absicht, die Layoutspezifikation im Entwurf zu berücksichtigen und nicht erst in der Implementierungsphase durch GUI-Builder oder Autorensysteme unmittelbar zu realisieren. Durch die Integration der Layoutbeschreibung in die Modellierungssprache kann ein ganzheitliches

Modell erstellt werden; es können Relationen zu anderen Modellaspekten angeben und Konsistenzprüfungen zwischen den Diagrammtypen durchführt werden.

Das Layoutdiagramm bietet im wesentlichen graphische Notationselemente zur Spezifikation von Positionen und Flächen von visuellen Präsentationsobjekten. Die Anordnung der Präsentationsobjekte wird durch die Angabe rechteckiger Bounding Boxes im Layoutdiagramm modelliert, denen die Präsentationsobjekte zugeordnet werden. Erweiterungen für beliebige graphische Primitive sind vorgesehen. Die Bounding Boxes begrenzen die Fläche, in der ein zugeordnetes Präsentationsobjekt angezeigt werden kann. Präsentationsobjekte können in passive Visualisierungsobjekte, die nur eine visuelle Präsentation darstellen, und Interaktionsobjekte, die zusätzlich Benutzerinteraktionen erlauben und Ereignisse auslösen können, differenziert werden. Letztere können Schaltflächen, Eingabefelder oder auch Links in einem Hypertext sein. In Anlehnung an aktive Objekte in UML haben Bounding Boxes für Visualisierungsobjekte eine normale Umrandungslinie, die für Interaktionsobjekte eine fette Umrandungslinie.

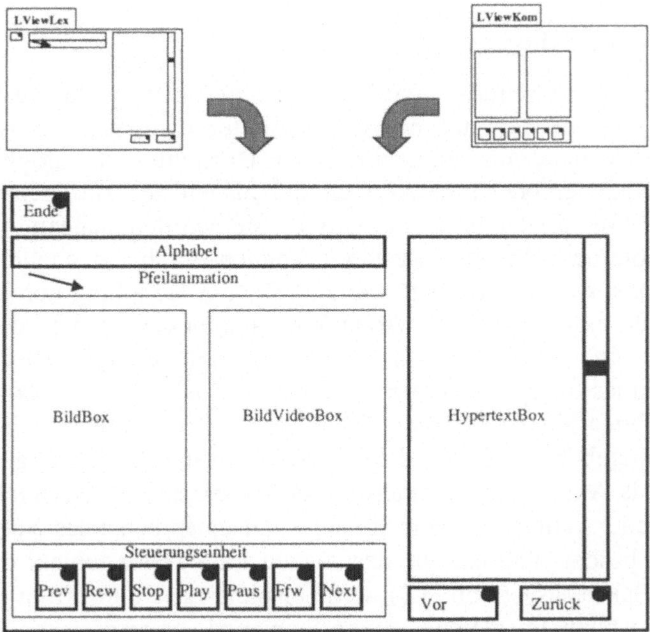

Abb. 3.2: Layoutdiagramm des Komponistenlexikons

Die visuellen Sprachkonstrukte des Layoutdiagramms (vgl. Abb. 3.2) enthalten eine Menge vordefinierter Spezialisierungen der Bounding Boxes für Bild, Grafik, Text, Video, Animation, Button, Scrollbar, Sliderbar, Checkbox etc., die sowohl

Visualisierungs- als auch Interaktionsobjekte zugeordnet sein können. Bounding Boxes sind Modellelemente, die innerhalb ihres Namensraums einen eindeutigen Namen besitzen.

Das Layout einer Anwendungseinheit kann aus mehreren Layoutdiagrammen, die als Layoutsichten bezeichneten werden, komponiert werden. Die Kombination der Layoutsichten erfolgt als Projektion auf eine Einheitspräsentationsfläche (Koordinatensystem), wobei eine Überlagerungsrelation layered die Überdeckung spezifiziert. Abbildung 3.2 deutet diese Komposition im oberen Teil an. Das komponierte Diagramm spezifiziert das Layout der Beispielanwendung. Knöpfe zur Steuerung der Anwendung und des Abspielens von kontinuierlichen Medien sind durch ein Stereotyp-Icon (ausgefüllter Punkt) gekennzeichnet. Die HypertextBox ist interaktiv und besitzt einen Scrollbar an der rechten Seite. Auch die alphabetische Buchstabenleiste ist interaktiv, nicht jedoch die Animation (Stereotyp-Icon Pfeil) für den Zeiger auf den aktuellen Buchstaben sowie BildBox und BildVideoBox.

3.4   Zustandsdiagramm

Einer Multimediaanwendung wird auf oberster Ebene ein Zustandsdiagramm zugeordnet, das die dynamische Ablaufstruktur der gesamten Anwendung beschreibt. Die Zustandsdiagramme dienen zur Darstellung der möglichen Zustandsfolgen von Objekten oder Interaktionen und ausgelöster Aktionen in Reaktion auf eingetretene Situationen bzw. Ereignisse. Sie wurden nahezu unverändert aus UML übernommen. Einzelne Zustände können durch eingebettete Zustandsdiagramme immer weiter verfeinert werden. Für die Kopplung der unterbrechbaren mit der nicht unterbrechbaren Ablaufdynamik erweitern wir die Zustandsdiagramme um eine Anbindung an Sequenzdiagramme (vgl. Abschnitt 3.5). Die Zuordnung eines Sequenzdiagramms zu einem Zustand erfolgt durch eine Erweiterung der Semantik von internen Transitionen. Wir erlauben neben der Ausführung einer eingebetteten Zustandsmaschine auch die Ausführung eines Sequenzdiagramms als Aktion auf ein internes „do/"-Ereignis. Im Beispiel bedeutet dies, daß es für jede Aktion in einem Zustand ein entsprechendes Sequenzdiagramm gibt, in dem beschrieben ist, wie das ausgewählte Medienobjekt dargestellt wird. Im Zustand SpieleMusik (Abb. 3.3) wird beispielsweise die Aktion Musik(M) ausgeführt, deren Ablauf im gleichnamigen Sequenzdiagramm (Abb. 3.4) spezifiziert ist.

Abbildung 3.3 beschreibt z.B. den Vorgang zum Präsentieren verschiedener Medien im Rahmen unserer Beispielanwendung als komplexen Zustand, der Teil des Zustandsdiagramms der Anwendung ist. Der Ablauf kann durch den Benutzer durch entsprechendes Klicken mit der Maus gesteuert werden. Während Text und Abspieler dauernd aktiviert sind (linkes Segment), schließt das Abspielen eines Videos die Darstellung von Musik und Bild aus. Der Ereignismanager der Anwendung liefert als Parameter der Mausoperationen die Referenzen zu konkreten Anwendungsobjekten.

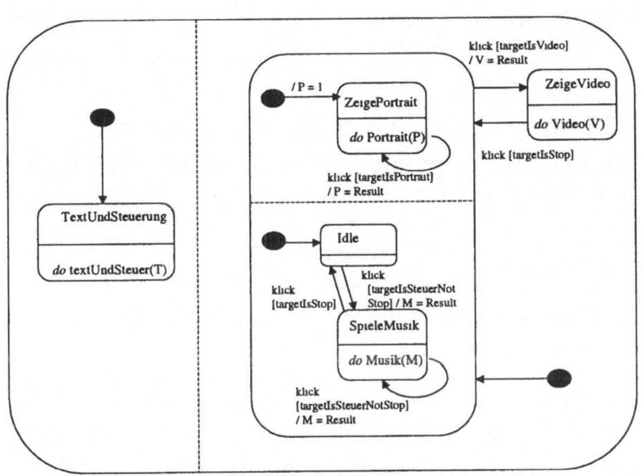

Abb. 3.3: Komplexer Zustand für das Präsentieren der Medien

3.5 Sequenzdiagramm

Vordefinierter Kontrollfluß, d.h. nicht unterbrechbare Ablaufstruktur, kann in UML mit Interaktionsdiagrammen oder den aus Zustandsdiagrammen abgeleiteten Aktivitätendiagrammen beschrieben werden. Der Fokus von Aktivitätendiagrammen liegt auf prozeduralen Kontrollflüssen, die durch die Ausführung interner Aktionen gesteuert werden und nicht durch das Auftreten asynchroner externer Ereignisse. Zwar repräsentieren Aktivitätszustände die Ausführung von Operationen, aber das Fehlen einer expliziten Zeitdimension disqualifiziert sie für die Spezifikation des Echtzeitverhaltens von Multimediapräsentationen. Dieses Kriterium spricht auch gegen die Kollaborationsdiagramme, die gemeinsam mit den Sequenzdiagrammen die sogenannten Interaktionsdiagramme bilden. Die Diagrammtypen basieren auf denselben Informationen und einem gemeinsamen Metamodell. Während das *Kollaborationsdiagramm* neben der Aktionsfolge (Nachrichtensequenz) in einer Interaktion auch die Struktur der Beziehungen zwischen den beteiligten Objekten darstellt, stellt ein *Sequenzdiagramm* die temporalen Beziehungen zwischen den Nachrichten in den Vordergrund. Zwar können in Kollaborationsdiagrammen Zeitmarken angegeben werden, diese sind aber wenig anschaulich. Sequenzdiagramme hingegen verfügen über eine Zeitachse.

Da für die Spezifikation des Ablaufverhaltens einer Multimediaanwendung der Zeitbezug von wesentlicherer Bedeutung ist als die Struktur der dem Nachrichtenaustausch zugrundeliegenden Beziehungen, verwenden wir im folgenden Sequenzdiagramme, die wir weiter verfeinern. Notwendige Strukturbeziehungen finden in den statischen Klassendiagrammen Berücksichtigung.

Für das Sequenzdiagramm verlangen wir die weitestgehenden Erweiterungen gegenüber UML. Neben dem dynamischen Verhalten vordefinierter, nicht unterbrechbarer Abläufe (Sequenzen, Synchronisation), das wir strikt von zur Laufzeit bestimmter Dynamik trennen, erlauben wir die Spezifikation zusätzlicher zeitabhängiger Funktionalität. Im folgenden listen wir einige Sprachkonstrukte auf, die wir zu den in UML definierten Sprachkonstrukten für Sequenzdiagramme hinzugefügt haben:

- *Präzisierung der Zeitachse* durch die Definition von Zeitmarken, bestimmten, (einseitig: min oder max) beschränkten und unbestimmten Intervallen als globale oder lokale Dimension.

- *Parametrisierung* von Sequenzdiagrammen, z.B. Zeitmarken für Start oder Ende als Parameter eines Sequenzdiagramms. Dies ermöglicht eine Wiederverwendung eines Sequenzdiagramms an verschiedenen zeitlichen Positionen des Ablaufs einer Anwendung.

- *Aktivierungs- und Deaktivierungsverzögerungen* bei der Aktivierung eines Objekts. Da es nicht immer möglich und erforderlich ist, daß verschiedene Medienobjekte exakt zu einem Zeitpunkt gestartet werden, ermöglicht dies eine genauere Modellierung der Toleranz bei der Synchronisation von Objekten.

- *Komponierte Aktivierung.* Soll eine Anwendungsentität gleichzeitig an unterschiedlichen Stellen auf dem Bildschirm oder auf verschiedenen Audiokanälen präsentiert werden, so können mehrere Aktivierungen parallel komponiert werden, die jeweils einer anderen Darstellungen zugeordnet werden können. Kanalbezeichner oder Bezeichner für Bounding Boxes werden einem Aktivierungssegment als Referenz zugefügt (z.B. L, R oder BildVideoBox in Abb. 3.4).

- *Medienfilter.* Einer Aktivierung können eindimensionale Filter (Zeitfunktionen) überlagert werden, etwa die Veränderung des Pegels auf einem Audiokanal relativ zur Zeit. Diese gegebenenfalls dynamischen Filter werden in das Aktivierungssysmbol eingeschrieben. Mehrdimensionale Funktionen müssen komponentenweise aufgegliedert oder durch Referenzen angegeben werden.

- *Animationsaktivierung.* Eine sequentielle Komposition von Aktivierungen kann unmittelbar hintereinander folgen, ohne daß explizite Nachrichten an alle einzelnen Aktivierungen geschickt werden (entspricht einer impliziten Selbstaktivierung). Jeder dieser Aktivierungen kann eine eigene Präsentationseinheit zugeordnet werden. Zur Modellierung einer Positionsveränderung eines Objektes über die Zeit kann beispielsweise jeder Aktivierung eine Position (Bounding Box im Layoutdiagramm) zugeordnet werden. Zu jeder einfachen Aktivierung gehört ein Einzelbildobjekt bzw. ein Bewegungsabschnitt.

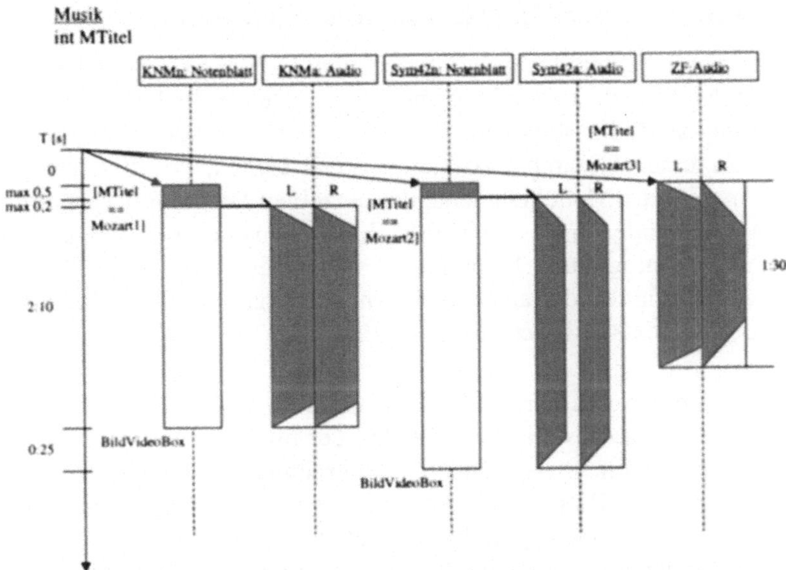

Abb. 3.4: Sequenzdiagramm Musik mit formalem Parameter MTitel

Abbildung 3.4 zeigt als Beispiel die Modellierung der Aktion Musik(int MTitel) für den Komponisteneintrag zu Mozart durch ein Sequenzdiagramm. Die an ein Sequenzdiagramm übergebenen Parameter werden unter dem Diagrammbezeichner aufgelistet. Im Beispiel wird MTitel in den Guard-Ausdrücken der alternativen Ausführungsstränge verwendet. Aktivierungs- und Deaktivierungsverzögerungen werden als schraffierte Bereiche einer Aktivierung dargestellt. Die komponierte Audioaktivierung enthält ein eingeschriebenes Rechteck für jeden modellierten Kanal, in dem der Pegel des Audiosignals über die Zeit der Aktivierung abgetragen wird. An der horizontalen Achse der Aktivierung kann eine filterspezifische Maßeinheit angegeben werden. Der Übersichtlichkeit halber, wurden Zeitangaben für die Medienfilter weggelassen.

Die Kombination von Sequenzdiagrammen ist im allgemeinen kompliziert und hängt von der Verträglichkeit der Angaben auf der Zeitdimension ab. Unproblematisch sind die Fälle der sequentiellen Aneinanderreihung und die parallele Komposition bei identischer Metrik auf der Zeitachse. In unserem Vorgehen fordern wir nichtsdestotrotz, daß Nebenläufigkeit durch parallele Zustände im Zustandsdiagramm modelliert werden sollte.

3.6 Kombination der Diagramme und Metamodell

In jedem der vorgestellten Diagrammtypen von OMMMA-L werden spezielle Aspekte einer Multimediaanwendung modelliert. Die Aufgaben der jeweiligen Sprachkonstrukte sind klar voneinander getrennt. Um eine konsistente Integration der Aspekte zu einer Gesamtspezifikation zu erreichen, spezifizieren wir ein Metamodell, in dem die Modellelemente der einzelnen Diagrammtypen und deren Beziehungen zueinander und somit das Zusammenspiel der Diagrammtypen festgehalten ist. Analog zum Metamodell von UML dient das OMMMA-L-Metamodell zur Definition der abstrakten Syntax der graphischen Modellierungssprache und der kontextsensitiven Abhängigkeiten der Sprachelemente.

Im Klassendiagramm wurde bereits der Zusammenhang von Medienobjekten und Anwendungsobjekten dargestellt. Nur Objekte der im Klassendiagramm definierten Typen können in einem der anderen Diagramme (Zustandsdiagramm, Sequenzdiagramm, Layout-Diagramm) verwendet werden. Im folgenden konzentrieren wir uns auf das Zusammenspiel der Verhaltensdiagramme und des Layoutdiagramms untereinander sowie die Kopplung mit dem Klassendiagramm.

In Abb. 3.5 ist ein Ausschnitt aus dem Metamodell von OMMMA-L dargestellt, der die wichtigsten Erweiterungen des UML-Metamodells (vgl. [Rat97b]) für die neuen Modellelemente und die Kombination der Diagrammtypen betont. Aus UML übernommene Metaklassen sind hell, neue Metaklassen dunkel unterlegt. Hinzugefügt wurden insbesondere spezialisierte Metamodellklassen (Stereotypen) für die Modellierung der Präsentation und der Sequenzdiagrammerweiterungen. Die Assoziationen zwischen den diagrammspezifischen Bereichen des Metamodells spiegeln das oben erläuterte methodische Vorgehen und die damit zusammenhängenden Beziehungen zwischen den einzelnen Diagrammtypen wider.

Der Multimediaanwendung wird genau ein Zustandsdiagramm zugeordnet. Die Anwendung selbst ist aus Szenen komponiert. Eine Anwendungseinheit (Szene) der Multimediaanwendung stellt einen in sich geschlossenen Teil der Anwendung dar. Einer Szene ist ein Zustand und eine Präsentation aus Layout und Audiokanälen zugeordnet. Die Präsentation kann in verschiedenen Szenen verwendet werden. Ein Sequenzdiagramm (Interaction) kann nur einem primitiven Zustand zugeordnet werden. Das zugehörige Sequenzdiagramm einer Szene wird implizit aus den Sequenzdiagrammen der enthaltenen Subzustände komponiert. Über Nachrichten werden Aktivierungen referenziert, die komponiert werden können (vgl. Abschnitt 3.5) und denen Medienfilter zugeordnet sein können. Die Beziehungen von Aktivierungen zu Audiokanälen wurden als Assoziationsklassen modelliert, da hier implizit die Präsentationseinheiten erzeugt werden. Zudem können Instanzen von VisualPresentation, für die der Attributwert von isInteractive true ist (hier ausgeblendet), zu Ereignissen der Steuerung in Beziehung stehen.

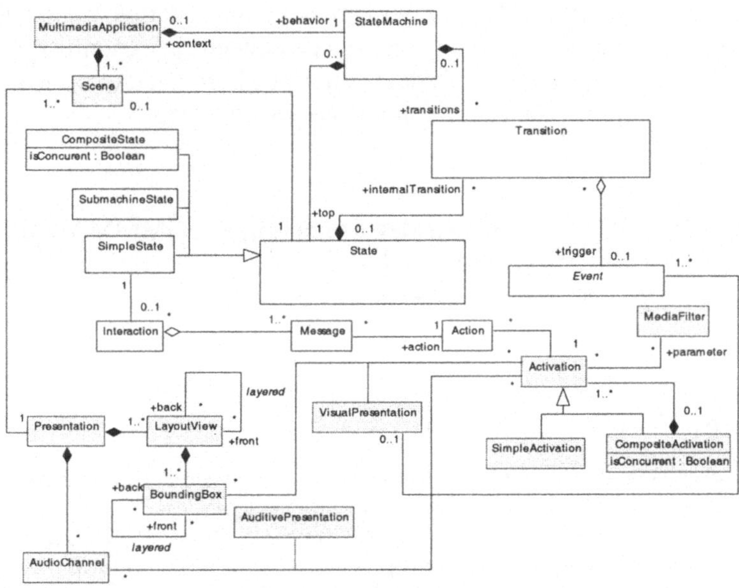

Abb. 3.5: Ausschnitt aus dem Metamodell von OMMMA-L

4 Zusammenfassung und Ausblick

Wir haben in dieser Arbeit die zur Zeit von uns entwickelte objektorientierte Modellierungssprache OMMMA-L für die Modellierung von Multimediaanwendungen vorgestellt. OMMMA-L beruht in großen Teilen auf UML. Dies gilt insbesondere für die verwendeten Notationen und graphischen Darstellungen der Diagramme. An einigen wesentlichen Stellen wurde UML jedoch erweitert, um geeignete Konstrukte für die spezifischen Eigenschaften einer Multimediaanwendung zur Verfügung zu haben. Hierzu gehören insbesondere:

- Erweiterungen der Sequenzdiagramme, um die Präsentation und Synchronisation verschiedener Medienobjekte geeignet beschreiben zu können,

- die neue Diagrammform des Layoutdiagramms, um die räumliche Darstellung von Medien- und Präsentationsobjekten modellieren zu können und

- methodische Richtlinien, wie die verschiedenen Diagrammarten integriert eingesetzt werden können, um alle Aspekte einer Multimediaanwendung geeignet modellieren zu können.

Die Entwicklung von OMMMA-L wird fortgesetzt. Gegenwärtig werden größere Anwendungsbeispiele mit dieser Sprache modelliert. Parallel hierzu erfolgt eine Implementierung von OMMMA-L in einem syntaxgesteuerten Editor, der insbesondere die Konsistenz zwischen den verschiedenen Diagrammtypen sichert. Dieser soll anschließend um eine Codegenerierungskomponente nach Java erweitert werden. Das System soll auf Rational Rose 98 aufsetzen.

Danksagung

Die Autoren danken den Studenten der Projektgruppe OMMMA Joachim Bertram, Carsten Kemper, Mirko Klotz und Stefan Nabbefeld für ihre konstruktiven und kritischen Beiträge beim Entwurf dieser Sprache.

Literatur

[Ack96]   Ackermann, P.: *Developing Object-Oriented Multimedia-Software: Based on MET++ Application Framework*. Heidelberg: dpunkt-Verlag 1996.

[BDS+98] Boles, D., Dawabi, P., Schlattmann, M., Boles, E., Trunk, C., Wigger, F.: Objektorientierte Multimedia-Softwareentwicklung: Vom UML-Modell zur Director-Anwendung am Beispiel naturwissenschaftlich-technischer Labore. *Tagungsband Workshop "Multimedia-Systeme"*, GI-Jahrestagung 1998, S. 33-51.

[BRJ98]   Booch, G., Rumbaugh, J., Jacobson, I.: The Unified Modeling Language User Guide. Reading, MA: Addison-Wesley 1998.

[Cou97]   Coutaz, J.: PAC-ing the architecture of your user interface. *Proc. 4th Eurographics Workshop on Design, Specification and Verification of Interactive Systems*. Berlin: Springer-Verlag, 1997, S. 15-32.

[DEM+98] Depke, R., Engels, G., Mehner, K., Sauer, S., Wagner, A.: Ein Ansatz zur Verbesserung des Entwicklungsprozesses von Multimedia-Anwendungen. *Softwaretechnik-Trends* **18**(3): 12-19, August 1998.

[Din94]   Dingeldein, D.: Modeling multimedia objects with MME. *Proc. EUROGRAPHICS Workshop on Object Oriented Graphics (EOOG) 1994*, Sintra, Portugal, Mai 1994.

[Göt94]   Götze, R.: *Dialogmodellierung für multimediale Benutzerschnittstellen*. Stuttgart: Teubner 1994.

[GT96]   Gibbs, S. J., Tsichritzis, D. C.: *Multimedia Programming: Objects, Environments and Frameworks*. Wokingham, England: Addison-Wesley 1995.

[KP88]   Krasner, G. E., Pope, S. T.: A cookbook for using the model-view-controller user interface paradigm in Smalltalk-80. *Journal of Object-oriented Programming*, **1**(3): 26-49, Aug./Sept. 1988.

[Rat97]   Rational Software et al. *UML Notation Guide, UML Semantics* version 1.1. URL: http://www.rational.com

Objektorientierte Modellierung von Entwicklungsprozessen mit UML

Ansgar Schleicher
Lehrstuhl für Informatik III
Rheinisch-Westfälische Technische Hochschule Aachen
E-Mail: schleich@i3.informatik.rwth-aachen.de

1 Einleitung

Große Entwicklungsprojekte verlangen nach einer Koordination der am Projekt beteiligten Entwickler. Zu diesem Zweck wird eine Modellierung des Entwicklungsprozesses und eine kontrollierte Ausführung desselben angestrebt. Im Mittelpunkt zahlreicher Forschungsaktivitäten im Bereich der Entwicklung von Prozeßmodellierungssprachen für diesen Kontext steht deren Ausführbarkeit durch eine Prozeßmaschine. Beispiele für solche Ansätze sind SPELL (vgl. [C+92]), APPL/A (vgl. [SHO95]), JIL (vgl. [SO97]) und CSPL (vgl. [CT94]). In der Tat ist die Ausführbarkeit äußerst wichtig, da sie die Simulation und Steuerung von Prozessen sowie die Analyse des Prozeßablaufs gestattet.

Die Modellierung eines Prozesses erfolgt durch die Bereitstellung domänenspezifischer Daten, wie Informationen über spezifische Aufgaben und Dokumente sowie über ihr jeweiliges Verhalten, in den durch die Prozeßmaschine bereitgestellten Sprachen. Bei einem Prozeßmodellierer kann jedoch kein Expertenwissen über die meist komplexen internen Sprachen einer Prozeßmaschine vorausgesetzt werden. Aus diesem Grund bedarf es einer spezifischen, benutzerfreundlichen Prozeßmodellierungssprache, die durch geeignete Strukturierungskonzepte und Visualisierungsmechanismen die Übersichtlichkeit der Modelle erhöht und eine natürliche Abbildung eines Prozesses gestattet.

Dieses Papier beschreibt eine Prozeßmodellierungsmethodik, die auf der Prozeßmaschine für dynamische Aufgabennetze (vgl. [H+96], [H+97]) aufsetzt. Dynamische Aufgabennetze beschreiben Hierarchien von Aufgaben und verschiedene horizontale Beziehungen zwischen den Aufgaben. Dynamische Aufgabennetze sind durch eine Prozeßmaschine ausführbar und dürfen zur Prozeßlaufzeit manipuliert werden. Dadurch sind sie für die Administration von Entwicklungsprozessen, die durch Produktevolution, Rückgriffe und *simultaneous engineering* charakterisiert sind, besonders geeignet. Diese Prozeßmaschine wurde mit Hilfe der Spezifikationssprache PROGRES (vgl. [SWZ95]) realisiert, so daß die Modellierung spezifischer Prozesse zunächst ebenfalls in PROGRES erfolgen mußte. Mit PROGRES können Graphersetzungen auf einem knoten- und kantenmarkierten gerichteten Graphen spezifiziert werden. Es handelt sich folglich nicht um eine prozeßorientierte Modellierungssprache, so daß viele Sachverhalte sehr aufwendig und unnatürlich modelliert werden mussten.

Um die Modellierung eines Prozesses zu erleichtern, bedarf es auch für dynamische Aufgabennetze einer spezifisch auf den Modellierungskontext zugeschnittenen Sprache. Eine objektorientierte Sichtweise eines Prozesses bietet sich dafür an. Im Mittelpunkt eines Prozesses stehen die *Aufgaben*, die zueinander in zeitlichen Anordnungsbeziehungen stehen. Aufgaben werden *Aktoren* zugewiesen, die für die Durchführung einer Aufgabe verantwortlich sind. Zur Bearbeitung einer Aufgabe werden *Dokumente* gelesen und neue produziert und an andere Aufgaben weitergeleitet. Die verschiedenen Objekte interagieren miteinander und besitzen somit ein Verhalten.

Für die Entwicklung einer objektorientierten Prozeßmodellierungssprache gibt es zwei Alternativen: Zum einen kann eine eigenständige, spezifisch auf den Prozeßmodellierungskontext zugeschnittene, objektorientierte Modellierungssprache entwickelt werden. Zum anderen kann auf eine bestehende, u.U. standardisierte Modellierungssprache zurückgegriffen und eine Methodik zur Prozeßmodellierung in dieser vorgegeben werden. Mit der Realisierung der Modellierungsumgebung MADAM (vgl. [Sch99]) wurde die erste Alternative gewählt. Diese hat den Vorteil, daß die entwickelte Sprache dem Kontext vollständig gerecht werden kann. Nachteilig ist jedoch die geringe Verbreitung einer solchen Sprache, die sowohl in der Verlängerung der Einarbeitungszeit resultiert als auch den Austausch von Modellen und die Kommunikation über Modelle erschwert.

In diesem Papier werden Konzepte vorgeschlagen, wie die Techniken der Unified Modeling Language, kurz UML (vgl. [Rat97a], [Rat97b]), für die Prozeßmodellierung eingesetzt werden können. Die Verwendung der UML hat den Vorteil ihrer hohen Verbreitung und Akzeptanz auch z.B. innerhalb der Ingenieurwissenschaften. In den nachfolgenden Abschnitten wird nun beschrieben, wie die Prozeßstruktur in UML modelliert wird, wie ein resultierendes Modell strukturiert und wie das Verhalten eines Prozesses modelliert werden kann. Abschließend werden die eingesetzten Techniken zur Modellausführung skizziert.

2 Strukturmodellierung

Die Prozeßstruktur beschreibt den Aufbau von Aufgabennetzen in einem spezifischen Anwendungskontext. Die Ausprägung von Aufgabennetzen der Instanzebene wird durch die Angabe eines Prozeßschemas auf der Typebene eingeschränkt. Die Klassendiagramme der UML gestatten, Prozesse objektorientiert auf der Schemaebene zu modellieren. In einem ersten naiven Ansatz können nun Aufgaben-, Aktoren- und Dokumentklassen definiert und zueinander in Beziehung gesetzt werden, um ein Prozeßschema zu modellieren (vgl. Abbildung 1). Zur Unterscheidung der Klassen und Beziehungen kann das Stereotypkonzept der UML ausgenutzt werden. Aufgabenklassen (Stereotyp <<Task>>) können durch Kontrollflußassoziationen (Stereotyp <<cflow>>) zeitlich angeordnet werden, wobei Quelle und Ziel einer solchen Beziehung durch die Rollenbezeichner *src* (source) und *trg* (target) verdeutlicht werden[1].

Mögliche Rückgriffe (Stereotyp <<fback>>) werden explizit modelliert. Aktorenklassen werden durch Verantwortlichkeitsassoziationen den Aufgabenklassen zugeordnet, während Dokument- und Aufgabenklassen in Erzeugungs- und Verwendungsbeziehungen (Stereotypen <<produce>> und <<read>>) stehen können. In obigem Beispiel wird eine komplexe Aufgabe *Software-Development* durch ein Netz von Aufgaben verfeinert. Die komplexe Aufgabe sowie die erste Aufgabe des verfeinernden Netzes können lesend auf die Anforderungsdefinition zugreifen. Die *Design*-Aufgabe erzeugt ein Architekturdokument, das von einer eventuell vorhandenen *Review*-Aufgabe und allen Implementierungsaufgaben gelesen werden darf.

Die resultierenden Prozeßschemata sind intuitiv verständlich, weisen aber Nachteile auf:

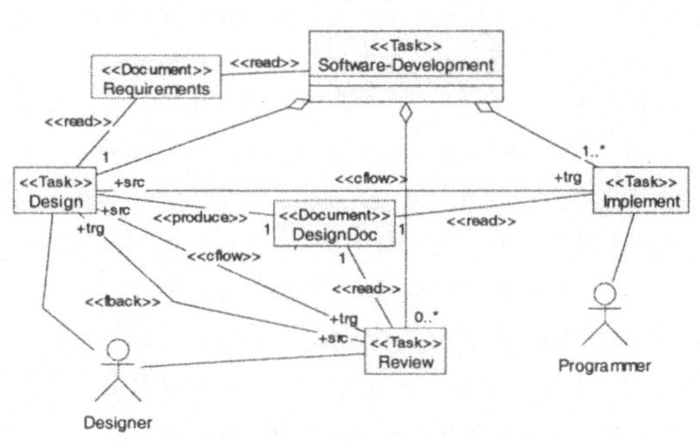

Abbildung 1 - Naiver Ansatz

---

[1] Gerichtete Assoziationen werden in der UML zur Kennzeichnung der Navigierbarkeit verwendet und zeigen in Richtung der unabhängigen Klasse. Eine Kontrollflußbeziehung würde folglich in Richtung der Quellaufgabenklassse zeigen, also der zeitlichen Anordnung entgegengesetzt. Da dies das intuitive Verständnis stört, werden hier und im folgenden gerichtete Assoziationen durch Rollenbezeichner modelliert.

- Die Kopplung der Aufgabenklassen ist zu eng. Die Schnittstelle einer Aufgabenklasse zu anderen ist nur durch den Kontext, insbesondere die Beziehungen zu Dokumentklassen, determiniert.
- Komplexe Aufgaben können hier nur auf eine Weise verfeinert werden. Insbesondere ergibt sich auch nicht die Möglichkeit, Modelle in Fragmente zu zerlegen.

Insgesamt muß deshalb eine Modellierungsweise angestrebt werden, bei der eine lose Kopplung von unabhängig definierbaren Prozeßfragmenten entsteht. Dabei müssen sowohl Aufgabenklassen untereinander lose gekoppelt sein als auch Aufgabenklassen und ihre jeweiligen alternativen Dekompositionen.

Zu diesem Zweck wird vorgeschlagen, eine Aufgabenklasse einzuführen, die Parameter- und Realisierungsklassen aggregiert (vgl. Abbildung 2). Die Parameterklassen definieren nun die Schnittstelle der Aufgabenklasse nach außen. In ihnen werden bei Ausgabeparameterklassen die produzierbaren und bei Eingabeparameterklassen die lesbaren Dokumentklassen festgelegt. Ein- und Ausgabeparameterklassen werden durch graphische Stereotypen symbolisiert, nämlich einen weiß bzw. schwarz ausgefüllten Kreis. Kardinalitäten an der Aggregation zwischen Aufgaben- und Parameterklassen determinieren die Anzahl der möglichen Parameter dieser Klasse zur Laufzeit. Eine Aufgabenklasse kann nun definiert werden, ohne den Kontext zu betrachten, in den die Aufgabe einmal gestellt wird. Die Kopplung von Aufgabenklassen im Prozeßschema wird nun lediglich durch die an Ein- und Ausgabeparameterklassen definierten Dokumentklassen eingschränkt.

Jede Realisierungsklasse abstrahiert von einem konkreten Prozeßteilschema (vgl. Abbildung 3). Beispielsweise kann Software traditionell oder unter Einbeziehung des Rapid Prototyping zur Validierung der Kundenanforderungen entwickelt werden. Für jede dieser Alternativen wird eine Realisierungsklasse eingeführt. Jede Realisierungsklasse aggregiert wiederum Aufgabenklassen, die andernorts[2] deklariert sind. Durch die Einführung von Kontrollfluß- und Rückgriffsassoziationen kann nun innerhalb jeder Realisierungsklasse der mögliche Ablauf eines Teilprozesses und der mögliche Datenfluß (Stereotyp <<dflow>>) durch das Netz modelliert werden. Durch die Einführung einer Realisierungsklasse wird eine lose Kopplung zwischen einer Aufgabe und ihren alternativen Dekompositionen er-

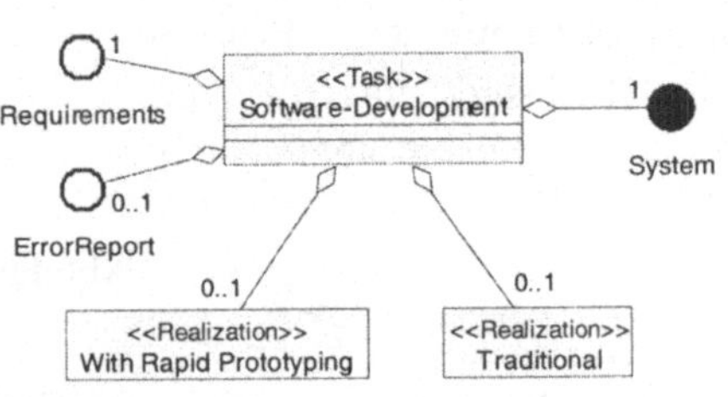

Abbildung 2 - Aufgabendeklaration

---

[2] Die Strukturierung der Modelle wird im nachfolgenden Abschnitt behandelt.

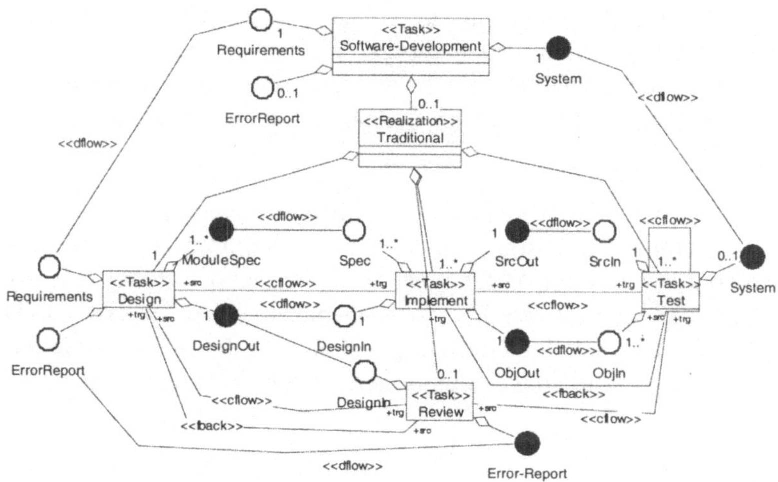

Abbildung 3 - Netzverfeinerung

zielt. Zur Prozeßlaufzeit kann eine beliebige Instanz einer Realisierungklasse ausgewählt werden. Die Entscheidung, ob innerhalb eines Softwareprojekts traditionell oder unter Einbeziehung des *Rapid Prototypings* zu entwickeln ist, kann somit erst zur Laufzeit fallen und auch zur Laufzeit wieder revidiert werden.

In Abbildung 3 wird das Beispiel aus Abbildung 1 aufgegriffen. Bei der traditionellen Softwareentwicklung wird zunächst eine Architektur erstellt, deren einzelne Module in nachfolgenden Implementierungsaufgaben realisiert werden. Es besteht die Möglichkeit, parallel zur Realisierung Reviews der Architektur durchzuführen und dadurch Designänderungen anzustoßen. Implementierte Module werden bottom-up getestet.

3 Strukturierung von Modellen

Zur Erlangung einer besseren Übersichtlichkeit und Verständlichkeit der entstehenden Modelle, bedarf es deren Strukturierung. Das Paketkonzept der UML stellt adäquate Strukturierungstechniken für Prozeßmodelle zur Verfügung, deren Anwendung nachfolgend vorgestellt wird.

Zur Separierung der entstehenden Modelle wird zunächst für jede Aufgabe (vgl. Abbildung 2) ein Paket vom Stereotyp <<TaskP>> eingeführt. Aufgabenklassen, die innerhalb von Verfeinerungen eingesetzt werden sollen, können dann aus diesen importiert werden. Für jede Realisierungsklasse einer Aufgabenklasse wird nun ein eigenes Paket vom Stereotyp <<RealizationP>> innerhalb des Aufgabenpakets angelegt.

Abbildung 4 gibt einen Überblick über die Struktur einer Aufgabenmodellierung. Das Klassendiagramm im Aufgabenpaket ist die Deklaration der Aufgabenklasse und stellt damit einen Kontrakt für potentielle Verwender dieser Aufgabenklasse dar. Innerhalb der alternativen Realisierungspakete wird jeweils ein konkretes Prozeßschema für ein realisierendes Aufgabennetz zu der Schnittstelle angegeben. Dazu werden andere Aufgabendeklarationen importiert und zu einem Netz komponiert.

Es stellt sich nun die Frage, wie die verschiedenen Aufgabenpakete zueinander angeordnet werden. Ein erster Ansatz ist, die Aufgabenpakete der innerhalb eines Realisierungspakets verwendeten Aufgabenklassen in dieses Realisierungspaket zu schachteln. Dadurch entsteht eine Baumstruktur, die eine Top-Down-Zerlegung der Wurzelaufgabe eines Prozesses widerspiegelt.

Eine solche Anordnung hemmt jedoch die Wiederverwendbarkeit von Aufgaben, so daß ein flexibleres Strukturierungskonzept gefunden werden muß. Dazu wird zunächst die Bedeutung verschiedener Aufgabenklassen innerhalb eines Modells charakterisiert:

1. Es gibt Aufgabenklassen mit allgemeiner Bedeutung über einen konkreten Prozeß oder eine Prozeßfamilie hinaus. Diese Aufgabenklassen sind in hohem Maße wiederverwendbar und werden nachfolgend *allgemeine Aufgabenklassen* genannt. Eine allgemeine Aufgabenklasse ist beispielsweise ein Prozeß zum Softwaretest, der z.B. in Wartungs-, Erweiterungs- und Neuentwicklungsprozessen benötigt wird.
2. Andere Aufgabenklassen sind sehr spezifisch und nur für eine bestimmte Realisierungsklasse von Bedeutung. Es gibt keinen Kontext außerhalb dieser Realisierungsklasse, der eine Wiederverwendung einer solchen Aufgabenklasse ermöglichen würde. Deshalb werden diese Aufgabenklassen als *spezifische Aufgabenklassen* bezeichnet. Im obigen Beispiel ist die Aufgabenklasse zur Erstellung des Rapid-Prototypes spezifisch, weil es außerhalb der entsprechenden Realisierungsklasse keine Anwendung für diese gibt.
3. Eine dritte Gruppe von Aufgabenklassen ist dadurch charakterisiert, daß sie für verschiedene Realisierungsklassen innerhalb eines Aufgabenpaketes von Bedeutung sind. Sie sind also ausschließlich innerhalb der Realisierung einer bestimmten Aufgabe wiederverwendbar und werden nachfolgend *lokale Auf-*

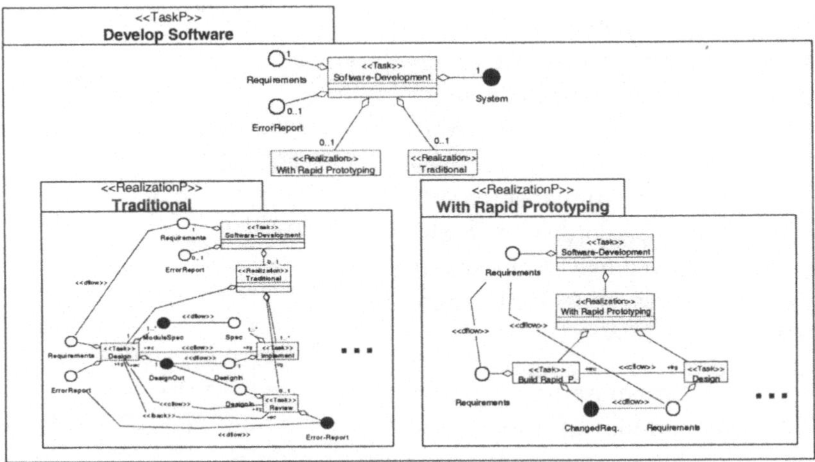

Abbildung 4 - Einsatz von UML-Packages

gabenklassen genannt. Ein Beispiel für eine lokale Aufgabenklasse ist die De-sign-Aufgabenklasse aus dem obigen Beispiel. Sie wird sowohl für die traditionelle Softwareentwicklung, als auch für die Softwareentwicklung mit Hilfe des Rapid-Prototypings, also nur innerhalb von Realisierungspaketen des gleichen Aufgabenpakets, eingesetzt.

Unter Verwendung dieser drei Kategorien läßt sich nun eine Methodik zur Strukturierung von objektorientierten Prozeßmodellen mit Hilfe des Paketkonzepts der UML entwickeln. Allgemeine Aufgabenpakete[3] liegen nebeneinander auf der obersten Ebene. Die lokalen Aufgabenpakete sind in dem jeweiligen Aufgabenpaket enthalten, zu dem sie lokal sind. Dagegen werden die spezifischen Aufgabenpakete in die jeweiligen Realisierungspakete geschachtelt. Daraus ergibt sich die in Abbildung 5 an einem Beispiel dargestellte Paketstruktur. Es bleibt zu klären mit welchen Sichtbarkeiten die Aufgabenpakete in die Paketstruktur eingefügt werden. Die Sichtbarkeit der Realisierungspakete ist immer *private* (-), weil ein Verwender ausschließlich die Schnittstelle einer Aufgabe kennen muß, um sie in ein Prozeßschema einzubauen. Allgemeine Aufgabenpakete werden mit der Sichtbarkeit *public* (+) versehen. Dadurch sieht jeder Verwender die angebotene Aufgabenschnittstelle. Die von lokalen Aufgabenpaketen angebotene Aufgabenschnittstelle soll jedoch nur von Realisierungspaketen des gleichen übergeordneten Aufgabenpakets gesehen werden können, nicht jedoch von Verwendern des übergeordneten Aufgabenpakets. Aus diesem Grund muß die Sichtbarkeit eines lokalen Aufgabenpakets *protected* (#) sein. Spezifische Aufgabenpakete sind in

---

[3] Hier wird für die Aufgabenpakete die gleiche Klassifizierung wie für die enthaltenen Aufgabenklassen verwendet.

Realisierungspaketen enthalten. Da die Sichtbarkeit letzterer *private* ist, kann niemand außerhalb dieses Realisierungspakets die enthaltenen spezifischen Aufgabenpakete sehen. Die für die Verwendung der angebotenen Aufgabenschnittstelle seitens des übergeordneten Realisierungspakets notwendige Sichtbarkeit *public* kann deswegen bedenkenlos verwendet werden (vgl. [SW98]).

Das vorgestellte Strukturierungskonzept weist zahlreiche Vorteile auf. Prozeßmodelle sind gut und methodisch zerlegbar und es wird eine lose Kopplung von Prozeßfragmenten erreicht. Das Verständnis und die Übersichtlichkeit der Modelle steigt. Das Konzept führt Abstraktion auf verschiedenen Ebenen eines Modells ein: Eine Aufgabenschnittstelle abstrahiert von den möglichen Realisierungen, eine allgemeine Aufgabenklasse abstrahiert von den verwendeten lokalen Aufgabenklassen und ein Realisierungspaket von den verwendeten spezifischen Aufgabenklassen. Es entstehen Teilbäume im Prozeßschema mit den allgemeinen Aufgabenklassen als Wurzeln der Abstraktionshierarchie. Diese Abstraktionen erlauben das Ändern und Austauschen von Paketen bei begrenzter Auswirkung auf das Prozeßschema außerhalb der geänderten Pakete. Unter Anwendung des Konzepts entstehen automatisch wohldefinierte Prozeßbausteine verschiedener Granularität, die Gegenstand der Wiederverwendung sind.

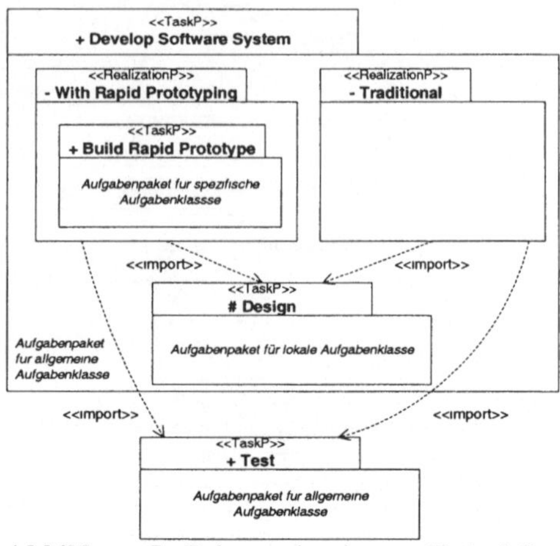

Abbildung 5 - Paketstrukturierung (Beispiel)

4 Verhaltensmodellierung

Zusätzlich zur Prozeßstruktur muß auch das Verhalten eines Prozesses modelliert werden. Das Prozeßverhalten beschreibt das Zusammenspiel der verschiedenen Aufgabenklassen und schränkt die Ausführung von Aufgaben zur Prozeßlaufzeit ein. Das Prozeßverhalten dynamischer Aufgabennetze basiert auf dem generischen Zustandsübergangsdiagramm aus Abbildung 6, welches jeder Aufgabenklasse zugrunde liegt.

Gemäß diesem Diagramm können Aufgaben gerade definiert werden (*InDefinition*), sie können auf ihre Aktivierung warten (*Waiting*), aktiv oder suspendiert sein (*Active*, *Suspended*), zur Zeit neu geplant werden (*Planning*) und in zwei möglichen Zuständen terminieren, welche die erfolgreiche (*Done*) und die fehlerhafte (*Failed*) Ausführung der Aufgabe kennzeichnen. Die Zustandsübergänge können in zustandsändernde und zustandserhaltende Übergänge unterteilt werden. Die zustandserhaltenden Übergänge sind in Abbildung 6 nur beispielhaft auf-

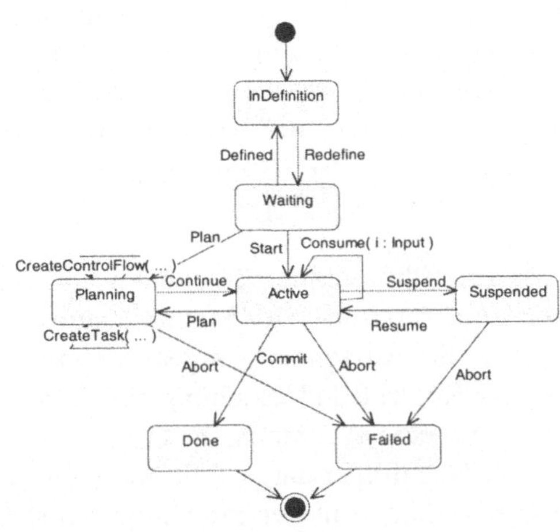

Abbildung 6 - Zustandsübergangsdiagramm[4]

geführt. Es handelt sich bei ihnen um Operationen zum Editieren eines Aufgabennetzes zur Laufzeit und zum Produzieren, Freigeben und Lesen von Dokumenten.

Innerhalb der Prozeßmaschine ist ein Standardverhalten bzgl. dieses Zustandsdiagramms definiert. Dieses Standardverhalten läßt sich durch den Prozeßmodellierer auf vielfache Weise anpassen.

Eine Art der Anpassung ist die Definition von Zustandsübergangsbedingungen. Auf diese Weise kann die Ausführung eines Aufgabennetzes gesteuert werden. Verschiedene Entwicklungsstrategien, wie z.B. *sequential* und *simultaneous engineering,* können umgesetzt werden. Die Bedingungen werden in der Object Constraint Language (OCL, vgl. [Rat97c]) definiert, die ein Teil der UML ist.

In Abbildung 7 ist ein beispielhaftes Zustandsübergangsdiagramm für die *Design*-Aufgabe des Beispielprozesses dargestellt. Die Bedingung des *Start*-Übergangs fordert, daß alle Eingabedokumente beim Start der Aufgabe vorliegen. Das Lesen der Eingabedokumente

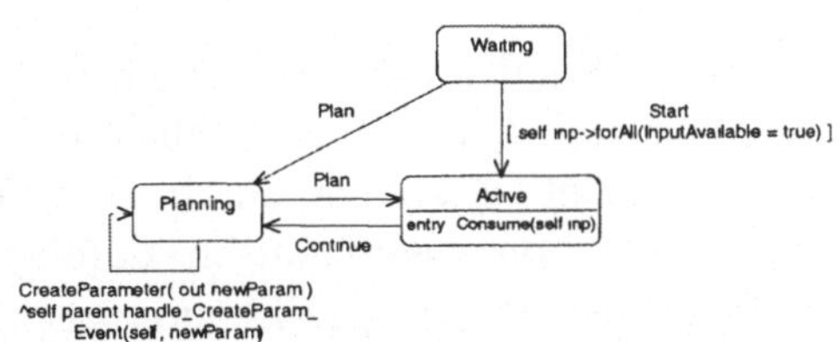

Abbildung 7 - Angepaßtes Zustandsdiagramm

---

[4] Die Festlegung eines Zustandsübergangsdiagramms für alle Aufgabenklassen erscheint zunächst etwas restriktiv und steht im Gegensatz zu Ansätzen in der Literatur (vgl. [Jun95]). Durch das Zulassen beliebiger Zustandsdiagramme steigt jedoch die Komplexität der Modellierung erheblich an, da das Zusammenspiel der Zustandsübergangsdiagramme paarweise definiert werden muß.

180

läßt sich nunmehr automatisch durchführen. UML gestattet zu diesem Zweck, beim Eintreten und Verlassen eines Zustands Methoden der Klasse aufzurufen. Im angegebenen Beispiel wird das Lesen der Eingabedokumente beim Eintritt in den Zustand *Active* automatisiert.

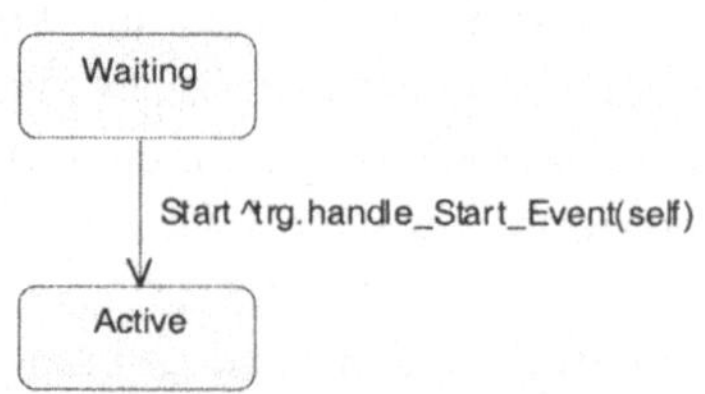

Abbildung 8 - Ereignisauslösung

In der Prozeßmaschine für dynamische Aufgabennetze verursacht jeder Methodenaufruf einer Aufgabe die Aussendung eines Ereignisses an alle Nachfolger und Vorgänger bzgl. der Kontrollflußbeziehung sowie an die hierarchisch übergeordnete und alle untergeordneten Aufgaben. In UML läßt sich dies, wie in Abbildung 8 am Beispiel der Nachfolger dargestellt, modellieren. Da das Aussenden der Ereignisse als Standardverhalten in der Prozeßmaschine integriert ist, muß es nicht explizit für jede Aufgabe modelliert werden. Werden die Sendeklauseln jedoch, wie in Abbildung 7 am Beispiel des *CreateParameter*-Ereignisses gezeigt, explizit modelliert, so kann dadurch die Menge der empfangenden Aufgaben eingeschränkt werden. Im angegebenen Fall soll ausschließlich die hierarchisch übergeordnete Aufgabe auf das Ereignis reagieren.

Eine solche Reaktion in Form eines Ereignisbehandlers muß spezifisch modelliert werden. Ereignisbehandler können für jede Aufgabenklasse und jedes mögliche Ereignis definiert werden. UML erlaubt dazu die Spezifikation der Methodensemantik in einer beliebigen Sprache, wie C++ oder Pseudocode. Zum Beispiel kann so die automatische Aktivierung einer Aufgabe durch die Freigabe eines Dokumentes ausgelöst werden. Diese aufgabenklassenspezifischen Ereignisbehandler sind in ihrer Ausdrucksfähigkeit jedoch stark eingeschränkt, weil der Kontext der Aufgabenklasse aufgrund der erzielten losen Kopplung zur Spezifikationszeit nicht bekannt ist.

Aus diesem Grund werden zusätzlich realisierungsklassenspezifische Ereignisbehandler eingeführt. Da einer Realisierungsklasse die Struktur ihres Teilprozeßschemas bekannt ist, können durch diese Form der Ereignisbehandlung komplexe Netztransformationen automatisiert durchgeführt werden. UML bietet keine expliziten Mechanismen zur Spezifikation solcher Netztransformationen an. Allerdings können in eingeschränkter Weise Sequenzdiagramme, vor allem aber Kollaborationsdiagramme für die Spezifikation solcher Transformationen herangezogen werden.

Innerhalb von Kollaborationsdiagrammen können Objekte und deren Beziehungen modelliert werden. Das Erzeugen von neuen Objekten sowie das Senden von Nachrichten zwischen Objekten werden ebenfalls unterstützt. Durch ein Kollaborationsdiagramm kann also sowohl eine komplexe strukturelle Netztransformation als auch ein komplexer Ablauf in der Form einer Sequenz von Methodenaufrufen modelliert werden. Es hat sich jedoch gezeigt, daß die vermischte Modellierung dieser beiden Anwendungsfälle in einem Diagramm zu unverständlichen Resultaten führt. Deshalb werden in diesem Ansatz Vor- und Nachbedingungen sowie die Ausführungssemantik von Methoden durch jeweils ein Kollaborationsdiagramm modelliert. Innerhalb der Vorbedingung wird die benötigte Netzstruktur modelliert, während die Semantikdefinition den Ablauf der Methode festlegt. Durch die Nachbedingung können sodann strukturelle Transformationen spezifiziert werden.

Abbildung 9 zeigt wie im Beispielprozeß das Ereignis *CreateParameter* von der übergeordneten Aufgabe behandelt werden kann. Die Vorbedingung der Ereignisbehandlungsmethode überprüft, ob der neu erzeugte Parameter vom Typ *Module-Spec* ist und an einer Aufgabe vom Typ *Design* erzeugt wurde. Die Vorbedingung hat hier die Rolle eines Aufgabennetzmusters, welches in dem aktuellen Aufgabennetz gesucht wird. Die Nachbedingung spezifiziert die Transformation, die bei erfüllter Vorbedingung am Aufgabennetz vorgenommen wird. Für den Beispielprozeß ist bekannt, daß jede Modulspezifikation von einer Implementierungsaufgabe realisiert und nachfolgend getestet wird. Dieses Wissen kann mit Hilfe von Netztransformationen in der angegebenen Weise in das Modell integriert werden.

Dieses erste Beispiel für Netztransformationen verwendet ausschließlich die statischen Eigenschaften von Kollaborationsdiagrammen. Dies ist für viele Anwendungen jedoch nicht ausreichend. Beispielsweise wird es zur kontrollierten und automatischen Behandlung eines aufgetretenen Rückgriffs nötig, verschiedene betroffene Aufgaben zu suspendieren oder auch erteilte Freigaben von Dokumenten zurückzunehmen. Ein Rückgriff kann z.B. von einer Testaufgabe zur De-

signaufgabe auftreten, wenn ein Fehler in einer Modulspezifikation entdeckt wird. In diesem Fall ist diese Testaufgabe sowie die zwischengelagerte Implementierungsaufgabe zu suspendieren und die Freigabe der fehlerhaften Modulspezifikation zu annullieren.

Abbildung 10 zeigt die Modellierung dieser Rückgriffsbehandlung mit Hilfe eines Kollaborationsdiagramms in der Rolle der Semantikdefinition eines Ereignisbehandlers.

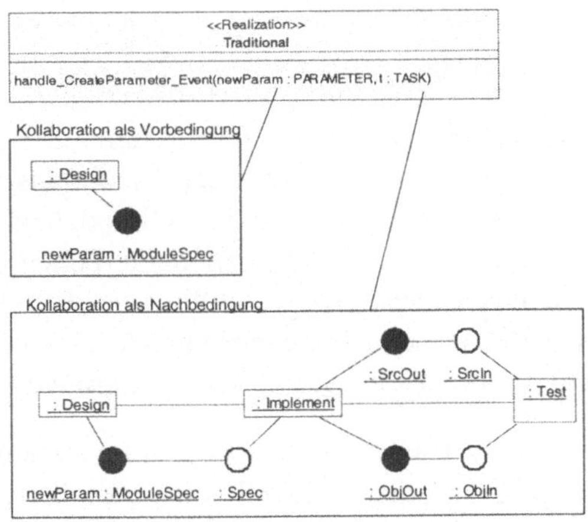

Abbildung 9 - Komplexe Netztransformation

Ein Nachteil der getrennten Modellierung von struktureller Netztransformation und komplexem Ablauf ist der, daß den innerhalb einer Methode neu erzeugten Objekten nicht direkt Nachrichten vermittelt werden können. Da jedoch jede Erzeugungsoperation eines Objektes wiederum ein Ereignis auslöst, können die gewünschten Nachrichten auch innerhalb eines entsprechenden Ereignisbehandlers für die Erzeugungsoperation abgesetzt werden.

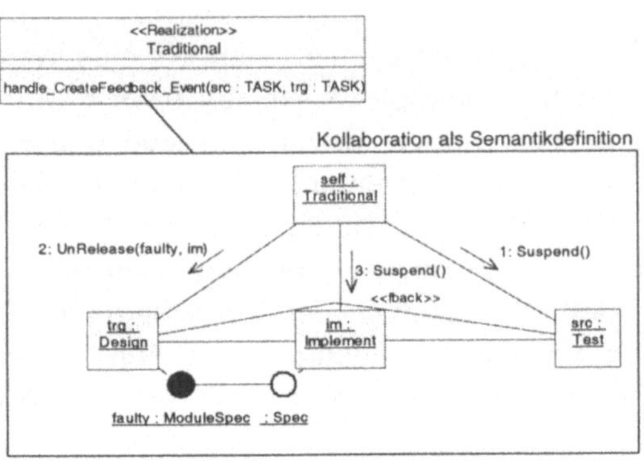

Abbildung 10 - Rückgriffsbehandlung

Es bleibt zu erläutern auf welche Weise die verschiedenen Diagramme zur Verhaltensmodellierung in das Strukturierungskonzept aus Abschnitt 2 integriert werden. Erweiterte Zustandsübergangsdiagramme werden als Teil der Definition der Aufgabenschnittstelle verstanden, da sie den Lebenszyklus der Aufgabenklasse modellieren. Durch ein solches Diagramm wird nicht auf der syntaktischen, sondern auf der semantischen Ebene ein Kontrakt für Verwender einer Aufgabenklasse definiert. Realisierungsklassenspezifische Ereignisbehandler sind, wie der Name bereits suggeriert, als Teil der Semantikdefinition einer Realisierungsklasse zu verstehen und sind somit auch Teil des entsprechenden Realisierungspakets.

5 Modellausführung

UML selbst besitzt keine formal definierte Ausführungssemantik, d.h. die modellierten Prozesse können zunächst nicht ausgeführt oder simuliert werden. Simulation und Ausführung von Prozeßmodellen ist jedoch ausgesprochen wichtig für die Validierung des Prozeßmodells. Fehler und Lücken der Modellierung können durch ein kontrolliertes Ausführen des Prozeßmodells gefunden und zur Verbesserung des Modells für nachfolgende Durchläufe behoben werden. Die Modellierung des Prozesses ist folglich ein iteratives Vorgehen.

Um die in UML beschriebenen Prozeßmodelle auszuführen, kann entweder ein Interpreter für diese Modelle oder eine Transformation des Modells in die internen

Sprachen der Prozeßmaschine entwik-
kelt werden. In diesem Ansatz wird die
zweite Alternative verfolgt.

Die Ausführungsmaschine für dynamische Aufgabennetze ist mit Hilfe der
PROGRES-Umgebung für ausführbare
programmierte Graphersetzungssyste-
me spezifiziert worden (vgl. [H+97]).
PROGRES erlaubt die Festlegung eines
Graphtyps durch die Angabe eines
Graphschemas und gestattet die sche-
matreue Manipulation eines Graphen
durch Graphersetzungsregeln und deren
Zusammenschaltung in Prozeduren.

Die Spezifikation der dynamischen
Aufgabennetze enthält als Graphsche-

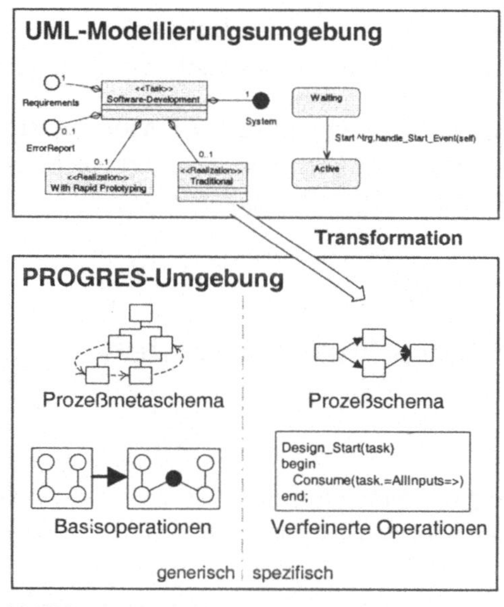

Abbildung 11 - Bedeutung der Transformation

ma ein Prozeßmetaschema, welches über Knoten- und Kantenklassen die Syntax
der Prozeßmodelle festlegt. Zusätzlich ist ein Basissatz an Operationen zum Editieren von Aufgabennetzen, zur Durchführung von Zustandsübergängen, zum
Durchführen des Datenflusses und zur Ereignisversendung und -verarbeitung in
PROGRES spezifiziert. Diese Art der Spezifikation ist konsistent mit der objektorientierten Sichtweise von Prozeßmodellen: Basisoperationen werden für die
Klassen des Metaschemas definiert und können von Instanzen der Metaklassen
redefiniert und erweitert werden.

Das Klassendiagramm des Prozeßschemas wird inklusive aller Beziehungen und
Kardinalitäten auf das Graphschema der PROGRES-Spezifikation abgebildet. Die
Paketstruktur des Prozeßmodells kann zukünftig auf ein gerade entstehendes Mo-
dulkonzept von PROGRES abgebildet werden.

Die Transformation der Kollaborationsdiagramme gestaltet sich erheblich schwie-
riger. Diese lassen sich nicht direkt auf eine Graphersetzungsregel von PROGRES
abbilden, da die Erzeugung neuer Objekte im Aufgabennetz genau wie die Methodenaufrufe unter der Kontrolle der Prozeßmaschine stattfinden muß. Das bedeutet,
daß hierfür die generischen Basisoperationen benutzt werden müssen. Die Transformation von Kollaborationsdiagrammen wird dadurch zweigeteilt: Ein Kollaborationsdiagramm als Vorbedingung wird auf einen Graphtest abgebildet. Ein
Graphtest definiert ein im Wirtsgraphen zu suchendes Graphmuster. Die gefunde-
nen Objekte werden dann innerhalb einer Prozedur als Aktualparameter für die
Aufrufe von Basisoperationen verwendet. Die Aufrufe von Basisoperationen wer-

den bei der Transformation sowohl für Methodenaufrufe innerhalb von Kollaborationsdiagrammen als auch für die neu hinzuzufügenden Objekte erzeugt.[5]

Es ist zu beachten, daß die Modellausführung keine eigenen Implementierungsschritte erfordert. Eine ausführbare Managementumgebung wird aus dem UML-Prozeßmodell automatisch generiert.

6 Verwandte Arbeiten

Für die Modellierung von Workflows werden in der Literatur Ansätze beschrieben, die den Einsatz von Aktivitätsdiagrammen vorschlagen (vgl. [Kor98]). Solche Aktivitätsdiagramme sind graphische Repräsentationen von Prozeßprogrammen (vgl. [Ost87]). Bei der Modellierung der Entwicklerkoordination kann der Prozeß nicht so exakt definiert werden, daß er automatisch von einer Prozeßmaschine ausgeführt werden könnte. Im Gegenteil unterliegen die Prozesse ständigen Änderungen durch Rückgriffe, veränderte Produktstrukturen etc, so daß Interaktionen durch einen Projektmanager nötig werden. Diese Dynamik von technischen Entwicklungsprozessen verlangt nach einer objektzentrierten Modellsicht in der Aktivitäten durch Objekte repräsentiert werden. Aufgabennetze sind dann Produkte des Projektmanagements und Aktivitäten (Aufgaben) besitzen zahlreiche Methoden zur strukturellen Manipulation, zum Durchlaufen ihres Lebenszyklus und zum Austausch von Daten mit anderen Aufgaben.

In [Wes98] wird die Dynamik der Prozeßmodelle fokussiert, so daß ähnlich zu dynamischen Aufgabennetzen die Evolution des Prozesses zur Laufzeit möglich ist. Es wird ein objektorientiertes Metamodell vorgeschlagen, daß den Ansätzen in diesem Papier auf der strukturellen Seite ähnlich ist. Die Modellstrukturierung bewegt sich jedoch auf der feingranularen Ebene einzelner Aufgaben und beinhaltet keine Modularisierung. Die Ausführung der Prozesse erfolgt stark sequentiell. Insbesondere ist keine Unterstützung des *simultaneous engineering* möglich. Dadurch sind auch die Anforderungen an eine Verhaltensmodellierung der Aufgaben geringer. Der Ansatz beinhaltet auch keine Möglichkeiten zur Modellierung komplexer Netztransformationen.

---

[5] Die Transformation wird hier nur grob skizziert. Es werden für UML-Modelle die im Kontext von MADAM entwickelten Techniken eingesetzt (vgl. [Kra98]).

7 Zusammenfassung

Dieses Papier beschreibt, auf welche Weise die Techniken der UML für die Prozeßmodellierung eingesetzt werden können. Durch die Verwendung einer standardisierten, weitverbreiteten objektorientierten Modellierungssprache wird die Kommunikation über Prozeßmodelle erleichtert und die Verständlichkeit erhöht. Mit diesem Ansatz wurden die Vorteile einer graphischen, abstrakten Notation für die Erstellung und Erweiterung von Prozeßmodellen mit der reichhaltigen Ausführungssemantik einer von Dynamik geprägten Prozeßmaschine verbunden. Die Komplexität der Prozeßmaschine bleibt jedoch vor dem Prozeßmodellierer verborgen. Durch die Anwendung des Paketkonzeptes der UML wurde zudem eine gute Strukturierungsmöglichkeit für Prozeßmodelle entwickelt. Schon bei der ausschnitthaften Modellierung von Entwicklungsprozessen in der Verfahrenstechnik wurde die Notwendigkeit für eine solche Strukturierung sehr deutlich.

In der Vergangenheit wurde die Modellierungssprache MADAM (Management and Adaptation of Administrational Models) entwickelt und eine Umgebung für die Spezifikation und Transformation von MADAM-Modellen realisiert. Für die Realisierung einer Modellierungsumgebung für UML-Prozeßmodelle wird auf ein kommerzielles, erweiterbares CASE-Tool zurückgegriffen. Zukünftige Arbeiten werden sich auf die Realisierung von syntaktischen und semantischen Analysen für UML-Prozeßmodelle konzentrieren. Außerdem soll auch die Evolution des Prozeßschemas zur Laufzeit unterstützt werden.

Literatur

[C+92]   Conradi, R., Jaccheri, M.L., Mazzi, C., Aarsten, A., Nguyen, M.N.: Design, use and implementation of SPELL, a language for software process modeling and evolution. In: Derniame, J.C. (ed.): Proc. from ESWPT'92, Trondheim, Norwegen. LNCS 635, 1992

[CT94]   Cen, J.Y., Tu, C.M.: CSPL a process centered environment. Information and Software Technology 36(1), 1994

[FS97]   Fowler, M., Scott, K.: UML Distilled - Applying the standard object modeling language. Reading, MA, Addison Wesley, 1997

[H+96]   Heimann, P., Joeris, G., Krapp, C.A., Westfechtel, B.: DYNAMITE: Dynamic Task Nets for Software Process Management. In: Proceedings ICSE 18, 1996

[H+97]   Heimann, P., Joeris, G., Krapp, C.A., Westfechtel, B.: Graph-based Software Process Management, International Journal of Software Engineering and Knowledge Engineering (7), World Scientific Publishing Company, 1997

[Jun95]   Junkermann, G.: ESCAPE Eine graphische Sprache zur Spezifikation von Software Prozessen. Ph.D. Thesis, Department of Computer Science, University of Dortmund, 1995

[Kor98]   Korthaus, A.: Using UML for Business Object Based Systems Modeling. In: Schader, M., Korthaus, A. (ed.): The Unified Modeling Language - Technical Aspects and Applications, Physica-Verlag, 1998

[Kra98]   Krapp, C.-A.: An Adaptable Environment for the Management of Development Processes. Ph.D. Thesis, Department of Computer Science, Aachen University of Technology, 1998

[Ost87]   Osterweil, L.J.: Software Processes are Software too. In: Proc. ICSE 9, 1987

[Rat97a] UML Semantics, Version 1.1, www.rational.com/uml, 1997

[Rat97b] UML Notation Guide, Version 1.1, www.rational.com/uml, 1997

[Rat97c] Object Constraint Language Specification, Version 1.1, www.rational.com/uml, 1997

[Sch99]   Schleicher, A.: High-Level Modeling of Development Processes, In: Proceedings of the 1st International Conference on Process Modelling, Cottbus, Germany, Accepted for Publication, Feb. 1999

[SHO95]   Sutton, S.M., Heimbigner, D., Osterweil, J.: APPL/A: A language for Software Process Programming. ACM Transactions on Software Engineering and Methodology 4(3), pp 221-286, 1995

[SO97]   Sutton, S.M., Osterweil, L.J.: The Design of a Next-Generation Process Language. CMPSCI Technical Report 96-30, Department of Computer Science, University of Massachusetts, Amherst, 1997

[SW98]   Schürr, A., Winter, A.: Formal Definition of UML's Package Concept. In: Schader, M., Korthaus, A. (ed.): The Unified Modeling Language - Technical Aspects and Applications, Physica-Verlag, 1998

[SWZ95]   Schürr, A., Winter, A., Zündorf, A.:Graph Grammar Engineering with PROGRES. In: Proceedings ESEC '95, LNCS 989, pp. 219-234, Barcelona, Spain, 1995

[Wes98]   Weske, M.: Object-Oriented Design of a Flexible Workflow Management System. In: Litwin, W., Morzy, T., Vossen, G.: Proc 2nd East European Symposium on Advances in Databases and Information Systems, Poznan, Poland, LNCS 1475, 1998

Möglichkeiten und Grenzen einer wissenschaftlich fundierten Modellierungslehre

Podiumsdiskussion

Moderator: Ulrich Frank, Universität Koblenz

Teilnehmer: Jörg Becker, Universität Münster
Roland Kaschek, Universität Linz
Erich Ortner, Technische Universität Darmstadt
Heinz Züllighoven, Universität Hamburg

Anders als es die vermeintliche Anschaulichkeit grafischer Modelle suggerieren mag, ist die konzeptionelle Modellierung mit großen Herausforderungen verbunden. Hier ist vor allem an das Auffinden brauchbarer Abstraktionen und die vergleichende Bewertung konkurrierender Alternativen zu denken. Mit den meisten dieser Herausforderungen wird der Modellierer in der Praxis weitgehend allein gelassen. Zwar ist in den letzten Jahren eine rege Forschungstätigkeit, vor allem im Bereich der objektorientierten Modellierung, zu verzeichnen. Sie ist allerdings vor allem auf Modellierungssprachen und -werkzeuge gerichtet - weniger auf eine Unterstützung der wissenschaftlichen Erstellung und Bewertung von Domänenmodellen [Fra97b]. Das Panel ist der Frage gewidmet, welche bereits vorhandenen Ansätze für eine Modellierungslehre genutzt werden können und welche Möglichkeiten darüber hinaus bestehen, eine wissenschaftlich fundierte Unterstützung der Modellierung bereitzustellen.

Seit einiger Zeit sind verschiedene Forschungsaktivitäten zu verzeichnen, die einzelnen Aspekten dieser Frage gewidmet sind. Untersuchungen der *Qualität konzeptioneller Modelle* sind darauf gerichtet, eine systematische Evaluation solcher Modelle zu ermöglichen. Sie schlagen i.d.R. eine Reihe von Kriterien vor, die dazu zu berücksichtigen sind. Beispielhaft sei hier der Ansatz von Moody und Shanks [MoSh94] genannt, in dem sechs Kriterien zur Evaluierung von Entity Relationship Modellen empfohlen werden: *Simplicity, Understandibility, Flexibility, Completeness, Integration, Implementability.* Wichtig ist dabei, daß neben formalen Kriterien wie Widerspruchsfreiheit auch das Verhältnis der Modelle zur jeweils abgebildeten Realität berücksichtigt wird - ohne daß allerdings für die Beurteilung dieses Verhältnisses klare Kriterien angegeben werden.

Daneben gibt es einige, eher pragmatisch ausgerichtete Arbeiten, die *Heuristiken* für den Entwurf von Modellen anbieten. So legt Riel [Rie96] eine Sammlung von mehr als 60 Entwurfsheuristiken vor, die allerdings weitgehend die Einschränkun-

188

gen der Programmiersprache C++ berücksichtigen. Die Heuristiken sind verschiedenen Themengebieten ("The Relationships between Classes and Objects", "The Inheritance Relationship", etc.) zugeordnet. Zu jeder Heuristik wird eine Begründung geliefert, die häufig durch Beispiele ergänzt wird. Die einzelnen Heuristiken sind teilweise nicht unabhängig voneinander (Beispiel: "Minimize the number of classes with which another class collaborates" vs. "Model the real world whenever possible").

Design Patterns [GaHe95] haben in der letzten Zeit eine große Aufmerksamkeit erfahren. Sie haben ebenfalls heuristischen Charakter in dem Sinne, daß sie Problemlösungen nicht garantieren, sondern allenfalls unterstützen. Im Unterschied zu den genannten heuristischen Entwurfsregeln zielen Entwurfsmuster nicht auf einzelne, generalisierbare Entwurfsentscheidungen, sondern liefern für bestimmte Problemklassen generelle, idealtypische Modelle. Sie werden in strukturierter Weise präsentiert. Die verwendeten Strukturen sind allerdings nicht einheitlich. Bisher konzentrieren sich einschlägige Arbeiten auf generelle Muster, die von den Anforderungen bestimmter Anwendungsbereiche abstrahieren. Bei all diesen Arbeiten stellt sich allerdings die Frage, ob die vorgeschlagenen Entwurfsmuster einem wissenschaftlichen Begründungsanspruch genügen.

Im Unterschied zu Heuristiken oder generellen Entwurfsmustern unterstützen *domänenspezifische Bezugsrahmen* den Modellierer bei der gedanklichen Durchdringung und Konzeptualisierung bestimmter Anwendungsdomänen. Dazu unterteilen sie den jeweiligen Realitätsbereich in verschiedene, typischen Betrachtergruppen zugeordnete Abstraktionsebenen, für die jeweils wesentliche Begriffe, Modellierungsziele und ggfs. Modellierungssprachen angegeben werden. Beispiele für Bezugsrahmen zur Modellierung betrieblicher Informationssysteme finden sich in [SoZa92], [Fra97a]. Ein domänenspezifischer Bezugsrahmen kann zudem durch Referenzmodelle ergänzt werden. Dabei handelt es sich um mehr oder weniger detaillierte Modelle, die mit dem Anspruch verbunden sind, sowohl generelle als auch besonders geeignete Vorgaben für bestimmte Anwendungsbereiche zu liefern [Sch95], [BeSc96].

Vor diesem Hintergrund werden in der Podiumsdiskussion u.a. folgende Fragen thematisiert:

- Gibt es Prinzipien für die Erstellung von Modellen?

- Wie lassen sich solche Prinzipien ggfs. ermitteln?

- Welche Erfahrungen haben die Panel-Teilnehmer in der einschlägigen Lehre gesammelt?

- Wie lassen sich alternative Modelle überzeugend evaluieren?

- Welche Heuristiken für die schrittweise Erstellung und Evaluation von Modellen sind verfügbar?

- Ist es sinnvoll, konzeptionelle Modelle einer Domäne im Zuge der Software-Entwicklung lediglich zu verfeinern, oder ist es angeraten, sie für den Entwurf und die Implementierung umfassend zu rekonstruieren?

- Wie wichtig ist eine formale Darstellung von Modellen?

- Wie kann die Wirtschaftlichkeit der Erstellung und Verwendung von Modellen angemessen berücksichtigt werden?

- Welche wissenschaftlichen Disziplinen sind für eine derartige Modellierungslehre zuständig?

- Welche Bedeutung hat in diesem Zusammenhang eine interdisziplinäre Zusammenarbeit und wie kann sie ggfs. organisiert werden?

Literatur

[BeSc96]   Becker, J.; Schütte R.: Handelsinformationssysteme. Landsberg/Lech: OLZOG 1996

[Fra97a]   Frank, U.: Enriching Object-Oriented Methods with Domain Specific Knowledge: Outline of a Method for Enterprise Modelling. Arbeitsberichte des Instituts für Wirtschaftsinformatik. Nr. 4, Koblenz 1997

[Fra97b]   Frank, U.: Möglichkeiten und Grenzen einer objektorientierten Modellierungslehre. In: Tagungsband der STJIA'97. Erfurt 1997, S. 96-101

[GaHe95]   Gamma, E.; Helm, R.; Johnson, R.; Vlissides, J.: Design Patterns. Elements of Reusable Object-Oriented Software. Reading/Mass. et al.: Addison-Wesley 1995

[MoSh94]   Moody, D.L.; Shanks, S.: What Makes a Good Data Model? Evaluating the Quality of Entity Relationship Models. In: Loucopoulos, P. (Hg.): Entity-Relationship Approach - ER'94. Business Modelling and Re-Engineering. 13th International Conference on the Entity-Relationship Approach. Berlin, Heidelberg etc.: Springer 1994, S. 94-111

[Rie96]   Riel, A.: Object-Oriented Design Heuristics. Reading/Mass.: Addison-Wesley 1996

[Sch95]   Scheer, A.-W.: Wirtschaftsinformatik. Referenzmodelle für industrielle Geschäftsprozesse. Berlin, Heidelberg et al.: Springer 1995

[SoZa92]   Sowa, J.F.; Zachman, J.A.: Extending and formalizing the framework for information systems architecture. In: IBM Systems Journal, Vol. 31, No. 3, 1992, S. 590-616

Modellierung im Informatikstudium

Martin Glinz
Institut für Informatik der Universität Zürich
CH-8057 Zürich
glinz@ifi.unizh.ch

Zusammenfassung

Modellierung ist von fundamentaler Bedeutung für die Informatik. Dementsprechend muss Modellierung Bestandteil jedes Informatikstudiums sein.
In diesem Beitrag diskutieren wir verschiedene Möglichkeiten der Ausbildung von Modellierung im Informatikstudium. Wir schlagen dabei eine eigenständige Vorlesung zum Thema Modellierung im Grundstudium vor. Anschließend beschreiben wir den Inhalt einer solchen Vorlesung an der Universität Zürich.

Abstract

Modeling is a fundamental topic in Computer Science. Hence, modeling should be included in any Computer Science curriculum.
In this paper we discuss how to teach this topic. We propose a basic course in modeling. Then we describe the contents of the modeling course that we are teaching at the University of Zurich.

Die Positionierung der Modellierung in der Informatikausbildung

Die zentrale Bedeutung der Modellierung in der Informatik verlangt nach einer adäquaten Ausbildung von Modellierung im Informatikstudium. Neben der Frage „Welche Inhalte?" muss vor allem auch die Form diskutiert werden: Soll Modellierung als Aspekt überall dort mitausgebildet werden, wo Modelle benötigt oder verwendet werden, oder ist eine eigenständige Lehrveranstaltung „Modellierung" sinnvoll?

Die „Mitausbildung" von Modellierung in verschiedensten Veranstaltungen (Software Engineering, Datenbanken, Betriebssysteme, Verteilte Systeme...) ist die bisher weitestgehend praktizierte Variante. Auch an der Universität Zürich haben wir dies früher so gehalten.

Dieser Ansatz hat zweifellos gewichtige Vorteile: Die Dinge können dann ausgebildet werden, wenn sie auch gebraucht werden. Die verwendeten Modelle können im jeweiligen Anwendungskontext betrachtet werden; die Studierenden lassen sich dadurch besser motivieren. Allerdings hat dieser Ansatz auch einen gravierenden Schönheitsfehler: Grundsätzliches und Gemeinsames in der Modellierung wird nicht oder eher zufällig diskutiert.

Die Folgen waren zumindest in Zürich klar spürbar: Viele Studierende beherrschten grundsätzliche Modellierungstechniken nicht, hatten zum Teil völlig naive Vorstellungen von „der Abbildung der Realität" in Informatiksysteme und waren sich oft gar nicht bewusst, dass und wie sie Modelle verwendeten.

Als wir 1994/95 den seit 1980 bestehenden Studiengang Wirtschaftsinformatik[1] an der Universität Zürich neu konzipierten [AI 97], beschlossen wir, im Rahmen der Informatik-Grundausbildung das Thema Modellierung explizit zu behandeln. Seit 1996 haben wir in der Vorlesung Informatik II im zweiten Semester einen Block von neun (ab SS 1999 zehn) Doppelstunden ausschließlich dem Thema Modellierung gewidmet.

Der neue Diplomstudiengang an der Universität Paderborn [Hau 99] geht sogar noch weiter und sieht eine sechsstündige (V4 Ü2) Veranstaltung über Modellierung im ersten Semester vor.

Auf diese Weise wird sichergestellt, dass alle Studierenden über ein Grundwissen in Modellierung verfügen. Die eigene Lehrveranstaltung gestattet es auch, anwendungsunabhängige Fragen der Modellierung (z.B. Modelltheorie, allgemeine Analyse- und Darstellungsmethoden, Abstraktionen, Metamodelle) zu thematisieren. Selbstverständlich muss Modellierung in allen anderen Veranstaltungen, wo Modellbildung eine Rolle spielt, ein Thema bleiben. Dabei kann jetzt aber das Grundwissen vorausgesetzt werden.

Allerdings hat eine Grundvorlesung über Modellierung in den ersten Semestern auch Probleme. Das Hauptproblem ist (ähnlich wie in Mathematik-Grundvorlesungen) das Motivationsproblem. Da der Anwendungskontext notwendigerweise

---

[1] Wirtschaftsinformatik an der Universität Zürich ist – im Gegensatz zu vielen anderen Orten – ein vollständiger Informatik-Studiengang, der mit einem obligatorischen und breit ausgebauten Nebenfachstudium in Betriebswirtschaft kombiniert ist. Er schließt mit dem Grad eines Diplom-Informatikers der Richtung Wirtschaftsinformatik ab.

einfach gehalten werden muss, sehen die Studierenden oft nicht ein, wozu sie das alles brauchen; sie erhalten Antworten auf Fragen, die sie nie gestellt haben.

Die Vorlesung Modellierung an der Universität Zürich

In diesem Abschnitt skizzieren wir den Aufbau und den Inhalt unserer Modellierungsvorlesung an der Universität Zürich. Die Vorlesung ist Bestandteil sowohl des Studiengangs Wirtschaftsinformatik als auch des Nebenfachs Informatik für Studierende der Geistes-, Natur- und Wirtschaftswissenschaften.

---

1. **Einführung in die Modellierung**
   Grundlagen, Ziele und Anwendungsbereiche der Modellierung, Modelltheorie, philosophisch-ethische Aspekte von Modellierung und Erkenntnis
2. **Datenmodelle**
   Statische Strukturen und Zusammenhänge: Motivation und Einsatzgebiete, Entity-Relationship-Konzept, Modellbildung, Methoden der Datenanalyse
3. **Funktionsmodelle**
   Funktionen, Transformationen, Abläufe: Motivation und Einsatzgebiete, Steuerflussmodelle, Datenflussmodelle, Arbeitsflussmodelle
4. **Verhaltensmodelle**
   Dynamisches Systemverhalten, Koordination paralleler und verteilter Komponenten: Motivation und Einsatzgebiete, Zustandsautomaten, Statecharts, Petrinetze
5. **Objekt- und Klassenmodelle**
   Struktur und Verhalten eines Systems in seinem Aufgabenumfeld: Motivation und Einsatzgebiete, Klassenmodelle (Prinzipien, Notation, Analysemethoden), Objektmodelle
6. **Interaktionsmodelle**
   Interaktion zwischen Menschen und Informatiksystemen: Motivation und Einsatzgebiete, Kontextdiagramme, Anwendungsfälle und Szenarien
7. **Systemmetaphern**
   Leitbilder für Systemstrukturen und den Umgang mit Systemen: Rolle von Metaphern, ausgewählte Präsentations-, Struktur- und Architekturmetaphern
8. **Abstraktionen***
   Modelle durch systematisches Vereinfachen besser verstehen: Abstraktionsarten, Abstraktion und Dekomposition, Kapselung und Information Hiding, Rolle von Abstraktionen für das Verstehen
9. **Metamodelle***
   Modelle von Modellen: Motivation, Metaschemata als Beispiel, Metamodelle vs. Modellattribute

* ab Sommersemester 1999

Abbildung 1. Aufbau und Inhalt der Vorlesung Modellierung[2]

---

[2] Genauer: des Teils „Modellierung" der Vorlesung Informatik II: Systeme, Kommunikation und Modellierung

Abb. 1 zeigt den Aufbau der Vorlesung im Überblick. Das erste Kapitel ist eine allgemeine Einführung in die Modellierung. Wir beginnen mit den verschiedenen Definitionen von „Modell" (vom Schiffsmodell über das Modell der mathematischen Logik bis zum Fotomodell) und skizzieren dann Stellenwert und Ziele der Modellierung in der Informatik. Im Folgenden konzentrieren wir uns auf den Modellbegriff des „Abbilds von etwas oder Vorbilds für etwas", wie er von Stachowiak [Sta 73] eingeführt wurde. Dieser Begriff liegt der gesamten restlichen Vorlesung zugrunde. Wir behandeln im ersten Kapitel ansatzweise die zugehörige Theorie (Individuen und Attribute, Abbildungsmerkmal, Verkürzungsmerkmal, pragmatisches Merkmal, Operationen auf Modellen, Modell vs. Notation) und streifen die erkenntnistheoretischen, philosophischen und ethischen Aspekte der Modellierung (Was sind Originale bzw. was ist „die Realität", gibt es diese überhaupt, Modelle als Realitätskonstruktion, Verantwortung der Modellbauerinnen und Modellbauer).

Darauf aufbauend behandeln wir in den Kapiteln zwei bis sechs die Konzepte einer Auswahl zentraler Modellierungstechniken und zugehöriger Modellierungsmethoden aus dem Umfeld der Software- und Datenbanktechnologie. Die Einschränkung des Anwendungsbereichs erfolgt bewusst, um eine gewisse Tiefe erreichen zu können. Die Einsatzmöglichkeiten von Modellen in anderen Bereichen, zum Beispiel zur Beschreibung und Beobachtung dynamischer Systeme oder in Simulationen werden aufgezeigt, aber nicht näher behandelt.

In den Kapiteln zwei, drei und vier behandeln wir die klassischen Verfahren für die Modellierung von Daten, Funktionen und Verhalten. Es geht uns darum, jeweils repräsentative und wichtige Vertreter vorzustellen. Bei der *Datenmodellierung* ist dies das Entity-Relationship-Modell. Bei den *Funktionsmodellen* behandeln wir Steuerfluss-, Datenfluss- und Arbeitsflussmodelle. Als Vertreter der *Steuerflussmodelle* präsentieren wir Programmablaufpläne, drei strukturierte Ablaufmodelle (Nassi-Shneiderman, Jackson, Aktigramme), Prozeduraufrufgraphen und Entscheidungstabellen. Die Konzepte von *Datenflussmodellen* erläutern wir anhand von Datenflussdiagrammen und dem Verfahren der Strukturierten Analyse. *Arbeitsfluss* behandeln wir derzeit noch etwas stiefmütterlich anhand einer generischen Notation. Hier ist für die Zukunft ein Ausbau in Richtung von Konzepten und Methoden für die Modellierung von Prozessen fällig. Bei den *Verhaltensmodellen* besprechen wir Zustandsautomaten, Statecharts und Petrinetze.

Im Kapitel 5 behandeln wir Objekt- und Klassenmodelle. Das Kapitel ist mit Absicht hier positioniert, damit wir auf der Modellierung von Daten, Funktionen und Verhalten als Aspekten von Objekten bzw. Klassen aufsetzen können.

194

Kapitel 6 ist der Modellierung von Interaktion gewidmet, wobei wir das zentrale Problem der Mensch-Maschine-Interaktion herausgreifen. Dieses behandeln wir einerseits statisch anhand von Kontextdiagrammen und dynamisch in Form von Anwendungsfällen bzw. Szenarien.

In Kapitel 7 betrachten wir Systemmetaphern als Modelle für das Gliedern und Verstehen von Systemen. Wir präsentieren typische Vertreter, zum Beispiel die Schreibtischmetapher als Vertreter der Präsentationsmetaphern, die Werkzeug-Material-Behälter-Methaper als Beispiel einer Strukturierungsmetapher und einige Architekturmetaphern, zum Beispiel die Metapher der Virtuellen Maschinen.

Ab dem Sommersemester 1999 werden wir in zwei neuen Kapiteln auch höhere Modellierungskonzepte, insbesondere Abstraktionen und Metamodelle behandeln.

Die Kapitel zwei bis sechs, in denen jeweils eine wichtige Modellierungsart eingeführt wird, sind alle nach dem gleichen didaktischen Prinzip aufgebaut (Abb. 2). Die Betonung der Konzepte mit gleichzeitiger Einführung anhand von Beispielen entspringt folgenden Überlegungen [Gli 96]: Konzepte sind fundamental und haben die längsten Halbwertszeiten (was in der Grundausbildung von besonderer Bedeutung ist). Andererseits bleiben die Konzepte trockene, weitgehend unverstandene Theorie, wenn sie nicht anhand von Beispielen in ausgewählten Notationen erläutert werden. Auf den Einsatz von Werkzeugen verzichten wir ganz: Werkzeugwissen veraltet so rasch, dass der notwendige Aufwand den erzielten didaktischen Gewinn übersteigt.

Motivation für Modelle dieser Art und mögliche Einsatzgebiete
➥ Einführung der Konzepte und ausgewählter Notationen
   ➥ Zeigen der Konzepte an Beispielen
      ➥ Herstellen von Querbezügen zu anderen, bereits behandelten Modellierungstechniken und Rückbezug auf Grundlagen und Modelltheorie
         ➥ Vorführung möglicher Methoden zur Modellerstellung, wieder an Beispielen.

Abbildung 2. Gliederungsprinzip der Kapitel über die verschiedenen Modellierungsarten

Wir behandeln alle vorgestellten Modelle als Arbeitsinstrumente und verzichten darauf, sie theoretisch zu fundieren. Dies ist schade, vor allem bei Modellen, für die ein sauberes theoretisches Fundament existiert (z.B. Automaten, Petrinetze). Beim gegenwärtigen Umfang unserer Vorlesung (zehn Doppelstunden) ist eine solche Fundierung jedoch zeitlich nicht machbar.

Für weitere Einzelheiten sei auf das Vorlesungsskript verwiesen, das im Jahresturnus aktualisiert und jeweils im WWW zur Verfügung gestellt wird [Gli 99]. Zusätzlich zum Skript führen wir Aufgaben und Beispiele an der Tafel vor.

Schlussbemerkung

Unsere ersten Erfahrungen mit einer expliziten Ausbildung in Modellierung sind positiv. Diese Einschätzung basiert allerdings nicht auf einer systematischen Erhebung, sondern auf unseren Beobachtungen und auf spontanen Rückmeldungen von Studierenden. Die Studierenden können mit Modellierungsproblemen besser umgehen und verstehen einige Dinge im Studium (zum Beispiel Spezifikationsmethoden, objektorientierten Entwurf oder Datenbankschemata) besser. Für die Lehrenden in den Lehrveranstaltungen ab dem dritten Semester ist es angenehm, Grundkenntnisse in Modellierung voraussetzen zu können. Wichtig bleibt aber, dass es nicht bei den Grundkenntnissen bleibt, sondern dass diese in den einzelnen Fachvorlesungen fachspezifisch angewendet und vertieft werden.

Die Hauptschwierigkeit ist das oben bereits erwähnte Motivationsproblem: Eine Reihe von Studierenden hat Mühe einzusehen, warum sie propädeutisch Dinge lernen sollen, deren Kenntnis sie zum Zeitpunkt des Erlernens nicht dringend brauchen. Wir meinen aber insgesamt, dass die Vorteile einer Grundvorlesung über Modellierung so groß sind, dass es sich lohnt, mit dieser Schwierigkeit zu leben.

Literatur

[AI 97]   Abteilung Informatik (Hrsg.): *Wegleitung für das Studium der Wirtschaftsinformatik*. Version 1.5. Abteilung Informatik der Universität Zürich. Zürich: 1997.

[Gli 96]   Glinz, M.: The Teacher: "Concepts!"   The Student: "Tools!" — On the Number and Importance of Concepts, Methods, and Tools to be Taught in Software Engineering Education. *Proceedings Third International Workshop on Software Engineering Education*, Berlin. In: *Softwaretechnik-Trends* **16**, 1 (1996) 32-34 und 55.

[Gli 99]   Glinz, M.: *Skript zum Teil „Modellierung" der Vorlesung Informatik II: Systeme, Kommunikation und Modellierung*. http://www.ifi.unizh. ch/groups/req/lecture_notes/inf_II.html (In der für das jeweilige Semester aktuellen Version; zum Zeitpunkt der Drucklegung dieses Beitrags die Version für das Sommersemester 1999)

[Hau 99]   Hauenschild, W., U. Kastens, W. Schäfer, G. Szwillus: Informatik in Paderborn: Ein dreistufiger Diplomstudiengang mit international kompatiblen Abschlüssen. In: B. Dreher, Ch. Schulz, D. Weber-Wulff (Hrsg.): *Software Engineering im Unterricht der Hochschulen SEUH'99*. Stuttgart: Teubner 1999.

[Sta 73]   Stachowiak, H.: *Allgemeine Modelltheorie*. Wien: Springer 1973.

Standards in der Modellierung

Podiumsdiskussion

Leitung: Roland Kaschek, Universität Klagenfurt

Teilnehmer: Gregor Engels, Universität-GH Paderborn
Stefan Jablonski, Universität Erlangen-Nürnberg
Heinrich C. Mayr, Universität Klagenfurt
Klaus Pohl, RWTH Aachen
Andreas Oberweis, Universität Frankfurt / Main

Modellierung ist in der Informatik einer der wesentlichsten Tätigkeitsbereiche und methodischen Ansätze. Es ist daher naheliegend zu fragen, ob Standards Einfluß auf die Ergebnisse der Modellierungsvorgänge sowie auf den zu ihrer Erarbeitung erforderlichen Aufwand nehmen können. Weiter ist zu fragen, in welchen Teilbereichen der Modellierung bzw. von der Modellierung betroffenen Bereichen der Informatik Standardisierung anzutreffen ist, welche Formen sie dort annimmt und welche Effekte sie herbeigeführt hat bzw. herbeiführen soll oder kann.

Da Modelle in der Informatik dazu genutzt werden, das menschliche Verhalten zu koordinieren und da dies dadurch geschieht, daß man einerseits Modelle darstellt und über sie redet, sich aber auch in diesen Gesprächen anderer Modelle bedient sowie Modelle zur Bewertung von Resultaten und Verhaltensweisen heranzieht, ergeben sich mindestens die folgenden Dimensionen der Diskussion um Standardisierung:

1.   Modellierung

Offenbar ist von der oben angedeuteten Fragestellung zunächst der Begriff „Modell" selbst betroffen, und in der Tat gibt es verschiedene Weisen diesen Begriff zu fassen. Als besonders fortgeschrittener Ansatz ist hier die Allgemeine Modelltheorie von Stachowiak zu erwähnen. Ferner sind Methoden zur Modellierung von der Fragestellung eingeschlossen, hier ist etwa der OPEN Prozeß als aktueller Versuch einer Standardisierung anzusehen. Als Bestandteil von Modellierungsmethoden sind insbesondere

Modellierungssprachen zu erwähnen. Diese können aber, wie die Herausbildung von UML zeigt, auch selbständig Gegenstand von Standardisierungsbemühungen sein. Ganz entsprechend liegen die Dinge bei Software-Lebenszyklus-Modellen, deren (bei uns) bekannteste Vertreter vielleicht das Wasserfall-Modell, das Spiralmodell, das V-Modell und Prototyping Modelle sind.

2. Modellierer

Da das Modellieren von bestimmten Personen durchgeführt werden muß, ist im Zusammenhang mit Fragen bzgl. der Standardisierung zu berücksichtigen, in welcher Weise das jeweilige Personal betroffen ist und wie daher etwa Qualifizierungsmaßnahmen und Verfahren zur Einführung von Standards in die Praxis beschaffen sein müssen.

3. Modellierungskontext

Da sich das Modellieren in einem Kontext vollzieht, der das Modellieren beeinflussen kann, sind Ontologien ferner Paradigmas der Modellierung, wie etwa semantische Modelle, als deren bekannteste Vertreter das ER-Modell, das Relationenmodell, Objekt-, Prozeß- oder Agentenmodelle angesehen werden können, zu berücksichtigen, wie auch Festlegungen darüber, was der Gegenstand der Modellierung ist, ob etwa Organisationen lediglich in einem undifferenziert gedachten Kontext zu modellieren sind, wie dies schon vom ER-Modell unterstellt und vom „Use Case" - Ansatz von Jacobson weitergeführt wurde, oder ob im Sinne einer umfassend verstandenen Unternehmensmodellierung dieser Kontext als Markt mit Agenten aufgefaßt wird, die Koalitionen und Lager bilden und so die Ziel-Plan- und Ressourcenmodellierung zu einer Notwendigkeit machen.

4. Modellnutzung

Da das Modellieren häufig den Zweck hat, Maschinen her- und zur Nutzung bereitzustellen und da Eigenschaften der betreffenden Maschinen sowie ihre beabsichtigte Nutzungsweise Einfluß auf das Modellieren und die Bewertung seiner Ergebnisse haben kann, sind Modellvorstellungen über die Kommunikation von Menschen mit Maschinen (HCI, WF), von Menschen mit Menschen (Semiotik, Sprechakttheorie, CSCW) und von Maschinen mit Maschinen (Informationstheorie) zu berücksichtigen, wie auch Modellvorstellungen von Software-Architekturen (ARIS, WfMC, CORBA, COM, Client-Server, ...).

Desel
**Petrinetze,
lineare Algebra
und lineare
Programmierung**

Von Dr. **Jörg Desel**
Universität Karlsruhe

1998. 133 Seiten mit 10 Bildern.
16,2 x 23,5 cm.
(TEUBNER-TEXTE zur
Informatik, Bd. 26)
Kart. DM 48,–
ÖS 350,– / SFr 43,–
ISBN 3-8154-2312-0

Sehr viele Analyseverfahren für Petrinetze verwenden die Inzidenzmatrix eines Netzes, die eine Verhaltensbeschreibung durch linear-algebraische Verfahren erlaubt. Das Buch gibt eine Einführung in derartige Verfahren und beschreibt vollständig und übersichtlich den State-of-the-art in diesem Bereich. Neben einer neuen systematischen Darstellung bekannter Konzepte runden etliche neue Ergebnisse das Thema ab.

Es wird deutlich, daß dynamische Eigenschaften eines netzmodellierten Systems eng zusammenhängen mit der Lösbarkeit bzw. mit Lösungen von Gleichungs- und Ungleichungssystemen. Dabei werden sowohl ganzzahlige als auch rationale Lösungen betrachtet. Eine Differenzierung von Analyse, Verifikation und Beweis führt zu entsprechenden Verfahren, die sich sowohl im Algorithmentyp als auch in ihrer Komplexität unterscheiden.

Zum Verständnis des Buches sind außer Kenntnissen der üblichen mathematischen Terminologie keine Voraussetzungen notwendig. Ein Grundverständnis der Petrinetze ist jedoch hilfreich. Alle im Buch verwendeten Konzepte werden sorgfältig motiviert und mit Hilfe von Beispielen illustriert.

Aus dem Inhalt

Einleitung – Definitionen und elementare Ergebnisse – Erreichbarkeit von Markierungen – Fakten – Fallen und Co-Fallen – Ziele – Die Rangbedingungen – Anwendungen von Farkas Lemma

Preisänderungen vorbehalten.

B. G. Teubner Stuttgart · Leipzig

Appelrath/Boles/
Claus/Wegener
**Starthilfe
Informatik**

Von Prof. Dr.
Hans-Jürgen Appelrath
Dipl.-Inform. **Dietrich Boles**
Universität Oldenburg
Prof. Dr. **Volker Claus**
Universität Stuttgart
und Prof. Dr. **Ingo Wegener**
Universität Dortmund

1998. 158 Seiten mit 34 Bildern.
16,2 x 22,9 cm.
Kart. DM 24,80
ÖS 181,– / SFr 22,–
ISBN 3-519-00241-8

Die Teubner-Starthilfen erleichtern den Übergang vom Abitur ins Studium. Für die Informatik stellt sich dabei die Frage: Wie hilft man beim Einstieg in dieses Fach, über das – etwa im Gegensatz zu Mathematik und Physik – vor allem bei Schülern und Schülerinnen oftmals falsche Vorstellungen herrschen? Die Autoren der »Starthilfe Informatik« wählen den Weg, dem Leser zunächst die zentralen Begriffe »Algorithmus« und »Datenstrukturen« bzgl. Darstellungsformen, Effizienz und Programmiermethodik näherzubringen. Eine Einführung in die objektorientierte Softwareentwicklung und ein Überblick über Kerngebiete der Praktischen Informatik runden den Band ab. Mit diesem Wissen sollte der inhaltliche Einstieg ins Informatikstudium problemlos gelingen.

Preisänderungen vorbehalten.

B. G. Teubner Stuttgart · Leipzig

Kneuper/Müller-
Luschnat/Oberweis
(Hrsg.)
**Vorgehensmodelle
für die betriebliche
Anwendungs-
entwicklung**

Herausgegeben von
Dr. **Ralf Kneuper**
TLC GmbH Frankfurt/Main
Günther Müller-Luschnat
FAST e.V. München und
Prof. Dr. **Andreas Oberweis**
Johann Wolfgang Goethe-
Universität Frankfurt/Main

1998. 305 Seiten
mit 41 Bildern. 16,2 x 22,9 cm.
(Teubner-Reihe
Wirtschaftsinformatik)
Kart. DM 69,80
ÖS 510,– / SFr 63,–
ISBN 3-8154-2605-7

Vorgehensmodelle für die betriebliche Anwendungsentwicklung beantworten die Fragen: Wie, in welchen Abschnitten, mit welchen
Ergebnissen und mit welchen Personen muß ein Projekt zur Anwendungsentwicklung durchgeführt
werden?
Dieses Buch gibt einen Überblick
über den Stand von Wissenschaft
und Praxis zu dieser Thematik.
Behandelt werden u.a. Begriffe und
Geschichte des Themas, Standards
für Vorgehensmodelle, Vorgehensmodelle für verschiedene Projekttypen und Werkzeugunterstützung.
Das Buch soll sowohl dem Prak-
tiker bei der Diskussion, Auswahl
und Erstellung von Vorgehensmodellen im Unternehmen helfen,
als auch Dozenten und Studenten
im Hauptstudium Informatik und
Wirtschaftsinformatik einen Überblick über das Fachgebiet geben.

Aus dem Inhalt
Grundlagen – Begriffliche Grundlagen für Vorgehensmodelle –
Genealogie von Entwicklungs-
schemata – Vorgehensmodelle und
ihre Formalisierung – Modellierungssprachen für Vorgehensmodelle – Beschreibung von Vorgehensmodellen mit FUNSOFT-
Netzen – Vorgehensmodelle für
spezielle Projekttypen – Vorgehensmodelle für objektorientierte
Systementwicklung – Ein Vorgehensmodell für Workflow-Mana-
gement-Anwendungen – Ein Vorgehensmodell für das Software
Reengineering – Vorgehensmodelle
für die Entwicklung wissensbasierter Systeme – Iteratives Prozeß-
Prototyping (IPP®) – Modellgetrie-
bene Konfiguration des R/3-
Systems – Praktischer Einsatz von
Vorgehensmodellen – Werkzeugunterstützung beim Einsatz von
Vorgehensmodellen – Organisatorische Gestaltung des Einsatzes
von Vorgehensmodellen – Ein Vorgehen für das Einführen eines Vor-
gehens (modells) – Erste Stan-
dardaufwandsschätzung für ein
größeres Projekt mit Hilfe des
V-Modells

Preisänderungen vorbehalten.

B. G. Teubner Stuttgart · Leipzig